普通高等教育一流本科专业建设系列教材

现代光纤通信技术

（第三版）

韩一石　高震森
许　鸥　谭艺枝　编著

科学出版社

北　京

内 容 简 介

本书从基础知识出发，以概念、系统和技术应用为重点，尽量少用繁杂的数学推导，循序渐进地对光纤通信系统的基本原理、基本技术和系统设计方法予以较全面、系统的介绍，同时兼顾了现代光纤通信的主流应用技术和发展方向，力求使读者从整体上了解光纤通信基本理论和技术应用情况。考虑到大学生毕业后参加工作或进入研究生科研阶段时对实际动手能力的要求，本书力求将基本理论与实践环节紧密结合，安排专门章节对各种光纤通信器件、设备、系统的测试方法进行介绍。

本书可作为通信专业、光电子专业、光学专业以及相关专业本科生的授课教材或研究生的教学辅导书，也可供从事光通信专业工作的科研和技术人员参考。

本书配有电子教案，读者可在 www.abook.cn 网站上免费下载。

图书在版编目（CIP）数据

现代光纤通信技术/韩一石等编著. —3 版. —北京：科学出版社，2023.8
ISBN 978-7-03-074343-5

Ⅰ.①现…　Ⅱ.①韩…　Ⅲ.①光纤通信-高等学校-教材　Ⅳ.①TN929.11

中国版本图书馆 CIP 数据核字（2022）第 241475 号

责任编辑：孙露露　王会明/责任校对：赵丽杰
责任印制：吕春珉/封面设计：东方人华平面设计部

科 学 出 版 社 出版
北京东黄城根北街 16 号
邮政编码：100717
http://www.sciencep.com
三河市骏杰印刷有限公司印刷
科学出版社发行　各地新华书店经销
*
2005 年 8 月第 一 版　　2024 年 7 月第十二次印刷
2015 年 2 月第 二 版　　开本：787×1092　1/16
2023 年 8 月第 三 版　　印张：15 1/4
字数：358 000
定价：58.00 元
（如有印装质量问题，我社负责调换）
销售部电话　010-62136230　编辑部电话　010-62135763-2010

第三版前言

　　光纤通信是以激光为信号载体,以光纤为传输介质进行的通信。光纤通信的诞生与发展是电信史上的一次重要革命,随着技术的进步,特别是 IP(网际协议)的爆炸式发展所带来的对带宽的巨大需求,其发展速度不仅超过了由摩尔定律所限定的交换机和路由器的发展速度,而且也超过了数据业务的增长速度,成为近几年来发展最快的技术,各种新兴技术和新型器件层出不穷。

　　为了满足社会的需求,目前许多高校纷纷开设光纤通信有关的课程。本书正是为了适应这种发展趋势而编写,全书从基础知识出发,抓住光纤通信技术发展的精髓:提高光纤通信系统容量,循序渐进,由浅入深,按照光纤通信的"基本原理"—"核心器件"—"系统设计"—"通信网络"的思路进行编写,同时兼顾了现代光纤通信的主流应用技术和发展方向,力求使读者从整体上了解光纤通信基本原理和技术应用情况。

　　全书共 9 章,第 1 章介绍光纤通信系统的组成、特点。第 2 章介绍光纤的基本结构、分类、传输原理、传输特性。第 3 章介绍光纤通信系统中几种常用光无源器件的分类、工作原理和结构特性。第 4 章介绍光源发光原理、光源的调制、光检测器件工作机理及特点,同时介绍光发射/接收机的构成和性能指标。第 5 章介绍常用三种光放大器基本概念、基本原理,以及目前一些新的光放大技术。第 6 章介绍光无源器件、光收发器件、光放大器件的主要性能指标及测试方法。第 7 章介绍光纤通信系统组成、性能指标,以及系统设计方面的问题。第 8 章介绍光纤通信系统中常见的三种复用技术的基本结构和工作原理。第 9 章介绍光网络概念、光交换技术及光传送网的发展趋势。

　　在本书编写的过程中,编者注重将基本理论与实践环节紧密结合,书中安排专门章节介绍相关器件、设备及系统的测试内容。一方面是为了增强读者的感性认识,另一方面是考虑到目前大学生在毕业工作或进入研究生科研阶段,在光纤通信领域缺乏实际动手能力,目前国内很少有完整的教材对这方面的内容加以叙述,因此,本书希望在此方面有所突破。

　　本书由韩一石、高震森、许鸥和谭艺枝合作编写,编写过程中,得到强则煊、许国良、付松年、李建平等专家同行的支持、帮助。此外,编者参考、汲取和借鉴了国内外有关著作与教材及科研成果,在此一并致谢!

　　由于编者水平有限,书中难免有疏漏和不妥之处,敬请广大读者批评指正。

第一版前言

　　光纤通信是以激光为信号载体，以光纤为传输介质进行的通信。光纤通信的诞生与发展是电信史上的一次重要革命，随着技术的进步，特别是 IP 业务的爆炸式发展所带来的对带宽的巨大需求，其发展速度不仅超过了由摩尔定律所限定的交换机和路由器的发展速度，而且也超过了数据业务的增长速度，成为近几年来发展最快的技术，相关新兴的技术和新型的器件层出不穷。

　　为了满足社会的需求，目前许多高校纷纷开设有关光纤通信的课程。本书正是为了适应这种发展趋势而编写的。全书从基本知识出发，抓住光纤通信技术发展的精髓——提高光纤通信系统容量，循序渐进地对光纤通信系统的基本原理、基本技术和器件发展及系统设计方法予以较全面、系统的介绍，同时兼顾了现代光纤通信的主流应用技术和发展方向，力求使读者从整体上了解光纤通信的基本原理和技术应用情况。

　　全书共 9 章。第 1 章介绍光纤通信系统的组成与特点；第 2 章介绍光纤的基本结构、分类、传输原理、传输特性；第 3 章介绍光源的发光原理、光源的调制、光检测器件的工作机理及特点，同时介绍光发送/接收机的构成和性能指标；第 4 章介绍常用三种光放大器（EDFA、RFA 和 SOA）的基本概念、基本原理，以及目前最新的一些光放大技术；第 5 章介绍光纤通信系统中几种常用光器件的工作原理和结构特性；第 6 章介绍 SDH 的结构组成、基本原理以及在城域光网络、光接入网中的应用；第 7 章介绍光波分复用、光时分复用、光码分复用技术的基本结构和工作原理；第 8 章介绍光纤通信系统的性能与设计方面的有关问题；第 9 章介绍下一代光网络概念及光传送网的发展趋势：智能光网络和全光网络，以及目前出现的对光纤通信形成巨大挑战的量子光通信技术。

　　在本书编写的过程中，编者注重将基本理论与实践环节紧密结合。书中的大部分章节都安排有相应器件、设备、系统的测试内容，一方面是为了增强读者的感性认识；另一方面，也是更重要的，是考虑到目前大学生在毕业后工作或进入研究生和科研阶段时，在光纤通信领域缺乏实际动手能力，而国内目前也很少有教材对这方面加以完整叙述，因此，本书希望在此方面有所突破。

　　本书主要由韩一石、强则煊、许国良编写，谭艺枝参与了第 3 章的编写工作。此外，编者参考、吸取和借鉴了国内外一些有关著作、教材及科研成果，其相关文献已列在书末的"主要参考文献"中，在此一并对有关作者表示诚挚的感谢。

　　由于编者水平有限，书中难免有错误和不足之处，敬请广大读者批评指正。

目 录

第1章 概　　述

◦°◦ 本章提要 ⟩

　　人们的日常生活离不开信息交换，这就是通信。本章首先介绍光纤通信的一些基本概念，接着回顾光纤通信的发展历程，并对现代光纤通信技术做了总结。

1.1　光纤通信的概念

1.1.1　光纤通信的定义

　　自古以来，通信就是人们的基本需求之一，这种需求不断地促使人们发明能将信息从一个地方迅捷、有效地传送到另一个地方的通信技术。从广义的角度来说，通信就是彼此之间传递信息。现代的通信一般是指电信。IEEE（电气电子工程师学会）对电信的定义是借助诸如电话系统、无线电系统或电视系统这样的设备，在相隔一定距离的条件下进行的信息交换。在漫长的通信科学发展道路中，通信经历了电通信和光通信两个阶段。广义的电通信指的是一切运用电波作为载体而传送信息的所有通信方式的总称，而不管传输所使用的介质是什么。电通信又可分为有线电通信和无线电通信。光通信也可以分为利用大气进行通信的无线光通信和利用石英光纤或塑料光纤（POF）进行通信的有线光通信。人们通常把应用石英光纤的有线光通信简称为光纤通信。

　　1970 年被称为光纤通信元年。经过 50 多年的迅猛发展，光纤通信已经逐步从点对点通信向多点对多点的全光高速密集波分复用（WDM）系统网络推进。从宏观来看，光纤通信主要包括光纤光缆、光电子器件及光纤通信系统设备 3 个部分。光电子器件包括有源器件和无源器件。有源器件包括光源（发光二极管、半导体激光器）、光电检测器（光电二极管、雪崩光电二极管）和光放大器[掺稀土光纤放大器、半导体激光放大器、拉曼光纤放大器（RFA）等]以及由这些器件组成的各种模块等。无源器件包括光连接器、光耦合器、光衰减器、光隔离器（isolator，ISO）、光开关和波分复用器等。同时还有光电集成（OEIC）和光子集成（PIC）器件。

1.1.2　光纤通信系统的组成

　　图 1.1 是典型的点对点光纤通信链路示意。其关键部分是：由光源和驱动电路组成的光发射机；将光纤包在其中以对光纤起到机械加固和保护作用的光缆；由光检测器和放大电路、信号恢复电路组成的光接收机。还有一些附加的元器件，包括光放大器、连接器、光缆接头盒、光耦合器或分束器和再生中继器（用于恢复信号形状的特

性）等。

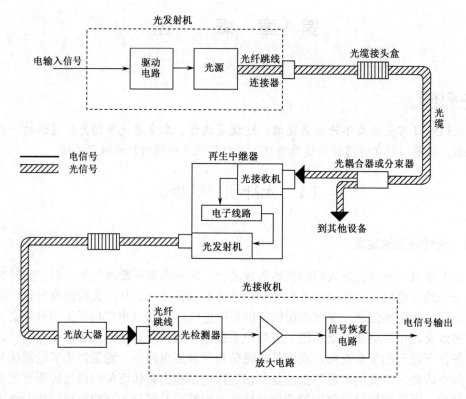

图 1.1 点对点光纤通信链路示意

从图 1.1 可以看出，系统存在光—电、电—光的转换，即电子"瓶颈"问题，因而无法满足人们超高速、超宽带及动态通信要求。自从掺铒光纤放大器（EDFA）商用后，WDM 系统颇受人们的青睐，构建基于 WDM 的全光通信网络是目前的发展趋势。图 1.2 所示是一个完整的 WDM 系统。WDM 系统通常包含光收发器、光分插复用器、光放大器、波长路由器、光交叉连接器、光间插器、光分组器、波长转换器以及其他光通信器件、处理电路模块等。本书后面章节将对上述关键组成部件进行深入讨论。

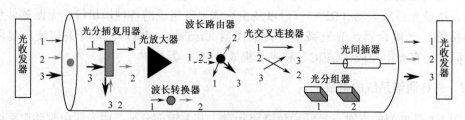

1、2、3 分别表示不同波长信号。

图 1.2 WDM 系统

1.2 光纤通信的发展历史

谈起光纤通信的发展，可以追溯到 3000 年前的烽火台。在这方面，人类的祖先是应用光通信的先驱。尽管古希腊也曾用过烽火台，但比中国晚了几百年。后来出现的灯语、旗语和望远镜等都可以被看作原始形式的光通信。这种传递信息的方法极为简单且信息量有限。严格来说，它们都不能算作真正的光通信。

直到 19 世纪末，贝尔发明光电话，才可以算是近代光通信的雏形。然而，贝尔的"光话"始终没有走上实用化阶段。究其原因有二：一是没有可靠的、高强度的光源；二是没有稳定的、低损耗的传输介质，无法得到高质量的光通信。自此之后的几十年里，由于无法突破上述两个障碍，加之当时电通信的高速发展，光通信的研究曾一度沉寂。解决光通信的出路在于找到合适的光源及理想的传输介质。这种情况一直延续到 20 世纪 60 年代。

1.2.1 光纤通信的里程碑

20 世纪 60 年代初期，光纤通信发展史上迎来了第一个里程碑。1960 年，世界上第一台相干振荡光源——红宝石激光器问世。1961 年 9 月，中国科学院长春光学精密机械研究所也研制成功中国第一台红宝石激光器。激光脉冲（light amplification by stimulated emission of radiation，laser）可产生频谱纯度很高的光波。它的出现掀起了世界性的光通信研究热潮，给沉寂已久的光通信研究注入了活力。1962 年，PN 结砷化镓（GaAs）半导体激光器出现，尽管还不能在室温下工作，但它还是给光通信的实用化光源带来了希望。

随后人们开始寻找发展激光通信的途径。1965 年，美国贝尔实验室的斯图尔特·E.米勒（Stewart E. Miller）博士报道了由金属空心管内一系列透镜构成的透镜光波导，可避免大气传输的缺点，但因其结构太复杂且精度要求太高而不能实用。与此同时，光导纤维的研究正在扎实进行。

早在 1951 年，人们就发明了医疗用玻璃纤维，但这种早期的光导纤维损耗很大，高达 1000dB/km，也不能用作光纤通信的传输介质。1966 年，英国标准电信研究所的华裔科学家高锟博士和乔治·A.霍克汉姆（George A. Hockham），对光纤传输的前景发表了具有重大历史意义的论文"光频率的介质纤维表面波导"。论文分析了玻璃纤维损耗大的主要原因，并大胆预言，只要能设法降低玻璃纤维的杂质，就有可能使光纤的损耗从 1000dB/km 降低到 20dB/km 甚至更小，从而有可能用于通信。这篇论文鼓舞了许多科学工作者为实现低损耗的光纤而努力。1970 年，美国康宁玻璃公司的卡普隆（Kapron）博士等 3 人，经过多次试验，终于研制出传输损耗仅为 20dB/km 的光纤。这是光纤通信发展历史上的又一个里程碑。几乎在同时，室温下连续工作的双异质结GaAs 半导体激光器研究成功。小型光源和低损耗光纤的同时问世，在全世界范围内掀起了发展光纤通信的高潮。1970 年被人们定为光纤通信元年。中国的光纤通信研究开始于 1974 年。

1985 年，南安普敦大学的 Mears 等制成了 EDFA。1986 年，他们用 Ar 离子激光器作泵浦源又制造出工作波长为 1540nm 的 EDFA。尽管这种用 Ar 离子激光源的光放大器不可能在光纤通信中得到应用，但用掺铒光纤（EDF）得到 1550nm 通信波长的光增益本身，却在全世界引起了广泛的关注，掀起了 EDFA 的研究热潮。这是因为 EDFA 的放大区域恰好与单模光纤（SMF）的最低损耗区域相重合，而且其具有高增益、宽频带、低噪声、增益特性与偏振无关等许多优良特性。这是光纤通信发展史上的一个划时代的里程碑。20 世纪 90 年代初，波长 1550nm 的 EDFA 宣告研制成功并进入实际推广应用。1994 年开始，EDFA 进入商用领域。中国研究 EDFA 起步比较晚，是从 20 世纪 90 年代开始的。

1989 年，Meltz G.等首次利用光纤的紫外光敏效应（1978 年，Hill K.等首次发现光纤中的光敏特性），采用两束相互干涉的紫外光束从侧面注入光纤的方法制作出谐振波长位于通信波段的光纤光栅。1993 年，Hill K.等提出了使用相位掩膜法制造光纤光栅，使光纤光栅能被灵活、大批量地制造成为可能，之后，光纤光栅器件逐步走向实用化。光纤光栅技术使全光纤器件的研制和集成成为可能，从而为步入人们梦寐以求的全光信息时代带来了无限生机和希望。可以说光纤光栅、全光纤光子器件、平面波导器件及其集成的出现是光纤通信发展史上的又一个重要里程碑。

1.2.2 爆炸式发展

光纤通信是目前世界上发展最快的领域，平均每 9 个月性能翻一番、价格降低一半，其速度已超过了计算机芯片性能每 18 个月翻一番的摩尔定律的 1 倍。在短短的 30 多年间已经经历了五代通信系统的使用。

1977 年，世界上第一个商用光纤通信系统在美国芝加哥的两个电话局之间开通，距离为 7km，采用多模光纤（MMF），工作波长为 0.85μm，光纤损耗为 2.5～3dB/km，传输速率为 44.736Mb/s，这就是通常所说的第一代光纤通信系统。

1977～1982 年的第二代光纤通信系统特征是：采用 1310nm 波长多模或单模光纤，光纤损耗为 0.55～1dB/km，传输速率为 140Mb/s，中继距离为 20～50km，一般用于中、短距长途通信线路，也用作大城市市话局间中继线，以实现无中继传输。

1982～1988 年的第三代光纤通信系统采用 1310nm 波长单模光纤，光纤损耗可以降至 0.3～0.5dB/km，实用化、大规模应用是其主要特征，传输信号为准同步数字系列（PDH）的各次群路信号，中继距离为 50～100km，于 1983 年以后陆续投入使用，主要用于长途干线和海底通信。

1988～1996 年的第四代光纤通信系统主要特征是：开始采用 1550nm 波长窗口的光纤，光纤损耗进一步降至 0.2dB/km，主要用于建设同步数字系列（SDH）同步传送网络，传输速率达 2.5Gb/s，中继距离为 80～120km，并开始采用 EDFA 和 WDM 器等新型器件。

1996 年至今属于第五代光纤通信系统，主要特征是：采用密集波分复用（DWDM）技术组建大容量传送平台，单波长信道传输速率已达 10Gb/s 甚至更高，另外将语音、数据和图像等各种业务和接口融合在统一平台上传送，如多业务传送平台

（MSTP）等。

今后光纤通信将朝着全光传输交换的方向发展，即全光网络，网络更具智能特性。在传送容量和传送距离等性能方面随着各种光技术及其器件的发展会有更大的突破。

1.3　现代光纤通信技术

1.3.1　光纤通信技术的特点

由于光纤通信是利用光导纤维传输光信号来实现通信的，因此比起其他通信方式来说有其明显的优越性。

1. 传输容量大

光纤具有极大的带宽，全波光纤（光纤的低损耗和低色散区在 1.45～1.65μm 波长范围）出现后，它的带宽可达 25THz。若以其 1/10 作为传输频带，则可传输约 10^{10} 路电话。因此，光纤在单位面积上有极大的信号传输能力，即单位面积上的信息密度极高，传输容量极大。

2. 传输损耗小、中继距离长

目前单模光纤在 1310nm 波长窗口损耗为 0.35dB/km，在 1550nm 波长窗口损耗为 0.2dB/km，而且在相当宽的频带内各频率的损耗几乎一样，因此用光纤比用同轴电缆或波导管的中继距离长得多。波长为 1550nm 的色散位移单模光纤通信系统中，若传输速率为 2.5Gb/s，则中继距离可达 150km；若传输速率为 10Gb/s，则中继距离可达 100km；若采用光纤放大器、色散补偿光纤，中继距离还可增加。

3. 抗干扰性好、保密性强、使用安全

通信用的光纤由电绝缘的石英材料制成，信号载体是光波，有很强的抗电磁干扰能力。光波导结构使光波能量基本限制在光纤纤芯中传输，在芯子外很快地衰减，光纤光缆密封性好，若在光纤或光缆的表面涂上一层消光剂则效果更好，因而信息不易泄露和被窃听，保密性好。光纤材料是石英（SiO_2）介质，具有耐高温、耐腐蚀的性能，因而可抵御恶劣的工作环境。

4. 材料资源丰富、用光纤可节约金属材料

制造通常的电缆需要消耗大量的铜和铅等有色金属。以四管中同轴电缆为例，1km 四管中同轴电缆约需 460kg 铜，而制造 1km 光纤，只需几十克石英即可。同时制造光纤的石英资源丰富且便宜。用光纤取代电缆，可节约大量的金属材料，具有合理使用地球资源的重大意义。

5. 质量轻、可挠性好、敷设方便

相同话路的光缆质量仅为电缆质量的 1/20～1/10，直径不到电缆的 1/5。另外，经过表面涂覆的光纤具有很好的可挠性，便于敷设，可架空、直埋或置入管道。这对于在飞机、宇宙飞船和人造卫星上使用光纤通信更具有重要意义。

当然，光纤通信除了上述优点外，也存在一些缺点。例如，组件昂贵，光纤质地脆，机械强度低，连接比较困难，分路、耦合不方便，弯曲半径不宜太小等。这些缺点在技术上都是可以克服的，并不影响光纤通信的使用。近年来，光纤通信发展很快，它已深刻地改变了通信网的面貌，成为现代信息社会最坚实的基础，并向人们展现了更广阔的应用前景。

1.3.2 现代光纤通信技术角色

21 世纪是光子的世纪，也是光网络的世纪，通信走向全光网络必然要涉及开发一系列不同于以往传统光纤通信要求的新技术、新器件。

1. 超大容量光纤通信系统

随着计算机网络及其他新的数据传输服务的迅猛发展，长距离光纤传输系统对通信容量的需求增长很快，大约每两年就要翻一番，原有的光纤通信系统的传输容量已经成为当前和未来信息业务发展的"瓶颈"，如何最大限度地挖掘光纤通信的潜在带宽已经成为亟待解决的问题。通常，解决的方法有空分复用（SDM）、时分复用（TDM）和 WDM 等 3 种技术。尤其 WDM 技术通过采用单根光纤传输多路光信道信号，从而使光纤的传输能力成倍增加。目前，遍布全球的光缆通信网大都为实用常规光缆（G.652 光纤），采用 WDM 技术不仅可以充分利用光纤的带宽进行超大容量的透明传输，进而平滑升级扩容组建全光网络，还可以充分利用现成的、已敷设的光缆，从而节约了光纤资源。显然，WDM 技术已成为当前光纤通信领域的研究热点和首选技术，在未来的全光网络中，WDM 技术是实现全光波长交换和路由的重要基础。如未来能将光时分复用（OTDM）、光码分复用（OCDM）等技术与 WDM 技术结合起来，光纤通信容量还将有革命性的扩展。

2. 光集成器件和光电集成器件的研究

如同电子集成器件那样，也可以将许多光学器件（特别是半导体的光器件，如半导体激光器、光检测器等）集成在一个衬底上，各器件用半导体光波导互连，制成光集成器件。光电集成器件具有体积小、速度快、可靠性高等优点，发展光集成器件是光纤通信的必然。

3. 新类型光纤的研究

传统的 G.652 单模光纤在适应上述超高速长距离传送网络的发展需要方面已暴露出力不从心的态势，研发新型光纤已成为开发下一代网络基础设施的重要组成部分。

目前，为了适应干线网和城域网的不同发展需要，已出现了色散移位光纤、色散补偿光纤、无水吸收峰光纤（全波光纤）和尚未成熟的光子晶体光纤等。此外，为了满足接入网方面的需要，聚合物光纤也应运而生。

4. 解决全网瓶颈的手段——光接入网（OAN）

OAN 是信息高速公路的"最后一公里"。实现信息传输的高速化，满足大众的需求，不仅要有宽带的主干传输网络，用户接入部分更是关键，OAN 是高速信息流进入千家万户的关键技术。目前应用于 OAN 的技术主要有 3 种，即 SDH、PDH 和无源光网络（PON）。

习题与思考题

1. 光通信就是光纤通信吗？为什么？
2. 与其他通信方式相比较，光纤通信一定具有绝对的优势吗？为什么？
3. 请比较五代光纤通信系统的主要特点与差别。
4. 光纤通信发展至今经历了哪些里程碑？
5. 在使用石英光纤的光纤通信系统中，为什么工作波长只能选择 850nm、1310nm 和 1550nm 这 3 种？

第 2 章 光 纤

本章提要

光纤是光纤通信系统中的优良传输介质，其特性影响着系统的通信质量。光纤特性包括它的几何特性（主要指光纤的几何尺寸）、光学特性（包括折射率分布、数值孔径等）以及传输特性（主要是指损耗、色散和非线性特性）。了解光纤特性是提高光纤通信系统性能以及促进光纤通信技术进一步发展的基本前提。因此，本章将围绕光纤特性逐步展开，首先介绍光纤的基本结构和分类，接着介绍光纤的传输原理和传输特性，最后介绍几种常用于目前光纤通信系统的光纤。

2.1 光纤概述

2.1.1 光纤的构造

光纤是光导纤维的简称，呈圆柱形，由纤芯、包层与涂覆层三大部分组成，如图 2.1 所示。其中包层和纤芯合起来称为裸光纤，光纤的光学特性及其传输特性主要由它决定。通信用的光纤纤芯（直径 $9 \sim 50 \mu m$）成分通常是折射率为 n_1 的高纯度 SiO_2，并掺有极少量的掺杂剂（如 GeO_2 等），以提高折射率。包层（直径约 $125 \mu m$）成分也是折射率为 n_2（$< n_1$）的高纯度 SiO_2，并掺有极少量的掺杂剂（如 B_2O_3 等），以降低折射率。涂覆层（直径约 $1.5cm$）的材料通常是环氧树脂、硅橡胶和尼龙，其作用是增强光纤的机械强度与可弯曲性。

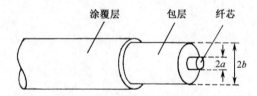

图 2.1　光纤的结构示意

2.1.2 光纤的分类

按工作波长、折射率分布、传输模式、原材料和制造方法等的不同，光纤还可分为很多种类。现将各种分类举例如下，并就其中具有代表性的光纤加以简单介绍。

1. 按工作波长划分

光纤按工作波长划分，有紫外光纤、可视光纤、近红外光纤及红外光纤（0.85μm、1.3μm 和 1.55μm）等。

2. 按折射率分布划分

光纤按折射率分布划分，有阶跃（SI）型、近阶跃型、渐变（GI）型和其他类型（如三角型、W 型、凹陷型）等。

阶跃光纤是指在纤芯与包层区域内，其折射率分布是均匀的，其值分别为 n_1 与 n_2，但在纤芯与包层的分界处，其折射率的变化是阶跃的，如图 2.2（a）、（c）所示。

渐变光纤是指光纤轴心处的折射率最大（n_1），沿剖面径向的增加而逐渐变小，其变化规律一般符合抛物线规律，到了纤芯与包层的分界处，正好降到与包层区域的折射率 n_2 相等的数值；在包层区域中其折射率的分布是均匀的，即为 n_2，如图 2.2（b）所示。

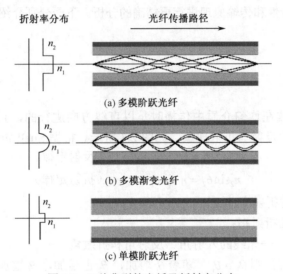

图 2.2　3 种典型的光纤及折射率分布

3. 按传输模式划分

光纤按传输模式划分，有单模光纤（偏振保持光纤、非偏振保持光纤）和多模光纤两种。

只能传输一种模式的光纤称为单模光纤，能传输多种模式的光纤称为多模光纤。两者的区别在于纤芯的尺寸和纤芯—包层的相对折射率差[弱导近似时为 $\Delta = (n_1 - n_2)/n_1$]。多模光纤的纤芯直径大（50～80μm），Δ 大（0.01～0.02）；而单模光纤的纤芯直径小（4～10μm），Δ 小（0.005～0.01）。图 2.2 是 3 种典型的光纤及折射率分布。

4. 按原材料划分

光纤按原材料划分，有石英玻璃、多成分玻璃、塑料、复合材料（如塑料包层、液体纤芯等）、红外材料、晶体光纤等。按被覆材料还可分为无机材料（碳等）、金属材料（铜、镍等）和塑料等。

5. 按制造方法划分

光纤按制造方法划分，有外气相沉积法、气相轴向沉积法、改进气相沉积法和等离子体化学气相沉积法等。

2.2 光纤的传输原理

分析光波在光纤中的传播特性有两种基本方法，即几何光学的方法（即光线理论，把光看作射线，并引用几何光学中反射与折射原理解释光在光纤中传播的物理现象）和波动光学的方法（即波动理论，把光波当作电磁波，把光纤看作光波导，用电磁场分布的模式来解释光在光纤中的传播现象）。通常，几何光学方法更简单、直观，但波动理论可以对光纤的传输特性和传输原理进行更精确的分析。下面分别介绍这两种分析方法。

2.2.1 光线理论

1. 全反射原理

众所周知，光线在均匀介质中传播时是以直线方向进行的，且到达两种不同介质的分界面时，会发生反射与折射现象，如图 2.3 所示。根据 Snell 定律，有

$$\theta_1' = \theta_1 \qquad （反射定律） \tag{2.1}$$

$$n_2 \sin\theta_2 = n_1 \sin\theta_1 \qquad （折射定律） \tag{2.2}$$

式中　n_1——纤芯的折射率；

　　　n_2——包层的折射率；

　　　θ_1、θ_1' 和 θ_2——光线的入射角、反射角和折射角。

显然，若 $n_1 > n_2$，则 $\theta_2 > \theta_1$。随着 θ_1 增加，θ_2 也增加，θ_1 增加到一定角度 θ_c 时，$\theta_2 = 90°$，再使 θ_1 增加，则不能产生折射，而只会产生反射，这种反射称为全反射，如图 2.4 所示。称 θ_c 为全反射临界角，满足

$$\theta_c = \arcsin\left(\frac{n_2}{n_1}\right) \tag{2.3}$$

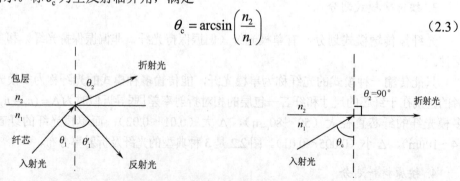

图 2.3　光的反射与折射　　　　　　　　图 2.4　光的全反射现象

2. 光在阶跃光纤中的传播

这里以子午光线（通过光纤中心轴的任何平面都称为子午面，在子午面内传播的光线称为子午光线）在阶跃折射率光纤中的传播为例进行分析。根据上述光的全反射原理，很容易画出子午光线在阶跃光纤中的传播轨迹，即按"之"字形传播及沿纤芯与包层的分界面掠过，如图 2.5 所示。

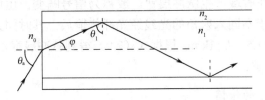

图 2.5 子午光线在阶跃光纤中的传播轨迹

通常，人们用入射光与光纤顶端面的夹角 θ_a 来衡量光纤接收光的能力，因为光在空气中的折射率 $n_0 = 1$，于是应用光的折射定律可得

$$n_0 \sin\theta_a = n_1 \sin\varphi = n_1 \cos\theta_1 \tag{2.4}$$

为保证光在光纤中全反射，应有 $\theta_1 = \theta_c$，且 $\sin\theta_c = n_2/n_1$，由式（2.4）可得

$$n_0 \sin\theta_a = \sqrt{n_1^2 - n_2^2} \tag{2.5}$$

只要端面入射角 $\theta \leqslant \theta_a$，光线就能在纤芯中全反射传输，称 θ_a 为光纤端面的最大入射角，则 $2\theta_a$ 为光纤对光的最大可接收角。定义端面入射临界角 θ_a 的正弦为阶跃折射率光纤的数值孔径（NA），即

$$\text{NA} = n_0 \sin\theta_a = \sqrt{n_1^2 - n_2^2} = \sqrt{\frac{n_1^2 - n_2^2}{2n_1^2} \cdot 2n_1^2} = n_1\sqrt{2\Delta} \tag{2.6}$$

式中 Δ——折射率差，$\Delta = (n_1^2 - n_2^2)/2n_1^2$，当包层和芯径折射率相差极小时（即弱导光纤），$\Delta \approx (n_1 - n_2)/n_1$。

NA 表示光纤接收和传输光的能力，单模光纤的 NA 在 0.12 附近，多模光纤的 NA 约为 0.21。NA（或 θ_a）越大，表示光纤接收光的能力越强，光源与光纤之间的耦合效率越高。NA 越大，纤芯对入射光能量的束缚越强，光纤抗弯曲特性越好。但 NA 太大时，则进入光纤中的光线越多，将会产生更大的模色散，因而限制了信息传输容量，所以必须适当选择 NA。

根据图 2.5，以不同入射角入射的光线，在光纤内传输相同的水平距离 L 时，实际经历的路程 l 是不同的，因此，不同入射角入射的光线，其传播时间即时间延迟是各不相同的，综合来看，最短时延是以最小入射角（$\theta=0$）入射的光线所经历的时延，即

$$\tau_0 = \frac{L}{c/n_1} = \frac{Ln_1}{c} \tag{2.7}$$

最长时延是以最大入射角（$\theta = \theta_a$）入射的光线所经历的时延，即

$$\tau_{max} = \frac{L}{\frac{c}{n_1}\sin\theta_c} = \frac{Ln_1}{c} \cdot \frac{n_1}{n_2} = \frac{Ln_1^2}{cn_2} \tag{2.8}$$

两者之差为最大时间延迟差，即

$$\Delta\tau_{max} = \tau_{max} - \tau_0 = \frac{Ln_1^2}{cn_2} - \frac{Ln_1}{c} = \frac{Ln_1}{c}\left(\frac{n_1 - n_2}{n_2}\right) \approx \frac{Ln_1}{c} \cdot \Delta = \frac{L}{2cn_1}NA^2 \tag{2.9}$$

这种时间延迟差在时域产生脉冲展宽，或称为信号畸变。由此可见，阶跃型多模光纤的信号畸变是由于不同入射角的光线经光纤传输后，其时间延迟不同而产生的。设光纤 NA=0.20，n_1=1.5，L=1km，根据式（2.9）得到脉冲展宽 $\Delta\tau_{max} = 44$ns，相当于 10MHz·km 左右的带宽。

3. 光在渐变光纤中的传播

同样以子午光线在渐变折射率光纤中的传播为例进行分析。由于渐变光纤中，纤芯折射率在光纤的轴心处最大，且其折射率由轴心向外逐渐变化，所以光线的传输轨迹不是直线而是弯曲的曲线。为了说明问题，将径向 r 方向连续变化的折射率用不连续变化的若干层表示，如图 2.6 所示，即 $n_1 > n_{11} > n_{12} > n_{13} > \cdots > n_2$。

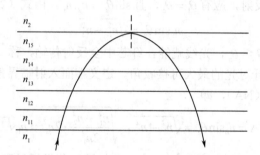

图 2.6　光在渐变光纤中传播的定性解释

由折射定律知，若 $n_1 > n_2$，则有 $\theta_2 > \theta_1$。这样光在每两层的分界面都会产生折射现象。由于外层的折射率总比内层的小一些，因此每经过一个分界面，光线向轴心方向的弯曲就厉害一些，就这样一直到纤芯与包层的分界面。由于在分界面会产生全反射现象，全反射的光沿纤芯与包层的分界面向前传播，而反射光则又逐层折射回光纤纤芯。就这样完成了一个传输全过程，使光线基本上局限在纤芯内进行传播，其传播轨迹类似于由许多线段组成的正弦波。

再进一步设想，如果光纤不是由一些离散的均匀层组成，而是由无穷多个同轴均匀层组成。换句话讲，光纤剖面的折射率随径向增加而连续变化，且遵从抛物线变化规律，那么光在纤芯的传播轨迹就不会呈折线状，而是呈连续变化的曲线形状。

当渐变光纤的纤芯折射率分布为平方律型（也称抛物线型）$n(r) = n(0)\left(1 - 2\Delta\left(\frac{r}{a}\right)^2\right)^{\frac{1}{2}}$ 或双曲正割型 $n(r) = n(0)\text{sech}Ar$ 时，此时渐变光纤满足最佳折射率分布。在最佳折射率

分布状态下，光在渐变光纤的传播轨迹可以表示为

$$\gamma_{(z)} = A\sin\left(\frac{\sqrt{2\Delta}}{a}Z + \varphi\right)$$
（2.10）

式中　A——正弦曲线振幅；

　　　a——纤芯半径；

　　　Δ——相对折射率差；

　　　Z——光纤剖面径向距离；

　　　φ——初始相位。

　　于是以不同角度入射的光线簇皆以正弦曲线轨迹在光纤中传播，虽然经历的路程不同，但是最终都会聚焦在中心轴线的一点上，近似呈聚焦状，这种现象称为自聚焦效应，如图 2.7 所示。

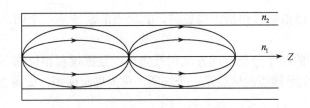

图 2.7　光在渐变光纤中的传播轨迹

2.2.2　波动理论

　　用几何光学理论分析法虽然可简单直观地得到光线在光纤中传输的物理图像，但由于忽略了光的波动性质，不能了解光场在纤芯、包层中的结构分布以及其他许多特性。尤其是对单模光纤，由于芯径尺寸小，射线光学理论就不能正确处理单模光纤的问题。因此，在光波导理论中，更普遍地采用波动光学的方法，即把光作为电磁波来处理，研究电磁波在光纤中的传输规律，得到光纤中的传播模式、场结构、传输常数及截止条件。

　　为了用电磁波理论描述光波在光纤中的传播模式，必须在光纤的柱形边界条件下解麦克斯韦（Maxwell）方程。但方程的完整求解过程已经超出本书范围，这里仅对单模光纤给出简单的分析过程，在描述波动理论之前，补充几个相关概念。

　　1. 光的描述

　　光的波动性表明，光像无线电波、X 射线一样，实际上都是电磁波，会产生光的反射、折射、干涉、衍射、吸收、偏振、损耗等。单个波长（或频率）的光称为单色光，可用麦克斯韦方程来描述。其中，E 有 3 个分量，即 E_x、E_y、E_z，其解有以下形式（以 E_z 为例），即

$$E(z,t) = Ae^{(j\omega t - \beta z)}$$
（2.11）

式中　A——场的幅度；

ω——角频率，$\omega = 2\pi f$，f为频率；

β——传播常数。

2. TE 波和 TM 波

设波的传播方向为 z 方向，如果 E_z 分量为零，即 $E_z = 0$，而 $H_z \neq 0$，称这种波为横电波或 TE 波；如果 $H_z = 0$，而 $E_z \neq 0$，称这种波为横磁波或 TM 波。

3. 光波的偏振

偏振即极化的意思，是指场矢量的空间方位。一般选用电场强度 E 来定义偏振状态。矢量端点描绘出一条与 x 轴成 ϕ 角的直线，称为线偏振，如图2.8（a）所示。

如果电场的水平分量与垂直分量振幅相等、相位相差 $\dfrac{\pi}{2}$，则合成的电场矢量将随着时间 t 的变化而围绕着传播方向旋转，其端点的轨迹是一个圆，称为圆偏振，如图2.8（b）所示。

如果电场强度的两个分量空间方向相互垂直，且振幅和相位都不相等，则随着时间 t 的变化，合成矢量端点的轨迹是一个椭圆，称为椭圆偏振，如图2.8（c）所示。

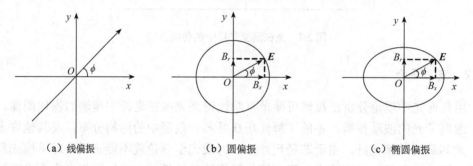

（a）线偏振　　　　　　　（b）圆偏振　　　　　　　（c）椭圆偏振

图2.8　3种偏振状态

下面介绍波动理论，首先来考察一束缚对称平面波导，然后再将结果扩展到圆形光纤。如图 2.9 所示，平面波导就像在折射率为 n_2 的介质材料之间加上一层折射率为

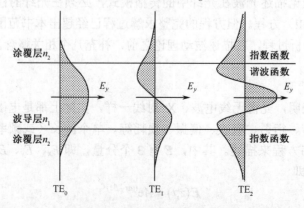

图2.9　对称平面波导中几种低阶导模中的电场分布

n_1 的介质所组成的"三明治",且 $n_2 < n_1$。波导板的横截面看起来和光纤沿轴线的截面是一样的。在图 2.9 中显示了几个低阶导模的场型图,可以清楚地看出,模的阶数等于穿过波导的零值点的个数。此外,导模电场并不完全被限制在中心绝缘板内,还会扩展至包层。电场在折射率为 n_1 的波导区之内呈均匀变化,之外则呈指数衰减。低阶模场高度集中在中心绝缘板(即光纤轴线)附近,进入包层区域的很少。与之相反,高阶模场更多地分布在波导边缘,而且进入包层区域的较多。

除了导模之外,还有辐射模。从理论上讲,辐射模源自光纤接收角之外的辐射光及由纤芯折射出的折射光。由于包层半径的限制,一些辐射模在包层内发生反射和折射,称为包层模。当纤芯和包层中的模沿光纤传播时,在包层模和高阶模之间会发生模耦合。原因是芯模电场向包层扩展,而包层模电场同样向芯模扩展。纤芯和包层模间功率的相互扩散导致芯模功率损耗。实际上,包层模将受到光纤包层损耗的抑制;也就是说,因为包层表面粗糙,这些模在传播一段距离后,就会扩散到光纤之外。

除了芯模(束缚模)和包层模(折射模)之外,在光纤中还存在另一种被称为泄漏模的模式。泄漏模部分被限制在纤芯范围内,并在沿光纤传播的过程中衰减,原因是它不断向芯外辐射功率。有关泄漏模的分析相当复杂,已超出了本书的范围,这里不做详细介绍。需要提到的是:只要 $n_2 k < \beta < n_1 k$,模就是导模;其中 β 是导模的传播常数,波数 $k = 2\pi / \lambda$ 是传播矢量 $\boldsymbol{k}$ 的幅值,也就是空气中的相位传播常数,传播常数 $\beta = \omega n / c = 2\pi n / \lambda = kn$。束缚模和泄漏模的边界由截止条件 $n_2 k = \beta$ 决定。一旦 $\beta < n_2 k$,纤芯中的功率就会泄漏到包层区域。泄漏模可以在短距离内携带相当一部分的光能,其中的绝大部分在传输了几厘米后就消失了,但也有一些损耗足够小的模能够在光纤中传输 1km。

为了将束缚平面波导理论扩展到圆形光纤中,下面就来看电磁波在圆柱形光纤中的传播。假设光纤无损耗,折射率 n 变化很小,在光纤中传播的是角频率为 ω 的单色光,场与时间 t 的关系为 $\exp(j\overline{\omega}t)$,则标量波方程为

$$\Delta^2 E + \left(\frac{n\overline{\omega}}{c}\right)^2 E = 0 \tag{2.12}$$

式中　　c——光速;

　　E——电场在直角坐标中的任一分量[磁场 H 也满足与式(2.12)相同的方程]。

采用柱坐标 (r, ϕ, z),使 z 轴和光纤轴线一致,就得到电场 z 分量 E_z 的波动方程(磁场 z 分量 H_z 的波动方程与 E_z 的表达式相同),即

$$\frac{\partial^2 E_z}{\partial r^2} + \frac{1}{r} \times \frac{\partial E_z}{\partial r} + \frac{1}{r^2} \times \frac{\partial^2 E_z}{\partial \phi^2} + \frac{\partial^2 E_z}{\partial z^2} + \left(\frac{n\overline{\omega}}{c}\right)^2 E_z = 0 \tag{2.13}$$

式中　　c——光速;

　　E_z 和 H_z——电场和磁场的 z 分量;

　　n——传输介质的折射率(对纤芯则等于 n_1,对包层则等于 n_2)。

找出 E_z 和 H_z 的解,就可以得到场的其他分量 E_ϕ、E_r、H_ϕ 和 H_r。

通常电磁场分量的边界条件(介质界面 $r=a$ 内外的切线分量 E_ϕ 和 E_z 必须相等,切

线分量 H_ϕ 和 H_z 也相等）要求将 E_z 和 H_z 结合起来考虑。如果在边界条件中 E_z 和 H_z 是独立的，那么在 $E_z = 0$ 或 $H_z = 0$ 时都能得到模的解。$E_z = 0$ 对应的模叫作横电（TE）模；$H_z = 0$ 对应的模叫作横磁（TM）模。若 E_z 和 H_z 都不为零，则称为混合模。混合模又依据横向场中 E_z 和 H_z 的分量哪个更强，分为 HE 模和 EH 模。

因此，光纤纤芯中的电场和磁场，包层中的电场和磁场均满足波动方程，但它们的解不是彼此独立的，而是满足在纤芯和包层处电场和磁场的边界条件，这样理解光纤的模是相当简单的。光纤模就是满足边界条件的电磁场波动方程的解，即电磁场的稳态分布。这种空间分布在传播过程中只有相位的变化，没有形状的变化，且始终满足边界条件，每一种这样的分布对应一种模式。一个模式由它的传播常数 β 唯一决定。

柱形波导被限定于二维空间而不是一维空间。于是，相对于只需要一个整数 m 就能够描述的平面波导，柱形波导则需要两个整数 l 和 m 才能够描述。这样在圆柱形波导中就会存在 TE_{lm} 和 TM_{lm} 模，它们对应于光纤中传输的子午光线。与斜光纤传输相对应的是 HE_{lm} 和 EH_{lm} 模。对模式场做精确描述很复杂，即便是单模光纤。幸运的是，用于通信领域的光纤 $\Delta \ll 1$，于是分析过程得以简化。因此，光纤可以被看作一个弱导结构。在光纤这样的弱导结构中，HE-EH 模成对出现，而且它们的传播常数基本相等，称为简并模。这些简并模具有相同的传播常数，用线偏振（LP）模表示，而不管它具体是 HE、EH、TE 还是 TM 模。由模场结构可以看到，属于同一个 LP 模的模式的横向场强（ E_x 或 E_y ）相等。这就是将其定义为线偏振模的原因。

HE、EH、TE 及 TM 模与 LP_{lm} 模间的关系见表 2.1。假设有一个观察者在芯内沿一圆周，在方位角 ϕ 内做巡回运动，但并不转动，则脚标 l 代表 E 场转到他面前时转过的 2π 的倍数。脚标 m 代表 E 场沿 r 放射状地从纤芯中心到芯—包层界面经过的半正弦的半周期数。

表 2.1　低阶 LP 模的组成

LP 模	传统模式
LP_{01}	HE_{11}
LP_{11}	HE_{21}，TE_{01}，TM_{01}
LP_{21}	HE_{31}，EH_{11}
LP_{02}	HE_{12}
LP_{31}	HE_{41}，EH_{21}
LP_{12}	HE_{22}，TE_{02}，TM_{02}
LP_{1m}	HE_{2m}，TE_{0m}，TM_{0m}
$LP_{0n}(n \geqslant 1)$	HE_{1n}
$LP_{lm}(l \neq 0$ 或 $1)$	$HE_{l+1, m}$，$EH_{l-1, m}$

对式（2.13），有意义的解是传播常数为某一数值 β 且沿着光纤轴线传播的波，设 E_z 与 z 的关系为 $\exp(-j\beta z)$。由于光纤的圆对称性，E_z 是 ϕ 的周期函数，设为 $\exp(-jl\phi)$，l 就是前面提到的整数，则

$$E_z(r, \phi, z) = E_z(r)\exp(-jl\phi)\exp(-j\beta z), \qquad l = 0, \pm 1, \pm 2, \cdots \qquad (2.14)$$

代入式（2.13）得到

$$\frac{\mathrm{d}^2 E_z(r)}{\mathrm{d}r^2} + \frac{1}{r}\frac{\mathrm{d}E_z(r)}{\mathrm{d}r} + \left(\frac{n^2\omega^2}{c^2} - \beta^2 - \frac{l^2}{r^2}\right)E_z(r) = 0 \tag{2.15}$$

这就是贝塞尔（Bessel）微分方程。在阶跃折射率光纤中，折射率的变化只是在纤芯与交界面（$r = a$）处由 n_1 变为 n_2。定义纤芯的传播常数为 $\beta_1 = n_1\omega/c = n_1 k$，包层的传播常数为 $\beta_2 = n_2 k$。由前面平面波导分析可知，光波在光纤中成为导波的条件是 $n_2 k < \beta_{lm} < n_1 k$，其中 β_{lm} 是光波的传播常数。为方便起见，对纤芯和包层分别定义，即

$$u_{lm}^2 = n_1^2 k^2 - \beta_{lm}^2, \quad w_{lm}^2 = \beta_{lm}^2 - n_2^2 k^2 \tag{2.16}$$

这样 u_{lm} 和 w_{lm} 都是正数。式（2.15）可以改写成两个贝塞尔微分方程，即

$$\begin{cases} \dfrac{\mathrm{d}^2 E_z(r)}{\mathrm{d}r^2} + \dfrac{1}{r}\dfrac{\mathrm{d}E_z(r)}{\mathrm{d}r} + \left(u_{lm}^2 - \dfrac{l^2}{r^2}\right)E_z(r) = 0, \quad r < a \\[3mm] \dfrac{\mathrm{d}^2 E_z(r)}{\mathrm{d}r^2} + \dfrac{1}{r}\dfrac{\mathrm{d}E_z(r)}{\mathrm{d}r} - \left(w_{lm}^2 + \dfrac{l^2}{r^2}\right)E_z(r) = 0, \quad r > a \end{cases} \tag{2.17}$$

除去 $r=0$ 接近无限的函数，由式（2.17）得到

$$\begin{cases} E_z(r,\phi) \propto \mathrm{J}_l(u_{lm}r)\cos l\phi, \quad r < a\,(\text{纤芯}) \\[2mm] E_z(r,\phi) \propto \mathrm{K}_l(w_{lm}r)\cos l\phi, \quad r > a\,(\text{包层}) \end{cases} \tag{2.18}$$

式中　$\mathrm{J}_l(x)$——第一类 l 阶贝塞尔函数；

　　　$\mathrm{K}_l(x)$——第一类 l 阶修正的贝塞尔函数。

如图 2.10 所示，$\mathrm{J}_l(x)$ 有点像衰减的正弦函数，而 $\mathrm{K}_l(x)$ 则像衰减的指数函数。这正是人们所希望的，与前面讨论平面波导相似。确定了 $E_z(r,\phi)$ 和 $H_z(r,\phi)$ 的解，就可以利用麦克斯韦方程得到场的其他分量 $E_\phi(r,\phi)$、$E_r(r,\phi)$、$H_\phi(r,\phi)$ 和 $H_r(r,\phi)$ 的解。根据电磁场的切向分量连续的条件导出本征方程，用数值法求解确定 β_{lm}。结果可以得到前面提到的许多电磁场模式，包括 TE_{lm}、TM_{lm}、HE_{lm} 和 EH_{lm}。

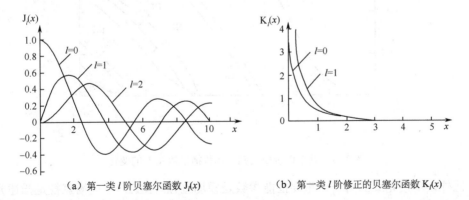

(a) 第一类 l 阶贝塞尔函数 $\mathrm{J}_l(x)$　　　　(b) 第一类 l 阶修正的贝塞尔函数 $\mathrm{K}_l(x)$

图 2.10　贝塞尔函数

图 2.11 综合了这些模式的重要特性。其中横坐标为

$$V = a\sqrt{u_{lm}^2 + w_{lm}^2} = \frac{2\pi a}{\lambda}\sqrt{n_1^2 - n_2^2} = \frac{2\pi a}{\lambda}(NA) \qquad (2.19)$$

称为归一化频率，是一个非常有用的量纲为一的参数，是光纤的一个结构参数。纵坐标 $\beta\lambda/2\pi = \beta/k$ 是模式归一化传播常数，也是一个量纲为一的参数。

每个 LP_{mn} 模都有各自的归一化截止频率 V_C，如表 2.2 所示。

表 2.2 低阶模的归一化截止频率 V_C 值

标量模	LP_{01}	LP_{11}	LP_{02}	LP_{21}	LP_{31}	LP_{12}	LP_{03}
V_C	0	2.405	3.832	3.832	5.136	5.520	7.016

对每一种模式（其归一化截止频率为 V_C）来说，当 $V > V_C$ 时，该模式可以在光纤中传输，称为模式可导；当 $V < V_C$ 时，该模式不能在光纤中传输，称为模式截止；当 $V = V_C$ 时，称为临界状态。

如图 2.11 所示，每种模式只有在 V 值超过某一阈值时存在。当 $V < 2.405$ 时，除 HE_{11} 模以外，其他模式全部停止传播，也就是说除 HE_{11} 模以外的所有模式都有一定的截止波长 λ_c，达到这一波长时，将不再传输能量，而 HE_{11} 模没有截止波长，只有在芯径为零时才不存在。所以，对单模光纤有 $\lambda_c = V\lambda/2.405$；当 $V > 2.405$ 时，模数增加很快，阶跃折射率多模光纤能够支持的模式数量近似为 $N = 4V^2/\pi^2 \approx V^2/2$，渐变型光纤能够支持的模式数量近似为 $V \approx V^2/4$。

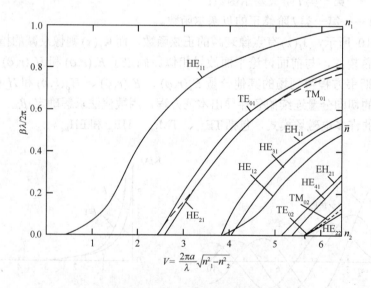

图 2.11 几个低阶模的归一化传播常数随 V 的变化

此外，单模光纤的另一个重要性能参数是模场直径（MFD）。模场直径是描述光纤横截面上基模场强分布的物理量。多模光纤的模场直径与纤芯直径几乎相等，但单模光纤的模场直径一般不等于纤芯直径，这是因为单模光纤中并非所有的光都由纤芯承载并局限于纤芯内传播。单模光纤中模场的光功率分布可以用图 2.12 来解释。

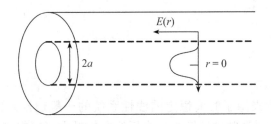

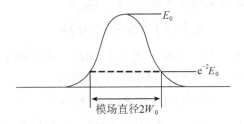

图 2.12 单模光纤中模场的光功率分布

假设电场分布是高斯（Gauss）型的，即

$$E(r) = E_0 \exp\frac{-r^2}{W_0^2} \tag{2.20}$$

式中 r——纤芯半径长度；

E_0——$r = 0$ 处的场量值；

W_0——电场分布的半宽度。

于是可以定义式（2.20）中的全宽 $2W_0$ 为模场直径 MFD，也就是场量降至中心处的 e^{-1} 对应半径的 2 倍（这个半径等价于光功率降至中心处 e^{-2} 时的半径）。

总结以上内容，模式是光波导中的重要基本概念，可以从以下几方面来理解。

1）模式是满足亥姆霍兹方程的特解，满足在波导中心有界、在边界趋于无穷时为零等边界条件。

2）每个模式都是光波导的光场沿横截面分布的一种场图，并且模场沿纵向传输时具有稳定性。

3）模式是有序的，由于模式是微分方程的一系列特征解，所以是离散的、可排序的。

4）每个模式在波导中传输最基本的物理特征量是其传输常数 β。

5）许多个模式的线性组合构成了光波导中总的场分布。

2.3 光纤的传输特性

光信号经光纤传输后要产生损耗和畸变，因而输出信号和输入信号不同。对于脉冲信号，不仅幅度要减小，而且波形要展宽。产生信号畸变的主要原因是光纤中存在损耗和色散。此外，还要考虑信道数的增加以及输入光功率的增加引起的非线性光学效应。

2.3.1 带宽和色散

1. 带宽

光纤带宽的概念来源于时间恒定的线性系统的一般理论。定义相邻两脉冲虽重叠，但仍能区别开的最高脉冲速率为该光纤线路的最大可用带宽。如果光纤可以按线性系统处理，其输入光功率和输出光功率的一般关系为

$$P_{out}(t) = \int_{-\infty}^{+\infty} h(t-t')P_{in}(t')dt' \tag{2.21}$$

当输入光脉冲 $P_{in}(t) = \delta(t)$ 时，输出光脉冲 $P_{out}(t) = h(t)$，式中 $\delta(t)$ 为 δ 函数，$h(t)$ 为光纤的冲击响应。冲击响应 $h(t)$ 的傅里叶（Fourier）变换为

$$H(f) = \int_{-\infty}^{+\infty} h(t)\exp(-2\pi jft)dt \tag{2.22}$$

频率响应 $H(f)$ 称为传输函数。一般 $H(f)$ 随频率 f 的增加而下降，这表明输入信号的高频成分被光纤衰减了。受这种影响，光纤起了带通滤波器的作用。光纤带宽的定义是 $H(f)$ 和零频率响应 $H(0)$ 的比值下降一半或 3dB 的频率，即

$$\left| \frac{H(f_{3dB})}{H(0)} \right| = \frac{1}{2} \tag{2.23}$$

如果用电功率下降 3dB 的频率定义为电带宽，那么用 $1/\sqrt{2}$ 代替式（2.23）中的 1/2。

光纤一般不能按线性系统处理，但如果光源的频谱宽度比信号的频谱宽度大得多，光纤就可以近似为线性系统。设输出光脉冲为高斯函数，则

$$P_{out}(t) = \exp\left(\frac{-t^2}{2\sigma^2} \right) \tag{2.24}$$

式中 σ——均方根（RMS）脉冲宽度。

对式（2.24）进行傅里叶变换，得到 $H(f)$，代入式（2.23）得到

$$f_{3dB} = \sqrt{\frac{\ln 2}{2\pi^2}} \frac{1}{\sigma} = \frac{0.187}{\sigma(s)} = \frac{187}{\sigma(ns)} (MHz) \tag{2.25}$$

由式（2.24）可知，脉冲半最大值全宽（FWHM）$\Delta\tau = 2\sqrt{2\ln 2}\sigma$，代入式（2.25）得 3dB 光带宽为 $f_{3dB} = \dfrac{440}{\Delta\tau(ns)} (MHz)$。可见，光纤的带宽取决于均方根脉冲宽度。

2. 色散

在光纤中传输的光脉冲，受到由光纤的折射率分布、光纤材料的色散特性、光纤中的模式分布以及光源的光谱宽度等因素决定的"延迟畸变"，使在光纤中传输的光信号不同成分之间的时间延迟不同。这一效应叫作色散。如果信号是模拟调制，色散限制了带宽。如果信号是数字脉冲，色散使脉冲展宽。色散通常用 3dB 光带宽 f_{3dB} 或脉冲展宽 $\Delta\tau$ 来表示，这里 $\Delta\tau$ 是输出光脉冲相对于输入光脉冲的展宽。光纤色散包括模式色散（模间色散）、波导色散（模内色散）和材料色散及偏振模色散。

（1）模式色散

模式色散仅仅发生在多模光纤中由于各模式之间群速度不同而产生的色散。由于各模式以不同时刻到达光纤出射端面而使脉冲展宽。它取决于光纤的折射率分布，并和材料折射率的波长特性有关。

（2）波导色散

由于某一传播模的群速度对于光的频率（或波长）不是常数，同时光源的谱线又有一定宽度，因此产生波导色散。它取决于波导的结构参数和波长。

（3）材料色散

材料色散是由于光纤的折射率随波长而改变，实际光源不是纯单色光，是模内不同波长成分的光由于其时间延迟不同而产生的。这种色散取决于材料折射率的波长特性和光源的谱线宽度。

（4）偏振模色散

在标准单模光纤中，基模 HE_{11} 由两个相互垂直的偏振模组成。只有在理想圆对称光纤中，两个偏振模的时间延迟才相同，简并为单一模式。由于实际光纤的纤芯存在一定椭圆度，在短轴方向的偏振模传输较快，在长轴方向的偏振模传输较慢，因而造成色散，这种色散称为偏振模色散（PMD）。因此，即使零色散波长的单模光纤，其带宽也不是无限大，而是受到 PMD 的限制。由于偏振模的耦合是随机的，因而 PMD 是一个统计量。PMD 对传输有线电视（CATV）的模拟系统和长距离、高速率的数字系统，如海底光缆系统的影响是不可忽视的。当数据传输速率小于 10Gb/s 时，基本上不必考虑它的影响。

在多模光纤中模式色散是主要的，材料色散相对较小，波导色散一般可以忽略。对单模光纤而言波导色散的作用不能忽略，它与材料色散有同样的数量级，它们随波长变化的关系如图 2.13 所示。

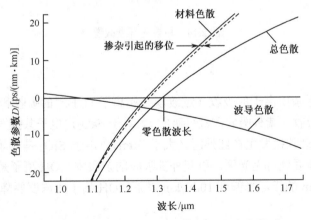

图 2.13　材料色散和波导色散随波长的变化关系

图 2.13 还给出了假设材料色散和波导色散同时存在时的总色散。从图中可以看出，在某特定波长下，材料色散和波导色散相互抵消，总色散为零。需要指出的是，总色散降到最小值时，对应的特殊波长可以通过适当的光纤设计在 1.3～1.7μm 的光谱范围内进行选择。

2.3.2 光纤的损耗

在光纤内传输的光功率随距离 L 的衰减，可以表示为

$$P_{out} = P_{in} \exp(-\alpha L) \tag{2.26}$$

式中 α——衰减系数，习惯上它的单位用 dB/km。

由式（2.26）得

$$\alpha = -\frac{10}{L} \lg\left(\frac{P_{out}}{P_{in}}\right) \tag{2.27}$$

引起衰减的原因是光纤的损耗，光信号在光纤中传输时，由于吸收、散射和波导缺陷等机理产生功率损耗，从而引起衰减。图 2.14 是单模光纤的衰减谱，图中示出了各种损耗机理产生的衰减和波长的关系。

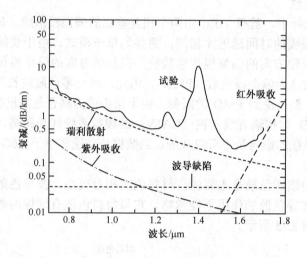

图 2.14　单模光纤衰减谱

1. 吸收损耗

吸收损耗包括杂质离子的吸收（过渡族金属离子如 Fe^{3+} 的吸收和 OH 离子引起的吸收等）和本征吸收（紫外吸收和红外吸收）。对于 SiO_2，电子共振发生在紫外区（小于 $0.4\mu m$），而振动共振发生在红外区（大于 $7\mu m$）。由于 SiO_2 是非晶状材料，紫外吸收和红外吸收可伸展到可见光区。引起外部吸收的杂质中，OH 离子是一个值得注意的问题。要把 $1.39\mu m$ 的损耗降低到 10dB/km 以下，OH 离子的浓度要降到 10^{-8} 以下。

2. 散射损耗

散射损耗包括波导缺陷引起的散射损耗（折射率分布不均匀，纤芯—涂层界面不理想，有气泡、条纹等）和本征散射损耗。本征损耗包括瑞利（Rayleigh）散射、布里渊（Brillouin）散射和拉曼（Raman）散射，其中瑞利散射是最主要的，这是由于后两种散射属于非线性效应，需要满足光功率阈值才能发生，这将在后面讨论。瑞利散射

是材料微观不均匀性引起折射率的微观随机变化产生的，它与波长呈 $1/\lambda^4$ 的关系。瑞利散射在波长大于 $3\mu m$ 时可被减小到 $0.01dB/km$。但对于硅玻璃光纤，此时红外吸收很大。瑞利散射损耗是光纤损耗的最低极限。随着光纤制造水平的不断提高，波导缺陷引起的散射已经降到可以忽略的程度。目前在 $1.55\mu m$ 波长，实验室最低损耗可达到 $0.154dB/km$，接近理论极限。

3. 辐射损耗

光纤使用中，弯曲不可避免，当弯曲到一定曲率半径时，就会产生辐射损耗，又叫弯曲损耗。弯曲损耗有以下两种。

1）宏弯损耗。光纤弯曲半径比光纤直径大得多时造成的损耗。

2）微弯损耗。由于温度变化，某一点受压，或光纤成缆时其轴线产生的随机性微弯造成的损耗。

对于宏弯损耗，如果弯曲比较轻微，则附加损耗很小；但随着弯曲曲率半径减小，损耗按指数增大；当达到某个临界角时，如果进一步减小弯曲半径，损耗就会突然变得非常大，甚至导致传输中断。光纤微弯通常会造成光纤轴线的曲率半径重复变化，这时，弯曲的曲率半径不一定小于临界半径，但这种周期性变化会引起光纤中导模与辐射模间的反复耦合，从而使一部分光能量变成辐射模损耗掉。

2.3.3 光纤的非线性效应

前面的讨论事实上都假设光纤是线性系统，光纤的传输特性与入射光功率的大小无关。对于入射光功率较低和传输距离不太长的光纤通信系统，这种假设是合适的。但是，在强电磁场的作用下，任何介质对光的响应都是非线性的，光纤也不例外。作为传输波导的光纤，其纤芯的横截面积非常小，高功率密度经过长距离的传输，非线性效应就不可忽视了，特别是波分复用（WDM）系统和相干光系统显得更为突出。

光纤非线性光学效应是光和光纤介质相互作用的一种物理效应。这种效应主要来源于介质材料的三阶极化率 $\chi^{(3)}$，其相关的非线性效应，主要有受激拉曼散射（SRS）、受激布里渊散射（SBS）、自相位调制（SPM）、交叉相位调制（XPM）和四波混合（FWM）以及孤子（soliton）效应等。非线性效应对光纤通信系统的限制是一个不利的因素。但利用这种效应又可以开拓光纤通信的新领域，如制造各种光放大器以及实现先进的孤子通信等。本小节介绍单模光纤中的几种主要非线性效应。

1. 受激光散射

光波通过介质时将发生散射，当使用相干光时，这种散射是一种受激过程。前面提到的瑞利散射是一种弹性散射，在弹性散射中，散射光的频率（或光子能量）保持不变。相反，在非弹性散射中，散射光的频率降低，或光子能量减少。SRS 和 SBS 是非弹性散射，光波和介质相互作用时要交换能量。SRS 和 SBS 都是一个光子（泵浦）散射后成为一个能量较低的光子[斯托克斯（Stokes）光子]，其能量差以声子（phonon）的形式出现，如图 2.15（a）所示。此外，如果能吸收一个具有恰当能量和动量的声子，它们也可能产生有更高能量的光子，称为反斯托克斯光子，如图 2.15（b）所示。

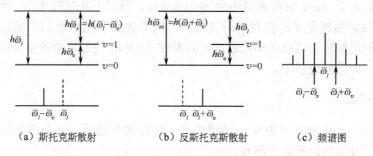

（a）斯托克斯散射　　　　　（b）反斯托克斯散射　　　　（c）频谱图

图 2.15　受激光散射原理

SRS 和 SBS 的区别有以下几点。

1）SRS 是和介质光学性质有关，频率较高的"光学支"声子参与散射，频移有几十太赫兹；而 SBS 是和介质宏观弹性性质有关，频率较低的"声学支"声子参与散射，频移只有十几吉赫兹，如图 2.16 所示。

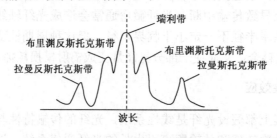

图 2.16　散射频移分布

2）SBS 只发生在反向，而 SRS 在两种方向均能发生，主要是正向。

3）增益系数不同，在单模光纤中 SBS 的峰值增益系数 $g_B(4\times10^{-9}\text{cm/W})$ 比 SRS 的峰值增益系数 g_R 大两个数量级，并且近似与波长无关。

4）SRS 的阈值功率 P_{th} 大于 SBS 的阈值功率。

拉曼阈值功率是在长度为 L 的光纤输出端，有一半光功率损失到 SRS 时的入射光功率，对于 SRS，P_{th} 近似满足

$$P_{th}g_R\frac{L_{eff}}{A_{eff}}\approx16 \qquad （正向SRS） \tag{2.28}$$

$$P_{th}g_R\frac{L_{eff}}{A_{eff}}\approx20 \qquad （反向SRS） \tag{2.29}$$

式中　A_{eff}——有效模横截面积（也称为有效纤芯面积）；

L_{eff}——有效作用长度，$L_{eff}=[1-\exp(-\alpha L)]/\alpha$，$\alpha$ 为光纤衰减系数。

对于 SBS 则近似满足

$$P_{th}g_B\frac{L_{eff}}{A_{eff}}\approx21$$

理论和实践证明，对于单路系统，能够产生系统性能损伤的 SRS 阈值大约为

1W，由于 g_B 比 g_R 大两个数量级，因而 SBS 的阈值低到只有 1mW 左右。

光受激散射，一方面将引起信道间的串扰，如图 2.17 所示；另一方面它又可以把泵浦光的能量转换为光信号的能量，实现光放大作用，制成 RFA 和光纤布里渊放大器。有关 RFA 的介绍将安排在第 5 章讨论。

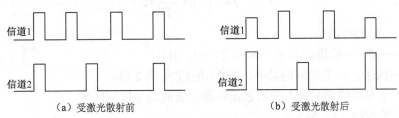

（a）受激光散射前　　　　　　　　　（b）受激光散射后

图 2.17　受激光散射对两通信信道的影响

2. 非线性折射率

在低光功率下，纤芯的折射率可以认为是常数。但在高光功率下，三阶非线性效应使得光纤折射率成为光强的函数，可表示为

$$n = n_0 + n_2 \frac{P}{A_{\text{eff}}} \tag{2.30}$$

式中　n_0——光纤正常的折射率；

P——传输的光功率；

n_2——光纤由于光功率密度变化引起的折射率变化系数（通常称为 Kerr 系数）。

虽然这种与功率相关的非线性折射率非常小，但它对光信号在光纤中传播过程的影响却很显著，使光信号的相位产生调制，理论上，将引起 SPM、XPM 和 FWM 等效应。

（1）自相位调制（SPM）

在纤芯中，非线性折射率将使导模的传播常数与光功率有关，即

$$\beta' = \beta + \gamma P \tag{2.31}$$

式中　γ——非线性系数，$\gamma = k_0 n_2 / A_{\text{eff}}$，按波长不同，其值为 $2\sim30\,(\text{W}\cdot\text{km})$；

k_0——真空中波数；

β——不考虑非线性时的传播常数。

由此产生的非线性相移为

$$\phi_{\text{NL}} = \int_0^L (\beta' - \beta)\mathrm{d}z = \int_0^L \gamma P(z)\mathrm{d}z = \gamma P_{\text{in}} L_{\text{eff}} \tag{2.32}$$

式中　$P(z) = P_{\text{in}}\exp(-\alpha z)$；

P_{in}——输入光功率。

这种由光场自身产生非线性效应引起的非线性相移称为自相位调制。时变的相移表明，脉冲中心频率两侧有不同的瞬时频率，导致正啁啾，从而在光纤色散的作用下引起脉冲展宽等效应。

（2）交叉相位调制（XPM）

两个或两个以上的信道使用不同载频同时在光纤中传输时，式（2.30）给出的折射

率与光功率的关系也可以导致另一种叫作 XPM 的效应。这样某一信道的非线性相位移不仅与本信道功率有关，而且与其他信道的功率有关，并且位移量依信道的码形变化。第 j 个信道的非线性相位移为

$$\phi_j^{\mathrm{NL}} = \gamma L_{\mathrm{eff}} \left(P_j + 2 \sum_{m \neq j}^{M} P_m \right) \qquad (2.33)$$

式中　M——总的信道数；

　　　P_j——第 j 个信道的功率（j=1，2，…，M）；

　　　2——因子，对于相同的功率，XPM 是 SPM 的 2 倍。

因此，交叉相位调制在多信道系统中是主要的功率限制因素。

（3）四波混频（FWM）

FWM 是起源于折射率的光致调制的参量过程，需要满足相位匹配条件。从量子力学的观点来看，它就是一个或几个光波的光子湮灭，同时产生了几个不同频率的新光子，在此参量过程中，净能量和动量（波矢量）是守恒的。FWM 大致可以分为两种情况。一种是 3 个光子合成一个光子的情况，新光子的频率 $\omega_4 = \omega_1 + \omega_2 + \omega_3$。由于很难在光纤中满足相位匹配条件，高效地实现上述过程是十分困难的。另一种情况则是对应频率为 ω_1 和 ω_2 两光子的湮灭，产生频率为 ω_3 和 ω_4 的新光子。此过程中能量守恒和相位匹配条件分别为

$$\omega_1 + \omega_2 = \omega_3 + \omega_4, \Delta k = k_3 + k_4 - k_2 - k_1 = 0 \qquad (2.34)$$

在 $\omega_1 = \omega_2$ 的特定条件下，光纤中满足 Δk=0 的条件相对容易些。研究表明，光纤的色散系数越接近于零、系统复用波长数量越多、信道间隔越窄，越容易满足相位匹配条件。

2.4　几种常用于光纤通信系统的光纤

光纤是优良的光波传输介质，目前已广泛应用于光纤通信网络，然而它的损耗特性、色散特性及非线性效应将影响光纤通信系统的传输质量。为适应不同的光传输系统，人们开发了多种类型的光纤光缆。下面介绍几种常用于目前光纤通信网络的光纤。

2.4.1　G.651 光纤

ITU-T（国际电信联盟-电信标准部）在 1988 年 11 月发布 G.651 建议《50/125μm 多模渐变折射率光纤光缆的特性》，该建议是指代码类别为 A1a 的多模光纤。2007 年 7 月，ITU-T 发布了多模光纤新标准《用于光接入网的 50/125μm 梯度折射率分布多模光纤光缆特性》（G.651.1）。该标准主要针对用于接入网特定环境中的石英多模光纤，专指 A1a 型多模光纤，该光纤支持在 850nm 波长的 1Gb/s 以太网传输，链路长度可达 550m。G.651 标准下的 A1a 型多模光纤，纤芯直径约为 50μm，可同时传输多种模式的光信号。由于模间色散及幅度衰减的影响，该类光纤主要适用于较近距离的光接入网（OAN）系统或光纤到 x（FTTx）。

2.4.2 G.652 光纤

目前世界上大多数国家使用最多的光纤是 G.652 光纤，即标准单模光纤（SMF），G.652 光纤是 20 世纪 80 年代初期就已经成熟并实用化的一种光纤。这种光纤的特点如下。

1）在 1310nm 波长处的色散为零。

2）在波长为 1550nm 附近衰减系数最小，约为 0.22dB/km，但在 1550nm 附近其具有最大色散系数，为 17 ps/（nm·km）。

3）工作波长既可选在 1310nm 波长区域，又可选在 1550nm 波长区域，它的最佳工作波长在 1310nm 区域。由于工作在 1550nm 窗口的 EDFA 的实用化，1550nm 窗口已成为 G.652 光纤的主要工作窗口。

但是，G.652 光纤在 1550nm 窗口的较高色散系数限制了高速光缆系统的开通。试验证明，在 G.652 光纤上传输 10Gb/s 系统，即使采用外调制技术，其色散受限距离也只有 58km。这与未来长距离传送的目标距离（一般在 120km 以上）是有很大差距的。因此，高速率的传输系统要求采取色散补偿的方式降低 G.652 光纤在 1550nm 处的色散系数，如在 G.652 光纤线路中加入一段色散补偿模块。但由于采用色散补偿模块会引入较高的插入损耗，系统必须使用光纤放大器，造成系统建设成本提高。因此，在骨干传输网上，利用 G.652 光纤开通高速、超高速系统不是今后的发展方向，人们更倾向于采用新光纤来传输 10Gb/s 的 TDM 系统。

2.4.3 G.653 光纤

G.653 即色散位移光纤（DSF），是通过改变光纤的结构参数、折射率分布形状，力求加大波导色散，从而将最小零色散点从 1310nm 移到 1550nm，实现 1550nm 处最低衰减和零色散波长一致，并且在 EDFA 的 1530~1565nm 工作波长区域内。这种光纤非常适合于长距离单信道高速光放大系统，如可在这种光纤上直接开通 20Gb/s 系统，不需要采取任何色散补偿措施。

但是，随着 WDM 研究的深入，发现 DSF 有一个致命弱点，即工作区内的零色散点是导致非线性 FWM 效应的源泉。一般来讲，FWM 的效率取决于通路间隔和光纤的色散。通路间隔越窄，光纤色散越小，FWM 的效率也就越高，而且一旦 FWM 现象产生，就无法用任何均衡技术来消除。因此，DSF 在 DWDM 系统中应用较少。

2.4.4 G.655 光纤

G.655 即非零色散光纤（NZDSF），也叫无零色散光纤，它是针对 G.652 光纤和 G.653 光纤在 DWDM 系统使用中存在的问题开发出来的。通过改变折射剖面结构来保证光纤在 1550nm 波长色散不为零，并使零色散点移到 1550nm 窗口，从而与光纤的最小衰减窗口相匹配，使 1550nm 窗口同时具有最小色散和最小衰减。它在 1530~1565nm 之间光纤的典型参数为：衰减系数小于 0.25dB/km，色散绝对值保持在 1.0~6.0ps/（nm·km），避开了零色散区，维持了一个起码的色散值，避免了严重的 FWM

现象，从而可以比较方便地开通多波长 WDM 系统。另外，色散值又不是太大，不至于对 10Gb/s TDM 系统造成色散受限。即使单波长传输 10Gb/s TDM 系统，其色散受限距离仍可达 300km 左右，因而能较好地同时满足 TDM 和 WDM 两种发展方向的要求。

由于 ITU-TG.655 建议中只要求色散的绝对值为 $1.0 \sim 6.0 \, \text{ps}/(\text{nm} \cdot \text{km})$，对于它的正负并没有明确规定，因而 G.655 光纤的工作区色散既可以为正值也可以为负值。它的零色散点可以位于低于 1550nm 的短波长区（相对而言），也可位于高于 1550nm 的长波长区。这两种情况都能满足光纤对色散值的要求。根据零色散点和模场直径的不同，现在市场上的 G.655 光纤主要有 3 种，即全波光纤、SMF-LS 光纤和大有效面积光纤（LEAF）。

1. 全波光纤

全波光纤是 Lucent 公司生产的一种典型的工作区为正色散的光纤，它的零色散点在 1530nm 以下的短波长区。在 $1530 \sim 1565$nm 的光放大区，色散系数为 $1.3 \sim 5.8 \, \text{ps}/(\text{nm} \cdot \text{km})$。在 $1549 \sim 1561$nm 这个最常用的 EDFA 增益平坦区，色散系数为 $2.0 \sim 4.0 \, \text{ps}/(\text{nm} \cdot \text{km})$，这个值已足以消除 FWM 的相位匹配效应，从而基本避免了非线性影响；而低色散系数又不至于对系统造成色散受限。在大多数陆地传输系统应用场合（传输距离为几百公里范围），正色散引起的 SPM 可以压缩脉冲宽度，从而有利于减轻色散的压力。但是它会带来调制不稳定性（MI）效应，MI 效应随光功率的提高和系统距离的延长而增长。尽管如此，到现在为止，有关全波光纤陆地 WDM 系统的应用似乎并没有出现很大的问题。

2. SMF-LS 光纤

SMF-LS 光纤是康宁公司生产的具有负色散工作区的光纤，它的零色散点处于长波长区 1570nm 附近，在 $1530 \sim 1565$nm 区，光纤的色散值为负值，处于 $-3.5 \sim -0.1 \, \text{ps}/(\text{nm} \cdot \text{km})$，在 $1549 \sim 1561$nm 区，其色散值在 $-0.1 \, \text{ps}/(\text{nm} \cdot \text{km})$ 左右，这对于通路数多于 16 个的 DWDM 系统是不利的。SMF-LS 光纤在进行超长距离传输时，积累的色散为负值。因此，只需要采用常规 G.652 光纤就可以进行色散补偿，而全波光纤则需要价格昂贵的色散补偿光纤（DCF）。SMF-LS 光纤在越洋海缆中得到了广泛应用。

3. 大有效面积光纤

为适应更大容量、更长距离的 DWDM 系统的应用，康宁公司开发出一种新型的 LEAF，与普通 G.655 光纤一样，它也对光纤的零色散点进行了移动，使 $1530 \sim 1565$nm 区间的色散值保持在 $1.0 \sim 6.0 \, \text{ps}/(\text{nm} \cdot \text{km})$，色散为正值，避开了零色散区，维持了一个起码的色散值。LEAF 光纤的特殊之处在于大大增加了光纤的模场直径，从普通 G.655 光纤的 8.4μm 增长到 LEAF 光纤的 9.6μm，从而增加了光纤的有效面积，即从 55μm^2 增加到 72μm^2。在相同的入纤功率条件下，降低了光纤中传播的功率密度，减少了光纤非线性系数，同时也减小了光纤的非线性效应。在相同的中继距离时，减少了非线性干扰，可以得到更好的光信噪比（OSNR）。从全光网络的发展来看，LEAF 代表着光纤发展的方向。

但是，LEAF 的缺点是色散斜率太大，约为 0.1ps/（nm²·km），因此传输距离很长时，功率代价变大。另外，其 MFD 也偏大，因此微弯和宏弯损耗需仔细控制。

2.4.5　G.657 光纤

G.657 光纤为弯曲不敏感单模光纤，这类光纤的弯曲损耗低于其他类单模光纤。2009 年 11 月，ITU-T 正式通过了 G.657 单模光纤标准。G.657 分为 A 类和 B 类，G.657A 与 G.652 兼容，适用于 O、E、S、C 和 L 波段，其传输特性和光学特性与 G.652D 相似，主要区别在于稍小的模场直径与更优的弯曲损耗特性。G.657B 光纤则具有更强的抗弯曲性能。

G.657A 又分为 A1 和 A2 两类，主要区别在于 A2 类光纤具备较好的抗弯性能，其弯曲半径可达 7.5mm，而 A1 类光纤的弯曲半径为 10mm。G.657B 又分为 B2 和 B3 两类，B2 类光纤的弯曲半径为 7.5mm，B3 类光纤的弯曲半径可达 5mm，因此 B3 类光纤具有更好的抗弯曲性能。

G.657 光纤具有良好的抗弯曲性能，使其适用于 OAN，包括位于 OAN 终端的建筑物内的各种布线。

习题与思考题

1. 阶跃光纤和渐变光纤的主要区别是什么？

2. 何谓模式截止？光纤单模传输的条件是什么？单模光纤中传输的是什么模式？

3. 计算 n_1=1.48 及 n_2=1.46 的阶跃折射率光纤的数值孔径。如果光纤端面外介质折射率 n=1.00，则允许的最大入射角 θ_{max} 为多少？

4. 弱导阶跃光纤纤芯和包层折射率指数分别为 n_1=1.5，n_2=1.45，试计算：

（1）纤芯和包层的相对折射率差 Δ；

（2）光纤的数值孔径 NA。

5. 已知一阶跃折射率光纤，n_1=1.5，Δ=0.002，a=6μm，当波长分别为：（1）λ_0=1.55μm；（2）λ_0=1.30μm；（3）λ_0=0.85μm，求光纤中传输哪些导模？

6. 由光源发出的 λ=1.31μm 的光，在 a=25μm，Δ=0.01，n_1=1.45，光纤折射率分布为阶跃型时，光纤中导模的数量为多少？

7. 一根数值孔径为 0.20 的阶跃折射率多模光纤在 850nm 波长上可以支持 1000 个左右的传播模式。试问：

（1）纤芯直径是多少？

（2）在 1310nm 波长上可以支持多少个模？

（3）在 1550nm 波长上可以支持多少个模？

8. 某光纤在 1310nm 处的损耗为 0.6dB/km，在 1550nm 波长处的损耗为 0.3dB/km。假设下面两种光信号同时进入光纤：1310nm 波长的 150μW 的光信号和 1550nm 波长

的 100μW 的光信号。试问这两种光信号在 8km 和 20km 处的功率各是多少？（以 μW 为单位）

9. 一段 12km 长的光纤线路，其损耗是 1.5dB/km。试回答：

（1）如果在接收端保持 0.3μW 的接收光功率，则发送端的功率至少为多少？

（2）如果光纤的损耗变为 2.5dB/km，则所需的输入光功率为多少？

10. 有 10km 长，NA=0.30 的多模阶跃折射率光纤。如果其纤芯折射率为 1.45，计算光纤带宽。

11. 光纤中色散有几种？单模传输光纤中主要是什么色散？多模传输光纤中主要是什么色散？

12. 请分析单模石英光纤中存在哪几种散射，它们的产生需要哪些条件。

13. 请分析比较 G.652 光纤、G.653 光纤和 G.655 光纤（包括全波光纤、SMF-LS 光纤及 LEAF 光纤）之间的优缺点及其具体应用场合。

第3章　光无源器件

◦◦ **本章提要**

一个完整的全光纤通信系统除了光发射机、传输光纤、光放大器以及光接收机以外，还需要许多配套的光器件才能实现各通信信道间的自由上下与交换等功能。本章首先介绍光器件在光纤通信系统中的重要性、发展趋势及其 3 种基本结构形式；接着介绍光纤通信系统中几种常用光器件的工作原理和结构特性；最后介绍光器件几种常用指标的测试方法与步骤。

3.1　光无源器件概述

高性能、大容量、灵活的全光网络（AON）是当前通信技术的发展主流，如图 3.1 所示，它以光纤为基本传播介质，采用 WDM 技术，以波长路由分配（RAW）为基础，在光节点采用光分插复用器（OADM）和光交叉连接（OXC）技术来提高吞吐量，从而使光网络具有高度灵活性和生存性。AON 的实现依赖于光器件和系统的发展，尤其是以 DWDM 为基础的全光网络引入 OXC 和 OADM 等一些全新的技术，这些功能的实现很大程度上取决于新型关键器件，如集成开关矩阵、滤波器、波长变换器、OADM 和 OXC 等的开发和研制。一般来说，光器件按结构形式可分为 3 种类型，即体块型、全光纤型和光波导型。

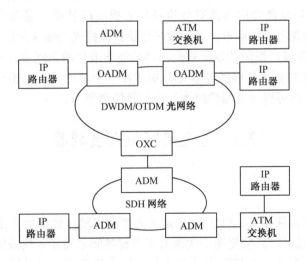

图 3.1　采用 OADM/OXC 的全光网络结构

1. 体块型光器件

体块型光器件是用分立式元件组成的，因而也称分立元件组合型。例如，在一玻璃片上镀吸收材料可构成光衰减器，两面镀高反射膜可构成光滤波器，一闪耀光栅可做成光波分复用/解复用器等。这种元件的缺点是不能直接与光纤线路连接，而是要通过耦合元件（最重要的耦合元件是自聚焦棒透镜组），因而损耗较大。

2. 全光纤型光器件

全光纤型光器件全部由光纤组成，如直接耦合式光连接器、光纤型方向耦合器、星型耦合器、光纤型滤波器等。在这类元件中可能需要一些金属或介质材料，但那仅是作为结构或封装零件而不介入光路。用光纤构成光纤元件需要用到光纤切割、熔融、拉伸，光纤端面的研磨、抛光、镀膜等工艺。这种元件的优点是体积小、质量轻、结构紧凑、抗电磁干扰。特别是能够做成"在线元件"，直接接入光纤线路，因此附加损耗很低。

3. 光波导型光器件

光波导型光器件是用平面波导或带状介质光波导构成的。光波导有 SOI、掺钛的铌酸锂波导等。波导元件的优点是体积小、质量轻、热和机械稳定性好、功耗低、抗电磁干扰性强，适合批量生产。

近年来光器件的发展有以下几个显著的趋势。

1）尺寸小型化、微型化。无论是在系统传输设备中还是在终端用户上，光器件在提供高性能功能的同时，应占据尽可能小的空间。在这方面技术改进与革新可以发挥作用。

2）低成本。降低器件成本的有效途径包括提高成品率，提高器件制作自动化程度，以及规范各种光器件的标准，如达成多边协议以提高光器件之间的兼容性等。

3）多功能的集成。系统的发展对光器件功能要求也越来越多，要求单个器件能提供更多功能，或是将更多功能的光学元件集成在一个器件中。无论是器件尺寸的集成还是功能的集成，都可以降低器件成本，提高器件竞争力。

3.2　光连接器与光衰减器

3.2.1　光连接器

光连接器，俗称活接头，ITU 将其定义为"用以稳定地但并不是永久地连接两根或多根光纤的无源组件"。主要用于实现系统中设备间、设备与仪表间、设备与光纤间以及光纤与光纤间的非永久性固定连接，是光纤通信系统中不可缺少的无源器件。正是由于连接器的使用，使光通道间的可拆式连接成为可能，从而为光纤提供了测试入口，方便了光系统的调试与维护；又为网络管理提供了媒介，使光纤通信系统的转接调度更加灵活。对光连接器要求主要是插入损耗小、回波损耗大、重复插拔的寿命长和互换性好。

1）插入损耗即连接损耗，是指连接器输出功率 P_1 和输入功率 P_0 比的分贝数，即 $I_L = -10\lg(P_1/P_0)$。插入损耗越小越好，一般要求不大于 0.2dB。

2）回波损耗又称后向反射损耗，是指在光纤连接处，后向反射光功率 P_r 相对输入光功率 P_0 比的分贝数，即 $R_L = -10\lg(P_r/P_0)$。回波（绝对值）越大越好，以减小反射光对光源和系统的影响，其典型值应不小于 45dB。

3）互换性是指连接器各部件互换时插入损耗的变化，用 dB 表示。

4）重复性是指光连接器多次插拔后插入损耗的变化，用 dB 表示。

后两项指标可以考核连接器结构设计和加工工艺的合理性，也是表明连接器实用化的重要标志。它们一般都小于 0.1dB。

1. 光纤连接损耗及影响因素

光纤连接时引起的损耗与多种因素有关，如光纤的结构参数（如纤芯直径、数值孔径等）、光纤的相对位置（如横向错位、纵向间隙等）以及端面状态（如形状、平行度等），如图 3.2 所示。

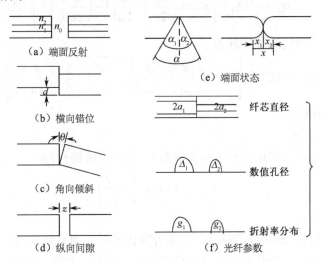

图 3.2　光纤连接损耗因素

（1）光纤结构参数失配引起的损耗

1）纤芯（或模场）尺寸失配。如图 3.2（f）所示，两多模光纤连接时，输入光纤纤芯半径为 a_1，输出光纤纤芯半径为 a_2，则连接损耗为

$$\alpha_a = \begin{cases} -20\lg\left(\dfrac{a_2}{a_1}\right) & a_2 \leqslant a_1 \\ 0 & a_2 > a_1 \end{cases} \tag{3.1}$$

两单模光纤连接时，如输入光纤模场直径为 w_1，输出光纤模场直径为 w_2，则连接损耗为

$$\alpha_{w} = -20\lg\left[\frac{w_1^2 + w_2^2}{2w_1 w_2}\right] \qquad (3.2)$$

2）数值孔径失配。如图 3.2（f）所示，若输入光纤的数值孔径为 NA_1，输出光纤的数值孔径为 NA_2，则连接损耗为

$$\alpha_{NA} = \begin{cases} -10\lg\left(\dfrac{NA_2}{NA_1}\right) & NA_2 \leqslant NA_1 \\ 0 & NA_2 > NA_1 \end{cases} \qquad (3.3)$$

3）折射率分布失配。如图 3.2（f）所示，折射率分别为 g_1 和 g_2 的两渐变折射率光纤连接时，连接损耗为

$$\alpha_{g} = \begin{cases} -10\lg\left[\dfrac{g_2(g_1+1)}{g_1(g_2+1)}\right] & g_2 \leqslant g_1 \\ 0 & g_2 > g_1 \end{cases} \qquad (3.4)$$

（2）两光纤相对位置偏离设计要求引起的损耗

1）横向错位引起的连接损耗。当两光纤连接时发生横向错位，如图 3.2（b）所示，会产生错位损耗。阶跃多模光纤在模式均匀分布时，错位连接损耗为

$$\alpha_{d} = -10\lg\frac{2}{\pi}\left\{\arccos\left(\frac{d}{2a}\right) - \frac{d}{2a}\left[1-\left(\frac{d}{2a}\right)^2\right]^{1/2}\right\} \qquad (3.5)$$

渐变多模光纤错位连接损耗为

$$\alpha_{d} = -10\lg\frac{2}{\pi}\left\{\arccos\left(\frac{d}{2a}\right) - \frac{d}{2a}\sqrt{4-\left(\frac{d}{a}\right)^2}\left[\frac{5}{6}-\left(\frac{d}{2a}\right)^2\right]\right\} \qquad (3.6)$$

式中　d——横向错位；

　　　a——纤芯半径。

单模光纤连接时（模场直径为高斯分布），错位连接损耗为

$$\alpha_{d} = -10\lg\exp\left[-\left(\frac{d}{w}\right)^2\right] \qquad (3.7)$$

式中　w——模场直径。

2）端面不平行引起的连接损耗。当两连接的光纤端面呈斜交时，如图 3.2（c）所示，会产生倾斜损耗。阶跃多模光纤在模式均匀分布时，倾斜损耗为

$$\alpha_{\theta} = -10\lg\left(1-\frac{\theta}{\pi K\sqrt{2\Delta}}\right) \qquad (3.8)$$

渐变多模光纤倾斜损耗为

$$\alpha_{\theta} = -10\lg\left(1-\frac{\theta}{3\pi K\sqrt{2\Delta}}\right) \qquad (3.9)$$

式中　θ——端面倾斜角（化为弧度）；

　　　Δ——纤芯-包层相对折射率差；

　　　K——比值，$K = n_1/n_0$，n_1 为纤芯折射率，n_0 为空气间隙折射率。

单模光纤倾斜损耗为

$$\alpha_\theta = -10\lg\exp\left[-\left(\frac{\pi n_2 w\theta}{\lambda}\right)^2\right] \tag{3.10}$$

式中　w——模场直径；

　　　n_2——包层折射率；

　　　λ——光波长。

3) 端面与光纤轴线不垂直引起的连接损耗。当两连接光纤的端面与光纤轴线不垂直时，如图 3.2 (e) 所示，会产生损耗。阶跃多模光纤在模式均匀分布时，其损耗为

$$\alpha_\alpha = -10\lg\left[1-\frac{|K-1|}{\pi K\sqrt{2\Delta}}(\alpha_1+\alpha_2)\right] \tag{3.11}$$

式中　α_1、α_2——分别为两光纤端面法线与轴线夹角；

　　　$K=n_1/n_0$。

（3）端面形状与间隙引起的损耗

1) 端面纵向间隙引起的连接损耗。当两连接的光纤纵向间有间隙时，如图 3.2 (d) 所示，会产生间隙损耗。阶跃多模光纤在模式均匀分布时，端面间隙损耗为

$$\alpha_z = -10\lg\left(1-\frac{z}{4a}K\sqrt{2\Delta}\right) \tag{3.12}$$

单模光纤间隙损耗为

$$\alpha_z = -10\lg\frac{1}{\left[1+\dfrac{(\lambda z)^2}{2\pi n_2 w^2}\right]^2} \tag{3.13}$$

式中　z——端面间隙宽度；

　　　n_2——包层折射率；

　　　w——模场直径。

2) 非平面端面间隙损耗。两光纤端面不是平面，而有一定的曲率存在时，如图 3.2 (e) 所示，会产生损耗。阶跃多模光纤，在模式均匀分布时，其损耗为

$$\alpha_x = -10\lg\left[1-\frac{1}{2\sqrt{2\Delta}}\times\frac{|K-1|}{K}\times\frac{x_1+x_2}{a}\right] \tag{3.14}$$

式中　x_1、x_2——分别为弯曲面的边缘和中心的距离。

3) 端面多次反射（菲涅尔反射）引起的损耗。连接损耗的下限由光纤与空气交界面的菲涅尔反射所确定，其损耗为

$$\alpha_f = -10\lg\frac{16K^2}{(1+K)^4} \tag{3.15}$$

上面是各种因素引起的连接损耗的计算。在实际的光纤连接时，这些因素的影响可能会同时存在，而总的损耗应是各种因素影响产生的损耗的叠加。为减小连接损耗，在光连接器的设计与制造过程中，应尽量避免上述各种因素的影响。

2. 光连接器的结构

光连接器应用广泛，品种繁多。按连接头结构形式，可分为 FC、SC、ST、LC、

D4、DIN、MU、MT-RJ 和 MT 等各种形式；按光纤端面形状，可分为 PC、UPC 和 APC；按光纤芯数，还可分为单芯和多芯。各种型号的连接器都有自己的特点和用途。例如，ST 连接器通常用于光纤配线架、光纤模块等布线设备端，而 SC 和 MT 连接器则通常用于网络设备端。以下是一些目前比较常见的光连接器。

（1）平面对接（FC）型光连接器

FC 型光连接器如图 3.3（a）所示。FC 是 ferrule connector 的缩写，表明其外部加强方式是采用金属套，紧固方式为螺丝扣。最早，FC 类型连接器采用的陶瓷插针的对接端面是平面接触方式。此类连接器结构简单、操作方便、制作容易但光纤端面对微尘较为敏感，且容易产生菲涅尔反射，提高回波损耗性能较为困难。后来，对该类型连接器做了改进，采用对接端面呈球面的插针（PC，物理接触），而外部结构没有改变，使得插入损耗和回波损耗性能有了较大幅度的提高。

（2）矩形（SC）光连接器

SC 型光连接器外壳呈矩形，如图 3.3（b）所示，不用螺纹连接，可以直接插拔，所采用的插针与耦合套筒的结构尺寸与 FC 型完全相同。其中插针的端面多采用 PC 或 APC 型研磨方式。ST 和 SC 接口是光连接器的两种类型，对于 10Base-F 连接来说，连接器通常是 ST 类型的，对于 100Base-FX 来说，连接器大部分情况下为 SC 类型的。ST 连接器的芯外露，SC 连接器的芯在接头里面。

（3）多芯光连接器

这种连接器适合于多芯的光纤连接。图 3.3（c）所示为一种用于带状光纤接续的阵列式活动连接器，采用塑料铸模技术制造，两个插头采用两根导针对准定位，可以一次连接数根光纤。平均插入损耗小于 0.3～0.35dB。

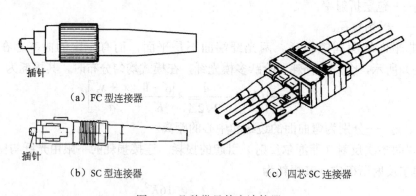

（a）FC 型连接器

（b）SC 型连接器

（c）四芯 SC 连接器

图 3.3　几种常见的光连接器

3.2.2　光衰减器

光衰减器是对光功率进行预定量衰减的器件，它可分为可变光衰减器和固定光衰减器。前者主要用于调节光功率电平，后者主要用于电平过高的光纤通信线路。对光衰减器的主要要求是插入损耗低、回波损耗高、分辨率线性度和重复性好、衰减量可调范围大、衰减精度高、器件体积小及环境性能好。

光衰减器的类型很多，传统的光衰减器包括位移型（分为横向位移型和纵向位移型）、直接镀膜型、衰减片型和液晶型。随着光电子技术和材料技术的发展，近年还出现了一些实现光功率衰减功能的新技术方案，如热光技术、电光技术、微机电系统（MEMS）等。

从目前的技术状况来看，基于热光效应如波导技术的器件插入损耗大，偏振相关损耗（PDL，即光设备在所有偏振状态下最大传输和最小传输的比率分贝数）大；基于电光技术的器件（如液晶器件）插损、PDL、热漂移较大，动态范围有限；MEMS技术是目前发展较快的技术，也是最有竞争力的技术，该技术使用静电力驱动光学元件运动改变光路传输方向从而产生光衰减，其特点是体积很小、响应速度较快、功耗小、易于批量生产，但目前商用化的产品插损较大，而且成本高昂。下面是几种常用光衰减器的工作原理。

1. 平移式光衰减器

如图 3.4（a）所示，光纤输入的光经自聚焦透镜变成平行光束，平行光束经过衰减片再送到自聚焦透镜耦合到输出光纤中去。衰减片通常是表面蒸镀了金属吸收膜的玻璃基片，为减小反射光，衰减片与光轴可以倾斜放置。

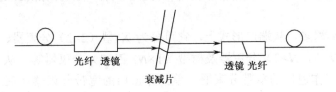

（a）平移式光衰减器结构

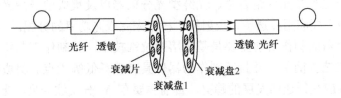

（b）步进式双轮连续可调光衰减器结构

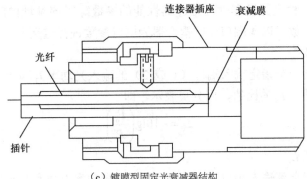

（c）镀膜型固定光衰减器结构

图 3.4　几种光衰减器结构示意

2. 连续可调光衰减器

连续可调光衰减器一般采用旋转式结构，如图 3.4（b）所示。衰减片在不同位置的金属膜厚度不同，可用来获得不同的衰减。两块衰减片组合大约可以获得 60dB 的可调范围。

3. 固定光衰减器

固定光衰减器一般做成活动连接器形式。如图 3.4（c）所示，在光纤端面按要求镀上一层有一定厚度的金属膜即可实现光的衰减；也可用空气衰减式，即在光的通路上设置一个几微米的气隙，从而获得固定衰耗。

3.3　耦合器与分束器

光耦合器/分束器的功能是实现光信号的合路/分路，就是把多个输入的光信号组合成一个输出或者把一个输入的光信号分配给多个输出。一般是对同一波长的光功率进行合路或分路。光耦合器/分束器的使用将会对光路带来一定的附加插入损耗以及一定的串扰和反射。

分束器的种类繁多。从端口形式上，它可分为 X 型（2×2）分束器、Y 型（1×2）分束器、星型（$N{\times}N$, $N{>}2$）分束器及树型（$1{\times}N$, $N{>}2$）分束器等；从工作带宽的角度，它可分为单工作窗口的窄带分束器、单工作窗口的宽带分束器和双工作窗口的宽带分束器；从传导光模式，它可分为多模分束器和单模分束器；从器件工艺实现方式，它可分为分立光学元件组合型、光纤型光分束器以及集成波导型光分束器。分立光学元件组合型主要应用棒透镜、反射镜、棱镜来完成光功率的分配。

光纤型分束器的制作目前主要是基于熔融拉锥技术，其制作工艺相对于集成波导型光分束器的工艺要简单，并且所制作的器件具有损耗低等优点。集成波导型光分束器集成度高，顺应光纤通信发展的趋势，目前主要有 Y 分支波导型、定向耦合型、多模干涉型以及衍射星型等。

光分束器是一种光无源器件，描述其性能的参数除了该领域内的一般术语外，还有下面几个主要参数（以 4 端口光纤耦合器为例对参数进行定义）。

（1）插入损耗 L_i

插入损耗是指一个指定输入端口（1 或 2）的输入光功率 P_i 和一个指定的输出端口（3 或 4）的输出功率 P_o 的比值，用分贝表示，即

$$L_i = -10\lg\left(\frac{P_o}{P_i}\right) \tag{3.16}$$

（2）附加损耗 L_e

附加损耗是指全部输入端口（1 和 2）的输入光功率 P_i 总和与全部输出端口（3 和 4）的输出光功率 P_o 总和的比值，用分贝表示，即

$$L_{e} = -10\lg\left[\frac{P_{o3} + P_{o4}}{P_{i1} + P_{i2}}\right] \qquad (3.17)$$

（3）耦合比 CR

耦合比是指某一个输出端口（3 或 4）的输出光功率 P_o 与全部输出端口（3 和 4）的输出光功率 P_o 总和的比值，用百分比表示，即

$$CR = \left[\frac{P_{o3}}{P_{o3} + P_{o4}}\right] \times 100\% \qquad (3.18)$$

（4）串扰 L_c

串扰是指一个输入端口（1）的输入光功率 P_i 与由耦合器泄漏到其他输入端口（2）的光功率 P_r 的比值，用分贝表示，即

$$L_{c} = -10\lg\left(\frac{P_{r}}{P_{i}}\right) \qquad (3.19)$$

下面介绍几种常用的光耦合器/分束器。

1. 熔锥型光纤耦合器

2×2 定向耦合器以及 $N \times N$ 星型耦合器大多采用此种结构。首先将两根（或多根）光纤扭绞在一起，然后在施力条件下加热，并将软化的光纤拉长形成锥形并稍加扭转，使其熔接在一起。在熔融区形成渐变双锥结构，在熔融区各光纤的包层合并成同一包层，纤芯变细、靠近，如图 3.5（a）所示。

使用多模光纤和单模光纤的耦合器的工作原理各不相同。对于多模光纤耦合器，当纤芯中的导模传到变细的锥形区后，可传输的模式越来越少，高阶模达到截止状态。高阶模入射角进入纤芯—包层界面，进入包层成为包层模在包层中传输，而低阶模仍在原来纤芯中传输。当锥形区又逐渐变粗后，高阶模又会再次被束缚到纤芯区域成为导模。由于此时熔融的锥形区具有同样的包层，因而进来的高阶模功率对于两根光纤是共有的，变回导模的光功率将平均分配到每根输出光纤中去。

任何一根输入光纤的光功率都能均匀地分配到每根输出光纤中去，总的功率分光比将取决于锥形耦合区长度和包层厚度。对于单模光纤耦合器，以 2×2 单模光纤定向耦合器为例，在锥形耦合区，两根光纤的芯径变小且两个芯区非常靠近，因而归一化频率（V）显著减小，导致模场直径增加。这使两根光纤的消逝场产生强烈的重叠耦合。光功率可以从一根光纤耦合到另一根光纤，随后又可以耦合回来，使两根光纤的消逝场的重叠部分增加。根据耦合区的长度和包层厚度，可以在两根输出光纤中获得预期的光功率比例。

2. 微光元件型光纤耦合器

微光元件型光纤耦合器采用两个 1/4 焦距的渐变折射率圆形透镜，中间夹有一层半透明涂层镜面构成，如图 3.5（b）所示。输入光束投射到第一个 Grin Lens（自聚焦透镜又称为梯度变折射率透镜）圆柱形透镜，其中部分光被半透明镜面反射回来，经过第二个 Grin Lens 圆柱透镜并耦合进第二根光纤，而透射光则聚焦在第三个 Grin Lens

圆柱透镜并耦合进第 3 根光纤。这种微光元件型光纤耦合器结构紧凑、简单，插入损耗低，对模功率分配不敏感，因而也得到很多的应用。如果采用一个干涉滤波器来代替半透明涂层透镜，也可作为 WDM 器件。

3. 集成光波导型耦合器

集成光波导型耦合器的制作工艺分为两步。首先利用光刻技术将所要求的分支功能的掩模沉积到玻璃衬底；然后利用离子交换技术将波导扩散进玻璃衬底，在其表面掩模形成圆形嵌入波导。图 3.5（c）所示为一最简单的 Y 型（1×2）分支耦合器的基本结构。将多个 1×2 分支耦合器级联，可以构成图 3.5（d）所示的树型集成光波导耦合器。

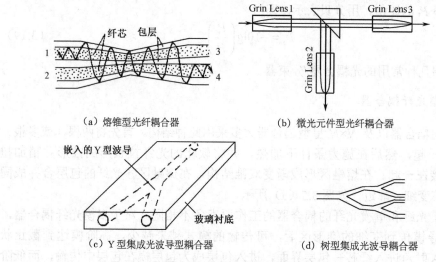

（a）熔锥型光纤耦合器　　　　　　　　（b）微光元件型光纤耦合器

（c）Y 型集成光波导型耦合器　　　　　　（d）树型集成光波导耦合器

图 3.5　几种常见光耦合器结构示意

3.4 复 用 器

WDM 器件属于波长选择型耦合器，是一种用来合成不同波长的光信号或者分离不同波长的光信号的无源器件，其中将不同光源波长的信号结合在一起经一根传输光纤输出的器件称为复用器（合波器），如图 3.6（a）所示；经同一传输光纤送来的多波长信号分解为个别波长分别输出的器件称为解复用器（分波器），如图 3.6（b）所示。

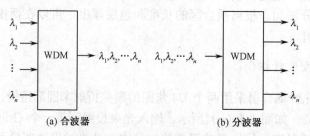

(a) 合波器　　　　　　　　　　　　　(b) 分波器

图 3.6　波分复用器件功能示意

从原理上说，该器件是互易的，即只要将解复用器的输出端和输入端反过来使用，就是复用器，但实际应用中，复用器更多考虑的是插入损耗的指标，而解复用器则对隔离度要求较高。

对 WDM 器件的要求主要是插入损耗低、隔离度大、带内平坦、带外插入损耗变化陡峭、中心波长稳定性高等。

WDM 器件有多种制造方法，目前已广泛商用的 WDM 器件主要有三大类，即角色散器件、干涉滤波器及光纤耦合器。前两者属于芯区交互型器件，即轴向对准型；第三种则属于表面交互型，即横向对准型。其余类型往往是上述两种类型的结合。下面将介绍几种主要的 WDM 器件的基本结构与工作原理。

3.4.1　衍射光栅型

衍射光栅型波分复用器利用衍射光栅的色散作用来实现分光，当一束复色光入射衍射光栅时，由于不同的波长具有不同的衍射角，从而彼此相互分离。

图 3.7 是由光栅、自聚焦透镜和一个光纤阵列组成的 DWDM 器件。这种类型的 WDM 器件的通道数决定于光纤阵列的制作，通常可以做到 64 路，国外有报道称可制作到 128 路。

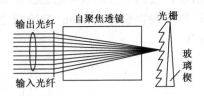

图 3.7　光栅型波分复用器结构示意

3.4.2　DTF 型

介质薄膜（DTF）滤光型波分复用器是目前工程中广为采用的波分复用器，它由几十层不同材料、不同折射率和不同厚度的介质薄膜按照设计要求组合起来，每层的厚度为 $\lambda/4$，一层为高折射率，一层为低折射率，交替叠合而成。当光入射到高折射率层时，反射光没有相移。当光入射到低折射率层时，反射光经历 π 相移。由于层的厚度为 $\lambda/4$，因而经低折射率层反射的光经历 2π 相移，与经高折射率层的反射光同向叠加。这样在中心波长附近，各层反射光叠加，在滤波器前端面形成很强的反射光。在这个高反射区之外，反射光突然降低，大部分光成了透射光，据此可以使其对一定波长范围呈通带，对另外的波长范围呈阻带，从而形成所要求的滤波特性。利用这种具有特定波长选择性的干涉滤波器就可以将不同的波长分离或合并起来，如图 3.8 所示。

DTF 型 WDM 器件的主要优点是设计与所用光纤参数几乎完全无关，可以实现结构稳定的小型化器件，信号通带较平坦，PDL 低，插入损耗低，温度特性很好，可达 0.001nm/℃以下。这种技术的不足之处是要想实现 40 通道、通道间隔在 50GHz 以下的复用与解复用难度大。

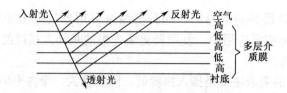

图 3.8   多层介质膜干涉滤光器原理

3.4.3   熔锥型

熔融拉锥全光纤型波分复用器主要应用于双波长的复用，如 1310nm/1550nm 的 WDM 以及用于 EDFA 泵浦的 980nm/1550nm 和 1480nm/1550nm 的 WDM。图 3.9 所示为这种器件的原理结构，将两根（或两根以上）除去涂覆层的裸光纤以一定方式（打绞或使用夹具）靠近，在高温下加热熔融，同时两侧拉伸，利用计算机监控其光功率耦合曲线，并根据耦合比与拉伸长度关系控制停火时间，最后在加热区形成图 3.9 所示的双锥波导结构。采用熔融拉锥法实现传输光功率耦合的耦合系数与波长有关，因此，可以利用在耦合过程中耦合系数对波长的敏感性制作 WDM 器件。制作器件时，可通过改变熔融拉锥条件，增强耦合系数对波长的敏感性，从而制成熔融拉锥全光纤型 WDM 器件。如图 3.10 所示，根据耦合系数与熔融拉锥长度的关系，如果拉伸终止在 E 点，则两光纤输出端口的一端将获得 1310nm 波长的全功率输出，而另一端将获得 1550nm 波长的全功率输出。

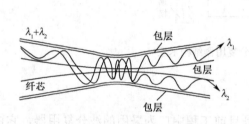

图 3.9   熔锥型 WDM 的原理

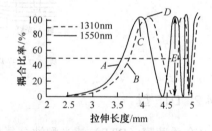

图 3.10   耦合系数与熔融拉锥长度的关系

熔融型 WDM 器件的特点是插入损耗低（最大值小于 5dB，典型值为 0.2dB）、无须波长选择器件、具有较好的光通路带宽/信道间隔比和温度稳定性，其不足之处是复用波长数少，隔离度较差（20dB 左右），很少用于目前的 DWDM 系统。

3.4.4   集成光波导型

集成光波导型波分复用器是以光集成技术为基础的平面波导型器件，具有一切平面波导技术的潜在优点。目前平面波导型波分复用器有前景的主要有两大类，即蚀刻衍射光栅（EDG）和阵列波导光栅（AWG）。传统的 EDG 通常由输入波导、输出波导及凹面光栅组成，如图 3.11 所示，其中光栅需要深度蚀刻，而且要求光栅齿面平滑、垂直。AWG 主要由波导阵列、两个自由传输区、输入波导和输出波导等几大部分组成，如图 3.12 所示。AWG 和 EDG 的缺点是温度稳定性不好，插入损耗较大，带内频响尚不够平坦。

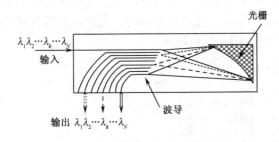

图 3.11　EDG 波分复用器的结构原理

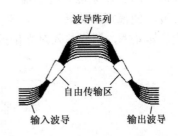

图 3.12　AWG 波分复用器的结构原理

此外，近年又出现了一种具有可以从复用的单模光纤中下载或分出（drop）光通道中通往本地的信号，同时上载或插入（add）本地发往其他网络节点用户的信号进入复用单模光纤通道的复用器件，称为 OADM。其结构形式繁多，如可以通过上述构成波分复用器的原理构建，如图 3.13 所示。

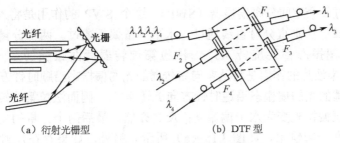

（a）衍射光栅型　　　　　　　　　　（b）DTF 型

图 3.13　OADM 的两种基本结构

3.5　光隔离器与光环形器

3.5.1　光隔离器

光隔离器是一种只允许光波向一个方向传播，阻止光波向其他方向，特别是反方向传输的一种光无源器件，主要用在激光器或光放大器的后面，以消除反射光的影响，使系统工作稳定。对光隔离器的主要参数要求是插入损耗小（典型值约为 0.5dB）、隔离度大（典型值为 40～50dB）、PDL 小（小于 0.2dB）。已经商用的光隔离器几乎都是利用具有法拉第磁光效应的材料（旋光材料）制成。当光通过受磁场作用的旋光材料时，如果磁场和光的传播矢量平行，那么光偏振面将发生旋转，旋转角 θ_F 和磁场强度与材料厚度的乘积成比例。

$$\theta_F = VHl \tag{3.20}$$

式中　H——磁场强度；

　　　l——材料厚度；

　　　V——维德常数，与材料（通常为钇铁石榴石 YIG 晶体）和工作波长有关。

　　偏振相关的光隔离器的结构如图 3.14 所示。这里以偏振相关的光隔离器为例解释光隔离器的工作原理。起偏器使入射光的垂直偏振分量通过，调整法拉第旋转器的磁场强度，使偏振面旋转 45°，然后通过检偏器。反射光返回时，通过法拉第旋转器又一次旋转 45°，正好与入射光偏振面正交，因此受到隔离。

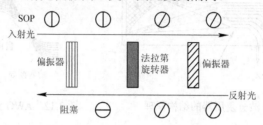

图 3.14　偏振相关的光隔离器的结构

　　然而在实际应用中，入射光的偏振态（偏振方向）是任意的，并且随时间变化，因此必须要求隔离器的工作与入射光的偏振态无关，于是隔离器的结构就变复杂了。一种小型的与入射光的偏振态无关的隔离器结构如图 3.15 所示。具有任意偏振态的入射光首先通过一个空间分离偏振器（SWP），这个 SWP 的作用是将入射光分解为两个正交偏振分量，让垂直分量直线通过，水平分量偏折通过。两个分量都要通过法拉第旋转器，其偏振态都要旋转 45°。法拉第旋转器后面跟随的是一块半波片（$\lambda/2$ plate），这个半波片的作用是将从左向右传播的光的偏振态沿顺时针方向旋转 45°，将从右向左传播的光的偏振态沿逆时针方向旋转 45°。因而法拉第旋转器与半波片的组合可以使垂直偏振光变为水平偏振光；反之亦然。最后两个分量的光在输出端由另一个 SWP 合在一起输出，如图 3.15（a）所示。另外，如果存在反射光在反方向上传输，半波片和法拉第旋转器的旋转方向正好相反，当两个分量的光通过这两个器件时，其旋转效果相互抵消，偏振态维持不变，在输入端不能被 SWP 再组合在一起，如图 3.15（b）所示，于是就起到隔离作用。

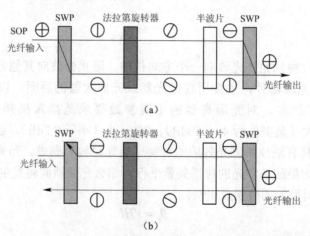

图 3.15　一种与入射光的偏振态无关的隔离器结构

　　光隔离器的分类有多种方法，按形状可分为自由空间型和在线型；按结构可分为块型、光纤型和波导型；按波段可分为 C 波段和 L 波段；按偏振无关的性能高低可分为单级和双级，一般说来，与单级光隔离器相比，双级光隔离器的反向隔离度大大提高，正向插入损耗不会有很大的增加，但要小于两个单级光隔离器的简单相加值。总之，在实际应用中要根据需要挑选不同性能结构的光隔离器。

3.5.2 光环形器

光环形器也叫光循环器，其工作原理与光隔离器相似，图 3.16 所示为它的主要功能示意。对于三端口环形器，光只能从端口 1 到端口 2，从端口 2 到端口 3，其他方向截止；对于四端口环形器，光只能从端口 1 到端口 2，从端口 2 到端口 3，从端口 3 到端口 4，其他方向截止。光环形器的主要技术指标与光隔离器基本相同，主要指标有插入损耗、隔离度、PDL、回波损耗、方向性等。目前用的光环形器基本都是偏振无关的。

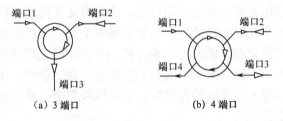

（a）3 端口　　　　　　　　　　（b）4 端口

图 3.16　光环形器的功能示意

光环形器的应用主要有 OADM 制作、单纤双向传输等，如图 3.17 所示。

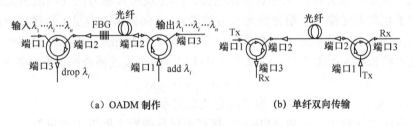

（a）OADM 制作　　　　　　　　　（b）单纤双向传输

图 3.17　光环形器的两种基本应用

3.6　光 纤 光 栅

光纤光栅是 20 世纪 90 年代左右国际上兴起的一种在光纤通信、光纤传感及光信息处理领域有着广泛应用前景的基础光学器件。这种器件利用光纤光敏特性，通过紫外曝光或其他手段在纤芯内引入折射率沿光纤轴向的周期性或渐变周期性改变，当向光栅中注入宽带光时，其中传输的光波在这种折射率微扰下发生模式耦合，将某些特定波长的能量反射回去或损耗掉。因此，光纤光栅最基本的特性就是它的滤波特性，不同结构的光栅可以实现不同的滤波功能，如窄带滤波、宽带滤波和多通道滤波。这些滤波器，有的是反射型的，有的是透射型的，反射型光栅滤波器通常要与光环形器联合使用。

3.6.1 光纤光栅基本工作原理

光纤光栅是利用紫外曝光的方法在光纤中引入周期性的折射率调制而形成的光波导器件，其结构示意图如图 3.18 所示。图中中间灰色区域为光纤的纤芯，一般情况下都是对光纤的纤芯进行折射率调制，黑色区域的折射率增大，形成了周期为 Λ 的调制条纹。

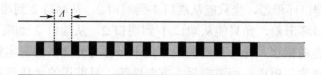

图 3.18　光纤光栅结构示意图

若要详细定量描述光纤光栅的传输特性，通常需要采用耦合模理论来分析其滤波机理。简单地讲，由于光纤光栅的折射率呈周期性变化，其纵向折射率的变化将引起不同的光波模式之间的耦合，因此可以通过将一个光波模式的功率的一部分或全部转移到另一个光波模式中，以此来改变入射光的频谱。在一根光纤中，纤芯中的入射基模既可以被耦合到后向传输模式的光波中，也可以被耦合到前向传输模式的光波中，这取决于具体的相位条件。

从广义上讲，光纤光栅可根据其模式耦合的特点分为两大类：一类是布拉格（Bragg）光栅，又称反射光栅或短周期光栅，其特点是传输方向相反的模式之间发生耦合；另一类是透射光栅，又称长周期光栅，其特点是传输方向相同的模式之间发生耦合。对于短周期光栅（周期 Λ 约为几百纳米），正向导模的能量可转移到反向的导模或包层模上，正反向导模间的耦合或称能量转移只在某些满足相位匹配条件的波长上发生，这种波长称为谐振波长，经过推导可以得到两个模式耦合的谐振波长为

$$\lambda = (n_{\text{eff},1} + n_{\text{eff},2})\Lambda \tag{3.21}$$

式中　$n_{\text{eff},1}$、$n_{\text{eff},2}$——分别为两个模式的有效折射率。

对于单模光纤布拉格光栅（FBG），只有正反向基模之间发生能量耦合，这两个模式的有效折射率相等，均为 n_{eff}，则得到谐振波长（也称为布拉格反射波长）为

$$\lambda_{\text{B}} = 2n_{\text{eff}}\Lambda \tag{3.22}$$

在长周期光栅（周期 Λ 约为几百微米）中，模式耦合发生在基模和同向的包层模之间，可以得到模式耦合的谐振波长为

$$\lambda = (n_{\text{eff,co}} - n_{\text{eff,cl}})\Lambda \tag{3.23}$$

式中　$n_{\text{eff,co}}$——基模有效折射率；

　　　$n_{\text{eff,cl}}$——包层模有效折射率。

3.6.2　各种常见光纤光栅的特性及应用

为了满足不同应用场合对光栅特性的特殊要求，通过灵活设计光栅各个结构参

数，研究者们在 FBG（周期通常不超过几百纳米）和长周期光栅（周期通常不低于几百微米）的基础上，先后研制出了许多具有特殊用途的光栅，如啁啾光纤光栅、相移光纤光栅、取样光纤光栅、闪耀光纤光栅、切趾光纤光栅和超结构光纤光栅等。目前，这些不同种类的光纤光栅在光纤通信、光纤传感、光信息处理等领域有着非常广泛的应用，尤其在光通信领域，光纤光栅将影响到光发送、光放大、光交换、色散补偿、光接收等各个方面。下面对几种常用光纤光栅的特性及其应用进行介绍。

1. 均匀 FBG

均匀 FBG 是光纤光栅中最简单也是最为常见的一种，它的特点是光栅周期和光致折射率变化大小为常数。

这种光栅可以达到很高的反射率（约 100%），带宽一般比较窄，约为零点几纳米，因此常用它的窄带滤波特性进行波分复用/解复用、上下话路滤波以及用于单纵模（SLM）光纤激光器的选频反馈元件。例如，将光纤光栅与光纤环形器结合，可以构成图 3.19 所示的光上下话路滤波器。当多波长复用的光信号从第一个环形器输入时，位于光栅中心反射波长 λ_1 的信号将被反射到端口 3 下话路输出，而其他波长的信号穿过光栅后，将与从第二个环形器输入并被光栅反射的上话路信号一起形成通路继续传输。这种光上下话路滤波器直接利用了光栅的反射特性，当采用反射率较高（大于90%）的光栅时，具有优良的串话抑制和较低的背向回波。但是，如果每对一个波长信号进行上下话路就需要两个昂贵的环形器，系统成本会大大提高。

将两个具有相同中心反射波长 λ_1 的均匀光纤布拉格光栅 FBG1 与 FBG2 分别接到一个 2×2 的 3dB 耦合器的两个输出端，就能实现下话路操作，如图 3.20 所示。如果有与光栅中心波长相同的信号光入射时，它将同时被两个光栅反射，并在 3dB 耦合器的作用下，在两个反射端口发生相干干涉，通过调整两反射信号间的相位差，以便在下话路端口形成相干加强，而在输入端口形成相干抵消，这样就能实现近似 100%下话路输出，并很好地抑制背向回波干扰。

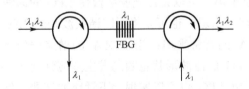

图 3.19　均匀周期光纤光栅与光环形器结合
　　　　　形成的光上下话路滤波器

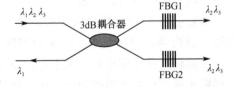

图 3.20　两均匀光纤光栅与 3dB 耦合器
　　　　　结合实现信号下话路

2. 啁啾光纤光栅

啁啾光纤光栅一般是指线性啁啾，它是在均匀光栅基础上对折射率变化正弦波函数进行相位调制，从而使光栅周期线性增加，产生啁啾。啁啾对 FBG 的作用是引入色散和展宽带宽，适当切趾能够消除反射谱旁瓣以及反射带内的时延纹波，并且使时延具有较好的线性度，但切趾同时也损失了反射带宽。

在各波长成分的光同时从啁啾光栅长波长端入射的情况下，长波长的光返回入射点的时间早于短波长的光，近似认为这些波长成分的光具有相同的有效折射率和传播速度，所以长波长的光在啁啾光栅中的传播路径要小于短波长的光，实际上，正是啁啾光栅的这个特点使其能够广泛用于光纤通信系统中的色散补偿，利用啁啾光纤光栅进行色散补偿的典型传输系统如图 3.21 所示。当对 DWDM 系统的多路信号色散补偿时，理想的方法是将多个啁啾光纤光栅级联，每个光栅补偿一路信号。然而，光纤光栅并非理想的带通或带阻滤波器，反射谱中存在旁瓣，这些旁瓣对应着带外反射，会引入带外色散，落入与之级联的其他光栅反射带内，会增加其他光栅的时延纹波。研究表明，能够通过对光栅折射率调制进行切趾的方法对这种相互影响进行抑制。

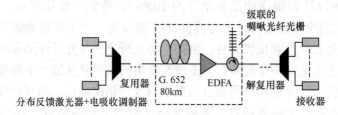

图 3.21 用啁啾光栅进行色散补偿的传输系统模型

3. 长周期光纤光栅

长周期光纤光栅（LPG）的出现比 FBG 晚，与 FBG 不同的是，它把纤芯基模的能量耦合到同向传输的包层模中，从而导致相应波长的传输损耗，是一种典型的传输型器件。与短周期光栅相比，在制作长周期光栅时无须使用昂贵、精密的相位掩模板，一般使用价格低廉的幅度掩模板即可，制作成本大大降低。

由于 LPG 呈现带阻式的透射谱，因此具有极低的背向反射（小于-80dB）和插入损耗。LPG 的阻带很宽（几纳米至十几纳米），作为滤波器在光纤通信领域有着独特的应用。最令人瞩目的是，它用于 EDFA 的增益平坦，可以设计光栅参数使 LPG 的谱线形状恰好抵消 EDFA 增益突起的部分以实现增益平坦，也可以将不同谐振波长的 LPG 级联得到恰当的滤波器形状，从而实现 EDFA 的宽带平坦；当 EDFA 的增益谱变化时，加载辅助条件使作为增益平坦滤波器的 LPG 的滤波形状也随之发生适应性变化，这样就实现了增益平坦的动态可调。另外，利用 LPG 也可以实现上下话路滤波器，但无法单独实现此功能，必须用其他器件辅助或对其进行重构。图 3.22 所示为基于长周期光栅辅助耦合器的光上下话路滤波器，在失配光纤耦合器的一个纤芯中写入一个长周期光栅，利用光栅扰动对传输常数的调节效应，当多波长复用信号从光纤 1 输入时，在光栅调制作用下，满足相位匹配条件的波长信号将随耦合长度的增加在光纤 1 和光纤 2 间交替转换，当耦合长度满足一定长度时，初始输入信号将完全转换到交叉臂，形成下话路输出。不过，由于 LPG 的带宽较宽，一般用在粗 WDM 系统中。

图 3.22　基于长周期光栅辅助耦合器的光上下话路滤波器

3.7　光滤波器

3.7.1　光滤波器概述

光滤波器是利用光学元件对不同波长的光产生不同透过率来进行光滤波的光器件，它在光纤通信系统中扮演着十分重要的角色，广泛用于实现稳频以及 WDM 系统的信道选择、上下话路、解复用等基本功能。

光滤波器按照工作原理可以分为 3 种类型，即棱镜型、干涉型和衍射型。

棱镜型滤波器是最早的光学滤波器件，它是利用棱镜对不同波长的光有不同折射率，从而使不同频率的光具有不同偏折角这一原理进行滤波的。棱镜型滤波器具有较强的峰值透过率，并且由于采用的是玻璃棱镜，所以价格比较便宜。但棱镜是块状元件，其色散系数小，因此棱镜型滤波器带宽较宽，不能用作窄带滤波器。

干涉型滤波器是利用相干光干涉的原理来实现窄带滤波的，常见的干涉型滤波器有模式耦合型滤波器、多层介质薄膜滤波器以及法布里-珀罗型滤波器。模式耦合滤波器是基于声光、电光或磁光效应等各种模式耦合的滤波器。多层介质薄膜滤波器是在玻璃衬底上镀多层电介质薄膜，通过控制沉积在衬底上薄膜的层数而制成各种窄带、宽带滤波器。法布里-珀罗型滤波器通常是由平行放置的两块平面板组成，为了提高端面反射率，在两平面板上镀有多层介质膜或金属膜。若两个平行平面的间隔固定不变，该仪器称为法布里-珀罗型标准具；若两个平行平面的间隔可以改变，则称该仪器为法布里-珀罗型干涉仪。

衍射型滤波器包括传统光栅和光纤光栅。传统光栅滤波器是利用入射光入射到光栅表面时，不同波长的光衍射角不同来实现滤波的，这种类型的滤波器技术比较成熟，并在光信息处理、可调谐激光器等诸多领域得到广泛应用。光纤光栅型滤波器是近年来受到广泛关注的一种光无源器件，它是利用光纤材料光敏性，在纤芯内产生沿纤芯轴向的折射率周期性变化，从而形成的窄带滤波功能。

另外，根据滤波器是否能提供光增益，还可以把滤波器分为有源和无源两种。有源滤波器在滤波的同时还能提供光增益，基于激光二极管的滤波器就属于有源滤波器。有源滤波器具有自由光谱范围大、带宽窄、调谐时间短等优点，但是，其动态范围小，以及由于增益饱和所带来的线宽展宽和频率牵引等不足限制了它的发展。

光滤波器性能的好与坏直接影响系统的工作质量，理想情况下的滤波器应该具有门状或矩形的光谱响应，其透过率函数应如图 3.23 所示，即在要求的带宽内全反射或全透射。在实际中，这种理想滤波响应是难以实现的，滤波器的透过率函数是多种多样的。图 3.24 所示为法布里-珀罗型滤波器的典型透过率函数，从图中可以看出表征滤波器透过率函数的主要参数如下。

1）中心波长：是指反射或透射带的两个边沿所对应波长的平均值。

2）峰值波长：是指反射型滤波器的反射峰或透射型滤波器的透射峰所对应的波长。

3）带宽：一般用半最大值全宽（FWHM，也称 3dB 带宽）来标定，即透射或反射型滤波器的透过率或反射率下降为最大值一半时所对应的两波长的差值。

4）自由光谱范围：当滤波器透射峰有多个呈周期规律出现的峰值时，相邻两峰值波长（或频率）之差值。

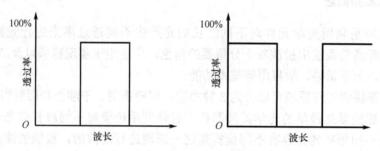

图 3.23　理想滤波器的透过率函数谱

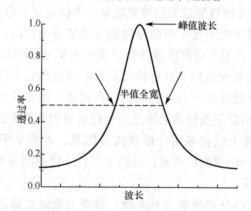

图 3.24　法布里-珀罗型滤波器的典型透过率函数

另外，如果能通过改变滤波器的结构参数或所处环境参数，使滤波器的中心波长或带宽发生变化，这种滤波器称为可调谐滤波器。由于光网络的动态重构以及温度等环境因素作用，滤波器的可调谐功能显得愈加重要，同时伴随着光纤通信系统器件的小型化、光纤化，光滤波器也逐步向光纤型滤波器过渡。

在本节下面的内容中，主要介绍几种滤波器结构，包括法布里-珀罗型滤波器、马赫-曾德尔（M-Z）滤波器和环形谐振滤波器。

3.7.2 法布里-珀罗型滤波器

1. 基本工作原理及主要性能参数

法布里-珀罗型滤波器是建立在法布里-珀罗型干涉仪基础上的，而法布里-珀罗型干涉仪是利用多光束干涉产生细锐条纹的重要器件。图 3.25 所示为法布里-珀罗型干涉仪结构示意图，最主要的部分是两块精密磨光的石英或玻璃板 G1、G2，利用精密调节装置，可将它们调节成精确的相互平行，这样在它们之间就形成了一个平行平面的空气层。为了提高反射率，在这两个表面上镀有多层介质膜或金属膜。图中略去了输入/输出部分和透镜系统，集中来讨论腔体本身。当一束光入射时，一部分能量被 G1 反射，一部分进入腔内。进入腔内的光再入射到 G2 时，部分能量反射回腔内，剩下的能量透射出去。反射回腔内的光将重复前面的过程，即在两个反射面之间反复反射，同时不断地从两端透射出部分能量。这些透射光束是相互平行的，如果一起通过一个透镜，则在焦平面上形成干涉条纹。

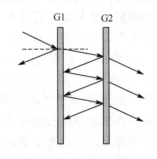

图 3.25 法布里-珀罗型干涉仪结构示意图

一般来讲，评价法布里-珀罗型滤波器的性能时主要考虑下面的 5 个参数。

1）谐振频率 f。

$$f = \frac{mc}{2nl} \tag{3.24}$$

式中 m——正整数；

c——光在真空中的传播速度；

n——谐振腔折射率；

l——谐振腔腔长。

2）自由光谱程（FSR）。

$$\text{FSR} = f_{m+1} - f_m = \frac{c}{2nl} \tag{3.25}$$

3）FWHM。

$$\text{FWHM} = \frac{c(1-R)}{2nl\pi\sqrt{R}} \tag{3.26}$$

式中，R 为光强反射率。

4）精细度 F，定义精细度为 FSR 与 FWHM 之比，它决定滤波器的选择性。

$$F = \frac{\pi\sqrt{R}}{1-R} \tag{3.27}$$

5）功率传输函数 T。

$$T = \frac{1-R^2}{(1-R^2) + 4R\sin^2(\phi/2)} \tag{3.28}$$

式中没有考虑腔内及镜面损耗，$\phi = 4n\pi l/\lambda$ 为腔内往返一次的相移。

由精细度公式（3.27）可以看出，R 越大，精细度越高，即滤波器分辨能力越强。

2. 基于法布里-珀罗型干涉仪原理的几种典型法布里-珀罗型滤波器

采用两块平行镜组成谐振腔的滤波器体积大、使用不便，光纤型法布里-珀罗型滤波器应运而生，图 3.26 所示为 3 种典型结构原理示意图。图 3.26（a）中为光纤波导腔法布里-珀罗型滤波器，采用光纤波导端面来代替平行镜的功能，通常输入/输出光纤端面要被抛光、镀银。光纤被安装固定在压电陶瓷活动支架上，通过外加电压使压电陶瓷产生电致伸缩作用来改变谐振腔的长度，从而实现频率选择的调节。考虑实际情况的限制，光纤长度通常为 1～2cm，因此自由频谱范围为 10～5GHz。图 3.26（b）所示为空气隙波导腔法布里-珀罗型滤波器，它的镜面镀在窄气隙波导腔两侧的光纤端面上，考虑到衍射损耗的影响，空气隙应小于 100μm，因此自由频谱范围应大于 1000GHz。第三种类型的谐振腔由空气隙波导腔和内部光纤波导腔混合波导腔构成，通过调节空气隙波导腔可以实现频谱调谐，通过设置内部光纤波导腔来增加腔长，内部波导腔长度可以小于 1mm，这类滤波器关键是空气隙谐振腔与内部波导腔折射率匹配，因此有必要在光纤内部波导腔的端面镀防反射层，或空气隙波导腔内填充折射率匹配液。这种类型滤波器的制作过程如下：首先将光纤密封在标准的玻璃或陶瓷套管中，然后对光纤端面抛光，并镀上多层介质反射膜，再把这些管子和氧化锆套管对准，然后将这一组件放置在一个外径约几毫米的圆柱形压电外壳中，外壳端面与管子用环氧树脂黏结。

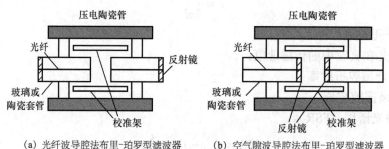

(a) 光纤波导腔法布里-珀罗型滤波器 (b) 空气隙波导腔法布里-珀罗型滤波器

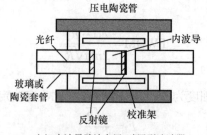

(c) 内波导腔法布里-珀罗型滤波器

图 3.26 光纤型法布里-珀罗型滤波器典型结构

这种滤波器的优点是调谐范围宽，且通带可以做到很窄，通常可以做到与偏振无关，并且体积小、功耗低、价格便宜，能够集成在系统内。缺点是调谐速度较慢，使用压电调谐技术，调谐速度约在 1ms。若在两光纤的缝隙中填入液晶，可将滤波器调谐时间缩短到 10μs，这是因为液晶的折射率在通电后能迅速改变。

除了利用光纤端面来代替光学反射镜外，还可以在光敏光纤中写入一对或多个光纤光栅来构成基于光纤光栅的法布里-珀罗型滤波器。光纤光栅是通过紫外曝光方法在光纤纤芯内产生轴向折射率周期性变化的光纤器件，其作用实质上就是在纤芯内形成一个具有一定带宽的反射型滤波器。利用光纤光栅对光波的选择性反射功能构造法布里-珀罗型腔结构，是光纤光栅的一个典型应用。

3.7.3 马赫-曾德尔滤波器

马赫-曾德尔滤波器实际上就是以 M-Z 干涉仪为基础进行工作，其插入损耗小，与光纤的兼容性好，具有梳状滤波特性等优点，在光纤通信 WDM 系统中有着重要的应用价值，如上下路复用/解复用器、波长交错器、声光滤波器和多波长光纤激光器等。首先介绍由光纤耦合器构成的全光纤 M-Z 干涉仪的基本工作原理。

全光纤 M-Z 干涉仪结构示意图如图 3.27 所示，其中 C_1、C_2 分别为光纤耦合器，两耦合器之间的两个臂长分别用 l_1、l_2 表示，两臂光纤的折射率分别用 n_1、n_2 表示，两光纤耦合器的耦合比分别为 k_1、k_2。M-Z 干涉滤波器的工作原理是基于两个相干单色光经过不同的光程传输后的干涉理论。考虑两个波长复用后的光信号由光纤送入 M-Z 干涉滤波器的输入端 1，两个波长为 λ_1 和 λ_2 的光功率经第一个耦合器 C_1 以由 k_1 决定的比例分配到干涉仪的两臂上，由于两臂有光程差，所以经两臂传输后的光，在到达第二个耦合器 C_2 时产生了一定的相位差 $\Delta\phi$。复合后每个波长的信号光在满足一定的相位条件下，在两个输出光纤中一个相长干涉，而在另一个相消干涉。假如在输出端口 3，波长 λ_2 满足相长条件，波长 λ_1 满足相消条件，则输出 λ_2 波长的光；如果在输出端口 4，λ_2 满足相消条件，λ_1 满足相长条件，则输出 λ_1 波长的光。

由干涉理论可知，全光纤 M-Z 干涉仪端口 3、4 的输出光谱具有梳状滤波器特性，图 3.28 给出了从直通臂即端口 3（实线）和从交叉臂即端口 4（点线）的典型输出响应谱，这种周期性、中心波长交错、呈互补性的梳状光谱可以用来实现波长交错器，即能以奇偶交错的方式将复用信号分离。另外，滤波信道的间隔直接取决于两干涉臂间的有效长度差，即

$$\Delta L_{\text{eff}} = n_1 l_1 - n_2 l_2 \tag{3.29}$$

通过改变有效长度差的方法就可以实现频率间隔的调节，目前主要采用两种方法对其进行控制：①如果两干涉臂的折射率相同，通过改变两干涉臂长度差 $\Delta l = l_1 - l_2$ 来实现对有效长度差的调节；②如果两干涉臂的折射率不同，通过调整它们之间的有效折射率差 $\Delta n = n_1 - n_2$，在保持两干涉臂长度一致的情况下，也能改变有效长度差。实际应用中可以借助在两干涉臂中的一臂上安放薄膜加热器，或者通过压电晶体施加机械压力来改变其物理长度和折射率。

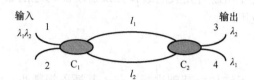

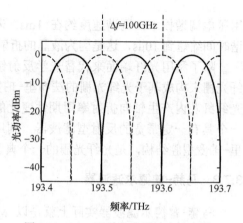

图 3.27　全光纤 M-Z 干涉仪结构示意图　　　图 3.28　M-Z 干涉仪典型输出响应谱

3.7.4　环形谐振滤波器

环形谐振器因功能强、结构简洁等优点长期以来一直在光无源、有源器件的制作中发挥着重要的作用。通过在两平行波导间插入一个环波导就构成了典型环形谐振器，如图 3.29 所示。与法布里-珀罗型谐振器（可以看作一种圆周被压扁的特殊环形谐振器）相类似，环形谐振器也能对光信号实现反馈加强和波长选择。由于环形谐振器是基于动态传输的光来形成谐振效应，因此与法布里-珀罗型谐振器（静态驻波谐振）相比，性能更加优越。同时，环形谐振器可以方便地构成 4 个端口作为输入、输出，相比于两端口的法布里-珀罗型谐振器，在实现上下话路滤波器时更具优势。目前，利用微环谐振器已能对 8 路间隔为 1.6nm 的多波长复用信号进行上下话路。

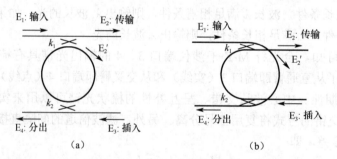

图 3.29　两种等效的环形谐振器型上下话路滤波器

FSR、精细度（F）和品质因子（Q）是表征环形谐振器性能的 3 个重要参量。

由于单环谐振器的下话路滤波响应为洛伦兹型，当复用信号路数增多、间隔减小时，邻近信道间的相互串扰将严重影响系统性能，为此需要加强滤波响应过渡带的滚降特性；同时为提高下话路信号的质量，通带内的平坦性也应改善，这可以通过将多个环形谐振器进行级联来实现。

平面波导集成是目前制作环形谐振器最常采用的一种方法。随着集成工艺的日益改进，利用 InGaAsP/InP、SiO_2、Si、SiN、SiON、Hydex、聚合物等材料已能制作出性能优良的微环谐振器，最小环半径已降低到 10μm 以下，因此在 1cm² 的半导体芯片

上就可集成 $10^4\sim10^5$ 个微环谐振器，集成度大大提高的同时，微环的弯曲损耗、散射损耗和材料损耗也得到了明显改善。但是与其他集成器件一样，较高的连接损耗仍是限制微环谐振器实际应用的主要因素，而且为降低器件的弯曲损耗，在制作中通常需要加大波导芯子与包层间的折射率差，导致与通信光纤失配更大，进一步加剧了连接损耗，同时，集成微环谐振器存在的较高偏振影响尚未得到有效解决。近年来，研究者们提出用普通光纤拉制成的微细光纤作为环形谐振器的输入/输出波导，这样能够使得与光纤的熔接更加方便，而且微环谐振腔由微细光纤自缠绕构成，使得输入/输出波导与谐振腔相匹配，耦合效率大大提高。目前，利用这种微细光纤制作微环谐振器正引起越来越广泛的关注，制作方面的探讨不断深入。

3.8　光开关与光交叉连接器

3.8.1　光开关

光开关是光纤通信中光交换系统的基本元件，主要用来实现光层面上的路由选择、波长选择、光分插复用、光交叉连接和自愈保护等功能。依据不同的光开关原理，光开关可分为机械光开关、波导光开关、光调制光开关等。光开关的特性参数主要有插入损耗、回波损耗、隔离度、串扰、工作波长、消光比（两个端口处于导通和非导通状态的插入损耗之差）、开关时间（开关端口从某一初始状态转为通或断所需的时间）等，这些参数中有些与前面介绍的器件定义相同，有的则是光开关特有的。

1. 机械光开关

机械光开关可分为传统机械光开关、微机械光开关和气泡光开关。传统机械光开关通过移动光纤将光直接耦合到输出端或采用棱镜、反射镜切换光路，如图 3.30 所示。它不受偏振和波长的影响，插入损耗低（小于 1dB）、串扰优于-60dB、光学性能好，但其体积较大、开关速度为毫秒级，限制了其大规模应用。

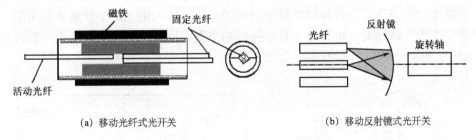

（a）移动光纤式光开关　　　　　　　　　　（b）移动反射镜式光开关

图 3.30　传统机械光开关的结构示意

MEMS 开关是一种新型机械光开关，它将微制动器、微机械结构和微光学元件集成在同一半导体衬底上，通过磁、静电效应移动或旋转微反射镜，利用这些微镜片的二维或三维空间运动，将光直接反射到不同的输出端，如图 3.31 所示。它既有传统机械光开关低损耗、低串扰、低偏振敏感性和高消光比的优点，又有波导光开关体积小、集成度高、开关速度快（2×2MEMS 开关速度可达 1μs 量级）的优点，是光交换器件的主流之一。

气泡光开关利用毛细管效应，它由交叉的硅波导和交叉点的微型管道组成，微型管道内填充特定的折射率匹配液，当入射光照入并要求交换时，一个热敏硅片会在液体中产生一个气泡，气泡将光从入射波导全反射到输出波导，如图 3.32 所示。它同机械光开关一样，利用了气泡（镜面）对光反射的原理，因此对偏振不敏感，对速率和协议透明，开关速度为 ms 量级，插损低、串扰小，具有较好的可扩展性。但光开关状态的控制以及内部材料、液体的生存性等问题在一定程度上降低了它的可靠性。

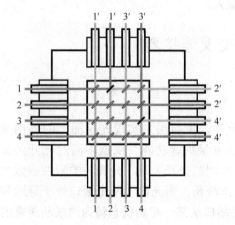

图 3.31　MEMS 开关阵列

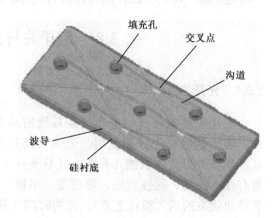

图 3.32　喷墨气泡热光开关模块

2. 波导光开关

波导光开关通过改变介质的波导折射率来实现交换目的。根据物理效应和所用材料不同，波导光开关可分为电光开关、热光开关、声光开关、磁光开关等。

电光开关的原理一般是利用铁电体、化合物半导体、有机聚合物等材料的电光效应（pockels 效应）或电吸收效应（franz-keldysh 效应）以及硅材料的等离子体色散效应，在电场的作用下改变材料的折射率和光的相位，再利用光的干涉或者偏振等方法使光强突变或光路转变。电光开关有多种结构类型，比较传统的结构有定向耦合器型和马赫-曾德尔（M-Z）干涉仪型，如图 3.33 所示。

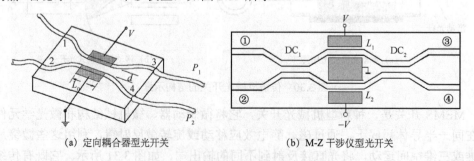

(a) 定向耦合器型光开关　　　　　　　　(b) M-Z 干涉仪型光开关

图 3.33　电光开关原理示意

热光开关是基于热光效应的光开关，这里的热光效应是指通过电流加热的方法，使介质的温度发生变化，导致光在介质中传播的折射率和相位发生改变的物理效应。典型的材料有 SiO_2、Si、$LiNbO_3$ 和有机聚合物等。聚合波导技术成本低、串扰低、功耗小、与偏振和波长无关、对交换偏差和工作温度不敏感，通常采用的原理结构有 M-Z 干涉仪和数字型开关，如图 3.34 所示。聚合物波导的热光系数很高，而热导率很低，因此能更有效地利用热来控制光的传播方向，开关时间相对减少，可达 1ms 以内。

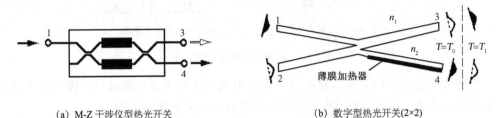

(a) M-Z 干涉仪型热光开关　　　　　(b) 数字型热光开关(2×2)

图 3.34　热光开关原理示意

声光开关利用声光效应，即声波在某些介质中传播时，该介质会产生与声波信号相应的、随时间和空间周期性变化的弹性形变，从而导致介质折射率产生周期性变化，形成等效的相位光栅，如图 3.35 所示。其光栅常数等于声波波长，因此能提供一种方便控制光强度、频率和传播方向的手段。它采用的原理结构有 M-Z 干涉仪和方向耦合器，优点是开关速度较快（500ns 左右），缺点是插损比较大，而且成本比较高。

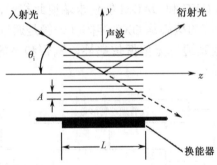

图 3.35　声光开关原理示意

3. 光调制光开关

光调制光开关利用输入的控制光信号与信号光进行光交叉相位调制，来调节输出信号光的相对相位关系以实现开关通断，或者通过外部输入控制光调制半导体光放大器（SOA）的折射率来调节输出信号光的相对相位关系以实现开关通断。目前采用的原理结构有 M-Z 干涉仪和 Sagnac 干涉仪，如图 3.36 所示。光调制光开关可为高速全光网络的核心技术如全光判决、全光变换、全光再生等提供可行的解决方案，目前研究较多的有非线性光纤环路镜（NOLM）、太赫兹光学非对称解复用器（TOAD）和全光 M-Z 器件，它们结构简单、开关速度快、功耗低，但其稳定性、可集成性等还需进一步提高。

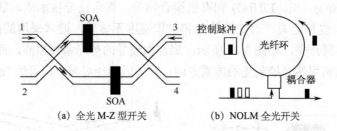

(a) 全光 M-Z 型开关　　　　(b) NOLM 全光开关

图 3.36　光调制光开关原理示意

光开关在通信系统中有大量应用，并成为光网络的重要组成部分，因而各种实现技术也层出不穷，如近年来发展起来的液晶光开关、全息光开关等。

3.8.2　光交叉连接设备

OXC 设备是用于光纤网络节点的装置，通过对光信号进行交叉连接，能灵活有效地管理光纤传输网络，是实现可靠的网络保护/恢复以及自动配线和监控的重要技术。OXC 装置主要由 OXC 矩阵、输入/输出接口、管理控制单元等模块构成，如图 3.37 所示。为了增加每个 OXC 的可靠性，每个模块都设有主用和备用的冗余结构，OXC 能自动进行主备倒换。输入/输出接口直接与光纤链路相连，分别对输入/输出信号进行适配、放大。管理控制单元通过编程对 OXC 矩阵、输入/输出接口模块进行监测和控制。具有波长选择功能的 OXC 和 OADM 能使末端彼此相通，并可得到高的通过量和短的等待时间。光交叉矩阵的核心是 OXC 矩阵（一般是通过光开关矩阵来实现），它要求无阻塞、低串扰、低延迟、无偏振依赖性、宽带和高的可靠性，并要求具有单向、双向和广播形式的功能。

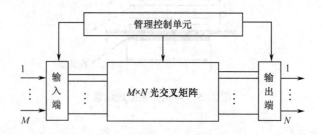

图 3.37　OXC 功能结构示意

OXC 中光交换有空间交换和波长转换两种机制，如图 3.38 所示。实现空间交换的器件主要是各种类型的光开关和波长选择器（可调谐滤波器和解复用器），它们在空间域上完成入端到出端的交换功能。实现波长交换的器件是各种类型的波长转换器，可以将信号从一个波长转换到另一个波长。

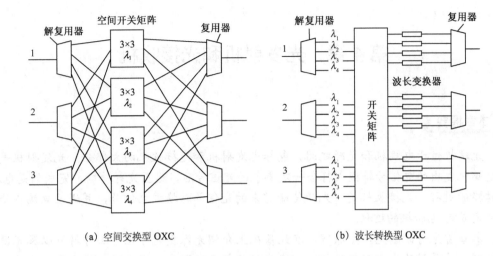

(a) 空间交换型 OXC　　　　　　　　(b) 波长转换型 OXC

图 3.38　OXC 的两种基本结构

习题与思考题

1. 你认为光器件发展趋势是什么？
2. 举例说明减小跳线回波损耗的有效途径。
3. 为什么将 APC 连接器抛磨成 8° 角？
4. 请比较几种波分复用器件的优、缺点。
5. 什么是光隔离器？其可以应用于哪些场合？
6. 列举光开关的组成方法，并分析它们的优、缺点。
7. 用 2×2 平面光波导定向耦合器型开关设计一个 4×4 空分开关阵列，并计算所需开关数目。
8. 为什么 FWM-SOA 转换效率很低？如何提高？谈谈你的设想。

第4章 光发射机和光接收机

本章提要

光端机位于电端机和光纤之间，包括光发射机和光接收机两大部分。光发射机是将电端机发出的电信号转换成符合一定要求的光信号后，送至光纤传输，完成的是电/光转换的过程；光接收机是将光纤传输过来的光信号转换成电信号，并送至电端机处理，完成光/电转换的过程。

本章首先讨论激光产生原理，在此基础上介绍光源发光原理、工作特性以及光源的调制，接着讨论光发射机的构成。在光接收部分，首先介绍光接收机中常用光检测器件的工作机理及特点，然后介绍光接收机的结构和性能指标。

4.1 激光产生的物理基础

4.1.1 能级的跃迁

1. 能级概念

原子由原子核和核外电子组成，核外电子围绕原子核旋转，每个电子的运行轨道并不是相同的，各代表不同的量子态，在最里层的轨道上量子态的能量最低，在最外层的轨道上量子态的能量最高，这些不同的轨道运行时相应的能量值称为能级。

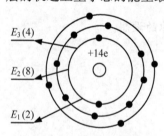

图 4.1 硅原子的能级

为了形象地描述量子态的能级，人们用能级图来表示。能级图就是用一系列高低不同的水平横线来表示各个量子态所能取的能级 E_1、E_2、E_3、E_4、…。同一能级往往有好几个量子态，根据泡利不相容原理，同一量子态不可能有两个电子。以硅原子为例，如图 4.1 所示，原子中有 14 个电子围绕原子核旋转，分别位于 3 个能级上，最里层能级 E_1 有两个量子态，其次能级 E_2 有 8 个量子态……

2. 能级的跃迁

原子中的电子可通过与外界交换能量的方式发生电子跃迁，电子跃迁交换的能量有热能、光能，分别为热跃迁和光跃迁，这里只讨论光跃迁。

为了简化，考虑两能级的系统，低能级 E_1 和高能级 E_2，设处于高能级 E_2 和低能级 E_1 上的电子数分别为 N_2 和 N_1，当系统处于热平衡状态时，存在下面的分布，即

$$\frac{N_2}{N_1} = \exp\left(-\frac{E_2 - E_1}{KT}\right) \tag{4.1}$$

式中　K——玻尔兹曼常数，$K=1.381\times10^{-23}\mathrm{J/K}$；

　　　　T——绝对温度。

如果 $(E_2 - E_1) > 0$，$T > 0$，在这种状态下，总是 $N_1 > N_2$，这说明电子总是首先占据能量低的能级。

对于大量原子组成的体系来说，同时存在光的自发辐射、受激吸收、受激辐射 3 个过程，图 4.2 所示为 3 种能级跃迁的方式。

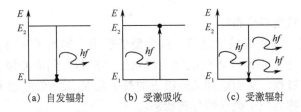

图 4.2　3 种能级跃迁方式

（1）自发辐射

高能级 E_2 上的电子不稳定，会按一定的概率自发地跃迁到低能级 E_1 上与空穴复合，释放的能量以光子的形式辐射，称为自发辐射，如图 4.2（a）所示。

自发辐射所辐射的光子能量与两种能级之间的关系为

$$E_2 - E_1 = hf \tag{4.2}$$

式中　f——自发辐射发光的频率；

　　　　h——普朗克常数，$h=6.626\times10^{-34}\mathrm{J\cdot s}$。

自发辐射光的特点是：所发光的频率、相位、偏振方向都不相同，是非相干光，这是由于自发辐射光产生的特点就是自发的、随机的。

（2）受激吸收

据前面所述，处于热平衡状态下的系统，电子总是优先占据低能级，高能级 E_2 上的电子数 N_2 小于低能级 E_1 上的电子数 N_1。处于低能级上的电子在入射光的作用下，吸收频率为 f 的光子能量，从低能级 E_1 跃迁到高能级 E_2 上。这种因受激而吸收光子能量的过程称为受激吸收，如图 4.2（b）所示。

这个过程满足

$$E_1 + hf = E_2 \tag{4.3}$$

（3）受激辐射

如图 4.2（c）所示，处于高能级 E_2 的电子在入射光作用下，发射一个与入射光一模一样的光子，跃迁到低能级 E_1 上。这里所谓的一模一样是指发射光子和入射光子不仅频率相同，而且相位、偏振方向和传播方向也是相同的，所以受激辐射光是相干光。

设入射光的频率为 f，则受激辐射光频率也为 f，f 满足

$$hf = E_2 - E_1 \tag{4.4}$$

受激辐射光与自发辐射光的区别在于，受激辐射的发光过程不是自发的，而是受到外来光激发的，受激辐射光是相干光而自发辐射光是非相干光。

3. 光的吸收、粒子数反转分布和放大

（1）光的吸收

当某物质与外界处在热平衡状态下，低能级的粒子（电子）数 N_1 总是大于高能级的粒子（电子）数 N_2。在这种分布状态下，当有光入射时，必然是受激吸收占主要地位，不会出现发光现象，光波经过该物质时强度按指数规律衰减，光波被吸收。这就是光的吸收。

（2）光的粒子数反转分布

如果外界向这个物质提供了能量，就会使低能级上的电子获得能量后大量跃迁到高能级上去，像一个泵不断地将低能级上的电子"抽运"到高能级上，人们称这个能量为激励或者泵浦过程，从而达到高能级上的粒子数 N_2 大于低能级上的粒子数 N_1 的分布状态，这种状态称为粒子数反转分布状态。

（3）光的放大

由于 $N_2 > N_1$，因此这时如果有外来的入射光照射，就会出现受激辐射>受激吸收，进而出现发光现象，就有可能实现光的放大作用。

通过前面对受激吸收和受激辐射的分析可以看出，当物质在外部能量作用下达到粒子数反转的分布状态时，高能级上的大量电子就会受到外来入射光子的激发，发射出与入射光子频率、相位、偏振方向、传播方向完全相同的激发光，这样就实现了用一个弱的入射光激发出一个强的出射光的光放大过程。

4.1.2 激光器的一般工作原理

激光器是 1960 年由美国物理学家西奥多·梅曼（Theodore Maiman）发明的一种新型光源。它利用受激辐射原理，是一种方向性好、强度高、相干性好的光源。这种光源不同于过去人们熟悉的普通光源，如白炽灯、日光灯是通过发光介质自发辐射实现的发光。由于自发辐射是各自独立的、随机的，各个光子之间没有固定的关系，所发光的传播方向是四面八方的，而且强度低、相干性差。

根据前面的讨论，形成激光显然需要具备以下 3 个条件。

1）要有一个合适的激光工作物质（发光介质）。

2）要有一个能保证粒子数反转分布的激励能源——泵浦源。

3）把激光工作物质置于光学谐振腔。

满足前两个条件后就可以使受激辐射的作用超过受激吸收的作用，有可能实现光放大，但是仅此还不一定能形成激光，因为虽然实现了粒子数反转分布，高能级上的电子可以通过受激辐射发出光子，但也可以通过自发辐射发出光子。这里，如果自发辐射占了主导地位，则这个光源就不是激光器，而是一个普通光源。所以，产生激光还必须考虑第 3）个条件。

光学谐振腔最简单的实现办法就是在激光工作物质两端分别加上一块平面反射

镜，使受激辐射产生的光子在两块反射镜之间往复反射，两块反射镜中的一块，其反射率理想情况应为100%，另一块需要开一个孔以便输出激光，故反射率应在90%左右。激光器的构成原理如图4.3所示。

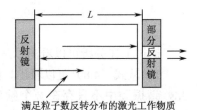

图4.3　激光器的构成原理

有了光学谐振腔，其中沿着光学谐振腔轴线传播的光可以在两个反射镜之间往复传播，在这个过程中一边传播一边激发高能级上的电子跃迁到低能级上发光。这种由于光学谐振腔而产生的往复传播作用，相当于延长了激光工作物质的长度，从而使其中的光能密度不断增加。这样可以使受激辐射的概率远大于自发辐射的概率，从而使沿光学谐振腔轴线传播的光，在粒子数反转分布的条件下，使受激辐射占据绝对优势。

以上讨论的是构成一个激光器应具有的先决条件，即激光工作物质、泵浦源、光学谐振腔。此外，产生激光还必须满足以下两个条件。

1）光的增益和损耗应满足平衡条件——阈值条件，即

$$G_0 = \alpha_i + \frac{1}{2L}\ln\frac{1}{R_1 R_2} \qquad (4.5)$$

式中　G_0——光功率的小信号增益系数；

　　　α_i——损耗系数；

　　　L——光学谐振腔的长度；

　　　R_1、R_2——激光器两个反射镜的反射率。

式（4.5）表示的是激光器产生激光的阈值条件，即激光器的小信号增益系数 G_0 必须满足的一个下限值，只有大于或等于这个值，激光器才能产生激光振荡。

2）在谐振腔中，还要满足相位平衡条件的光波，才能往复反射得到加强，即

$$\Delta\varphi = \frac{2\pi}{\lambda_q}2L = 2\pi q \qquad (q = 1,2,3,\cdots) \qquad (4.6)$$

式（4.6）为相位平衡条件，其中 λ_q 为光在激光工作物质中传播时的波长，$2\pi/\lambda_q$ 为光在激光物质中每传播单位长度时的相位变化。

值得注意的是，由于光波在介质中的传播速度与真空中的传播速度不同，因此光波在介质中传播的波长与在真空中传播的波长是不一样的，但它们的频率是相同的，它们之间有以下关系：

$$n = \frac{c}{v} = \frac{\lambda_{0q} f_{0q}}{\lambda_q f_q} = \frac{\lambda_{0q}}{\lambda_q} \qquad (且 f_{0q} = f_q) \qquad (4.7)$$

式中　n——折射率；

　　　λ_{0q}——真空中光波的波长；

　　　f_{0q} 和 f_q——真空和介质中的光波频率。

综合式（4.6）和式（4.7）化简后，就可以得出光学谐振腔中能够存在的光波的波长为

$$\lambda_{0q} = n\frac{2L}{q} \tag{4.8}$$

通过上述分析可以看出以下几个问题。

1）从式（4.8）可以看出，随着 q 的一系列取值，λ_{0q} 也有一系列不连续的值。因此，谐振腔中不只存在一个频率，而是存在多个频率，但是只有满足式（4.5）条件时，那些有增益且小信号增益大于平均损耗系数的光波才能存在。

2）光学谐振腔中，不同 q 值的一系列取值对应沿谐振腔纵方向（轴向）一系列不同的电磁场分布状态，一种分布就是一个激光器的纵模。

3）激光器的谐振腔中，在垂直于轴线的横向方向有一系列不同的电磁场分布，它被称为激光器的横模，这是由光波偏离轴向传播引起的。

4.2 半导体激光器和发电二极管

4.2.1 半导体激光器的发光机理

1. 半导体材料的能带

自 1960 年红宝石激光器问世以来，人们已研制出许多类型的激光器，如固体激光器、气体激光器、半导体激光器［激光二极管（LD）］等。由于 LD 具有体积小、质量轻、效率高、寿命长、调制方便、发射波长与光纤的 3 个波长窗口相符等优点，在光纤通信中得到广泛应用。下面介绍 LD 怎样产生激光，以及它的工作特性。首先从半导体材料的能带说起。

（1）本征半导体的能带分布

锗、硅、GaAs 等一些重要的半导体材料，都是典型的共价晶体。每个原子最外层的电子和邻近的原子形成共价键，整个晶体通过这些共价键把原子联系起来。

形成共价键的价电子所占据的能带称为价带，用 E_v 来表示，价带能量低，它可能被占满，也可能被占据一部分；价带上面能量高的能带称为导带，用 E_c 来表示，这是最高的能带，未被电子填满。因此，在电场作用下，电子的运动能产生电流。导带底与价带顶这段能带宽度称为禁带，用 E_g 来表示，禁带是电子不能占据的能带，如图 4.4 所示。

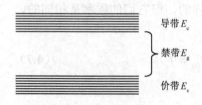

图 4.4 导带、价带和禁带

（2）费米-狄拉克统计分布

虽然半导体中的电子做的是无规则运动，但是对于由大量电子组成的近独立体系而言，每个能量为 E 的单电子态被电子占据的概率 $f(E)$ 服从费米分布函数，$f(E)$ 可表示为

$$f(E) = \frac{1}{1 + \exp\left(\dfrac{E - E_f}{KT}\right)} \tag{4.9}$$

式中　E——某一能级的能量值；
　　　E_f——费米能级。

费米能级不是一个可以被电子占据的实在的能级，它是反映电子在各能级中分布情况的参量，具有能级的量纲。对于具体的电子体系，在一定温度下，只要把费米能级确定以后，电子在各量子态中的分布情况就完全确定了。费米能级的位置是由系统的总电子数、系统能级的具体情况及温度等所决定的。对于本征半导体，在较低温度下，费米能级的位置处于禁带的中心；对于掺杂的半导体，随着掺杂的不同，费米能级的位置也不同。

由费米分布函数可知，当 $E = E_f$ 时，$f(E) = 1/2$，即能级 E 上被电子占据的概率和空着（或称被空穴占据）的概率相等；当 $E < E_f$ 时，$f(E) > 1/2$，能级 E 被电子占据的概率大于空着的概率，如果 $E - E_f \ll KT$，则 $f(E) \to 1$，这样的能级几乎被电子所占据；当 $E > E_f$ 时，$f(E) < 1/2$，能级 E 被电子占据的概率小于空着的概率；如果 $E - E_f \gg KT$，则能级基本上都被空穴所占据。

（3）各种半导体中电子的统计分布

根据费米分布，可以画出各种半导体电子的统计分布，如图 4.5 所示。

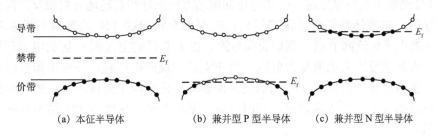

　　　（a）本征半导体　　　　（b）兼并型 P 型半导体　　　（c）兼并型 N 型半导体

图 4.5　半导体中电子的统计分布

本征半导体在低温下，费米能级处于禁带的中心位置。价带中所有的状态都由电子（黑点）填充，而导带中所有的状态都由空穴（空心小圆圈）占据，如图 4.5（a）所示。

对于 P 型半导体，由于受主杂质的掺入，费米能级的位置比本征半导体要低，处于价带顶和受主杂质能带之间。对于重掺杂的 P 型半导体，杂质能带和价带连成一片，费米能级进入价带。费米能级进入价带的半导体称为兼并型 P 型半导体，如图 4.5（b）所示。

图 4.5（c）表示兼并型 N 型半导体中电子的统计分布。在这种半导体中，施主杂质能带和导带连成一片，费米能级进入导带。

（4）PN 结的形成

P 型半导体中存在大量带正电的空穴，同时存在等量的带负电的电离受主，因而表现出电中性。在 N 型半导体中，自由电子是多数载流子，它和等量的带正电的电离施主在电性上也相互抵消。

当 P 型半导体和 N 型半导体形成 PN 结时，载流子的浓度差引起扩散运动，P 区的空穴向 N 区扩散，剩下带负电的电离受主，从而在靠近 PN 结界面的区域形成了一个带负电的区域。同样，N 区的电子向 P 区扩散，剩下带正电的电离施主，从而形成一个带正电的区域。这样，载流子扩散运动的结果形成了一个空间电荷区，如图 4.6 所示。在空间电荷区里，电场的方向由 N 区指向 P 区，这个电场称为"自建场"。在自建场的作用下，载流子将产生漂移运动，漂移运动的方向正好与扩散运动相反。开始时，扩散运动占优势，但随着自建场的加强，漂移运动也不断加强，最后漂移运动完全抵消了扩散运动，达到动态平衡状态，此时通过 PN 结的净电流为零。

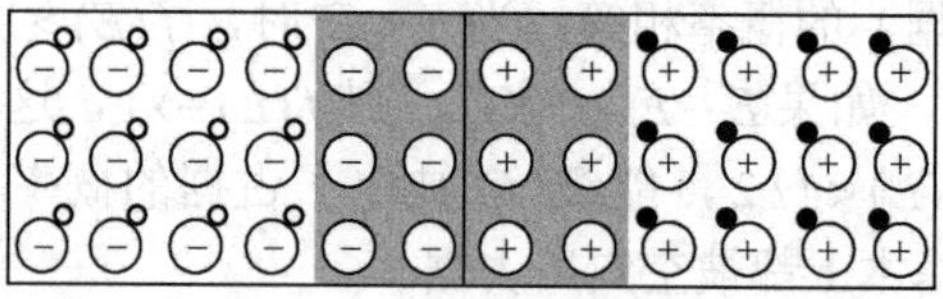

图 4.6　PN 结的形成

当 PN 结加上正向电压时，外加电压的电场方向正好和自建场方向相反，削弱了自建场。这时，扩散运动超过了漂移运动，P 区的空穴通过 PN 结源源不断地流向 N 区，N 区的电子也流向 P 区，形成正向电流。由于 P 区的空穴和 N 区的电子都是多数载流子，因此这股正向电流是大电流。当 PN 结加反向电压时，外电场和自建场的方向相同，多数载流子将背离 PN 结的交界面移动，使空间电荷区加宽。空间电荷区内电子和空穴都很少，变成高阻层，因而反向电流非常小。这就是 PN 结具有单向导电性的原因。

（5）PN 结的能带

图 4.6 给出了兼并型 P 型和 N 型半导体，由于一个热平衡系统只能有一个费米能级，这就要求在 P 区和 N 区高低不同的费米能级达到相同的水平，如果 N 区的能级位置保持不变，那么 P 区的能级应该提高，从而使 PN 结的能带发生弯曲。

图 4.7 所示为热平衡状态下 PN 结的能带，PN 结能带弯曲正反映了空间电荷区的存在。在空间电荷区内，电场从 N 区指向 P 区，这说明 P 区相对于 N 区为负电荷，用 $-U_D$ 来表示，叫作接触电位差或 PN 结的势垒高度，P 区所有能级的电子都附加了 $(-e_0) \cdot (-U_D) = e_0 U_D$ 的位能，从而使 P 区的能带相对于 N 区来说提高了 $e_0 U_D$。

施加正向电压以后，削弱了原有自建场，使势垒降低。如果 N 区的能带还是保持不变，则 P 区的能带应向下移动，下降的数值为 $e_0 U (U < U_D)$。在这种非热平衡状态下，费米能级随之发生了分裂，在 PN 结出现了两个准费米能级，N 区和 P 区的准费米能级分别为 E_{fc} 和 E_{fv}，两者之间的关系满足关系式：$E_{fc} - E_{fv} = e_0 U$。

在正电压的作用下，P 区的空穴和 N 区的电子不断地注入 PN 结区，这样使得 PN 结形成一个增益区，也称为有源区，在 E_{fc} 和 E_{fv} 之间，导带主要由电子占据，价带主要由空穴占据，从而实现了粒子数反转，在这个区域中光子能量满足下述条件的光子有光放大作用，即

$$E_g < h\nu < e_0 U \tag{4.10}$$

LD 的激射就发生在这个增益区,如图 4.8 所示。

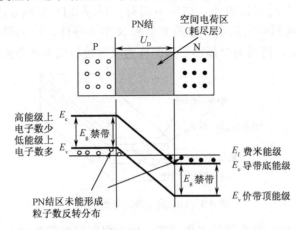

图 4.7 热平衡状态下 PN 结的能带

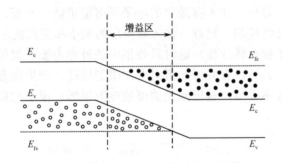

图 4.8 外加正向偏压后 PN 结能带分布

2. 半导体激光器的发光原理

与其他类型的激光器一样,在 LD 中要形成激光,同样需要具备以下两个基本条件:一是有源区里产生足够的粒子数反转分布;二是存在光学谐振腔机制,并在有源区里建立起稳定的振荡。

LD 的初始光场来自导带和价带的自发辐射,频谱较宽,方向也杂乱无章。在自发辐射光的入射下,有源区实现了粒子数反转以后,受激辐射占据主导地位,只有满足光学谐振腔振荡一定条件的光波才被不断放大,形成稳定的光振荡。在半导体激光器中,光振荡的形式主要采取以下两种方式:一种是用晶体天然的解理面形成法布里-珀罗(F-P)谐振腔,这种激光器称为 F-P 激光器;另一种是利用有源区一侧的周期性波纹结构提供光耦合来形成光振荡,如分布反馈式(DFB)激光器。

早期研制的激光器是简单的 PN 结 LD,又称同质结 LD,它的缺点是对光波和载流子的限制不完善,从而使激光器需要的阈值电流大,这显然是不利的。为了克服上述缺点,人们研制出一种称为单异质结(SH)激光器和双异质结(DH)激光器的

LD，简称为异质结激光器。由于篇幅所限，现仅对 DH 激光器进行介绍。

图 4.9 所示为 DH 激光器的条形结构，这种结构由 3 层不同类型的半导体材料组成，不同材料发射不同波长的光。结构中间有一层厚 $0.1\sim0.3\mu m$ 的窄带隙 P 型半导体，称为有源层；两侧分布为宽带隙的 P 型和 N 型半导体，称为限制层。3 层半导体置于基片（衬底）上，前后两个晶体解理面作为反射镜构成 F-P 谐振腔。

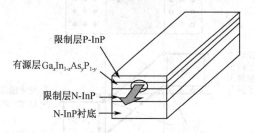

图 4.9   DH 激光器的条形结构

图 4.10 所示为 DH 激光器的工作原理。由于限制层的带隙比有源层宽，施加正向偏压后，P 层的空穴和 N 层的电子注入有源层。P 层带隙宽，导带的能态比有源层高，对注入的电子形成了势垒，注入有源层的电子不可能扩散到 P 层。同理，注入有源层的空穴也不可能扩散到 N 层。这样，注入有源层的电子和空穴被限制在厚 $0.1\sim0.3\mu m$ 的有源层内形成粒子数反转分布，这时只要很小的外加电流，就可以使电子和空穴浓度增大而提高效率。另外，有源层的折射率比限制层高，产生的激光被限制在有源层内，因而光电转换效率很高，输出激光的阈值电流很低，很小的散热体就可以在室温下连续工作。

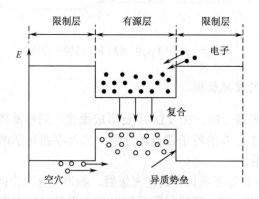

图 4.10   DH 激光器的工作原理

4.2.2   半导体激光器的工作特性

1. 阈值特性

对于半导体激光器来说，当外加正向电流达到某一值时，输出光功率将急剧增加，这时将产生激光振荡，这个电流值称为阈值电流，用 I_{th} 表示。图 4.11 所示为半导体激光器的输出特性曲线，图中的"拐点"对应的就是阈值电流 I_{th}。当激光器的注入电流 $I < I_{th}$ 时，激光器发出的是荧光；当 $I > I_{th}$ 时，发射光谱突然变窄，谱线中心强度急剧增加，表明激光器发出激光。

为了使光纤通信系统稳定、可靠地工作，希望阈值电流越小越好。目前，最好的半导体激光器的阈值电流可小于 10mA。

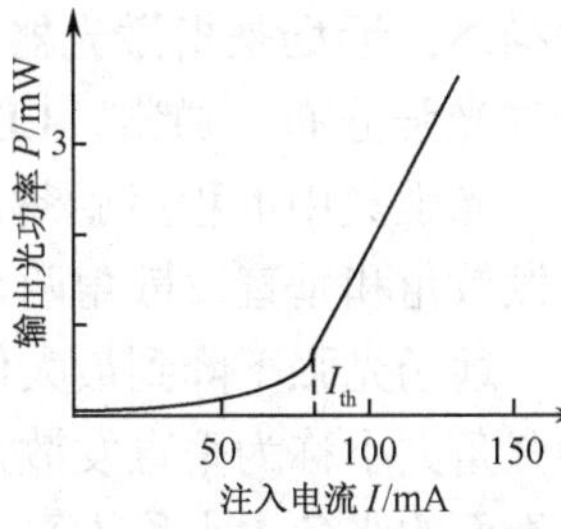

图 4.11　LD 的 *P-I* 特性曲线

2. 光谱特性

LD 发出的激光有单模和多模之分。单模激光是指 LD 发出的激光是单纵模的，其光谱只有一根谱线，谱线峰值波长称为中心波长，谱线宽度小于 0.1nm，故光谱很窄，如图 4.12（a）所示。多模激光指的是 LD 发出的激光是多纵模（MLM），其光谱有多根谱线，对应于多个中心波长，其中最大峰值波长称为主中心波长，该模式也称为主模，其他模式称为边模，这种多纵模的谱线宽度为几纳米，故光谱较宽，如图 4.12（b）所示。

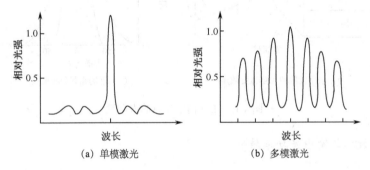

（a）单模激光　　　　　　（b）多模激光

图 4.12　LD 的光谱特性曲线

LD 发出的激光划分为不同的模式，是按照光波在光学谐振腔内形成的完整驻波个数来分类的。这种分类使不同的模式能够反映光波不同的传播方向和不同的谐振频率（或波长）。实际应用中，常将激光的模式分解为纵模和横模，纵模是指沿光学谐振腔纵向（z 轴）电磁场分布模式，而横模是指沿光学谐振腔横向（x 轴及 y 轴）的电磁场分布模式。谐振频率主要由纵模决定，而传播方向主要由横模决定。理论指出，各个纵模的谐振频率是等间隔均匀分布的。对于一个给定的激光器，并不是所有的模式都能被激发起来，只有那些等于谐振腔的谐振频率且其光放大增益不小于谐振腔的固有衰减（即前面所述的阈值增益条件）的模式才能被激发起来。

光纤通信要求激光束的单色性好、频率稳定，因而希望激光是单纵模工作。另外，希望激光工作在最低阶横模上，可使激光光束的发散角小。

3. LD 的方向特性

LD 的方向性是指 LD 输出光束的空间发散程度。激光束的空间分布用远场和近场来描述。近场是指激光器输出反射镜面上的光强分布，远场是指离反射镜面一定距离处的光强分布。通常，LD 输出光束随着传输距离增大而逐渐发散开来。光束发散越小，光强集中的程度就越高，与光纤耦合就越容易，光束质量就越好。常用 LD 的水平发散角和垂直发散角两个特性参数来描述 LD 的方向性，其定义如下。

远场光强下降到最大值一半处时，在垂直于 PN 结平面的方向上，对 LD 输出端面的张角大小称为垂直发散角，用 $\theta_\perp$ 来表示；在平行于 PN 结平面的方向上，对 LD 输出端面的张角大小称为平行发散角，用 $\theta_\parallel$ 来表示。

图 4.13 中给出了 LD 的水平发散角、垂直发散角以及远场光强分布曲线的示意。其中，图 4.13（a）中的 O 点光强就是图 4.13（b）中的光强最大值。目前，LD 器件的 $\theta_\parallel=15°\sim30°$，$\theta_\perp=40°\sim60°$。所以，LD 器件的水平方向性优于垂直方向性。LD 与光纤的耦合效率为 10%到百分之几十。

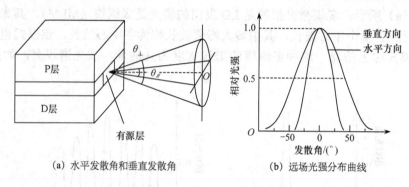

（a）水平发散角和垂直发散角　　　（b）远场光强分布曲线

图 4.13　LD 输出光束的方向性

4. 转换效率与输出光功率特性

激光器的电/光转换效率定义为在阈值电流上，将每对载流子产生的光子数用外微分量子效率 η_d 来表示，即

$$\eta_d = \frac{\dfrac{P-P_{th}}{hv}}{\dfrac{I-I_{th}}{e}} = \frac{\Delta P}{\Delta I} \cdot \frac{e}{hv} \tag{4.11}$$

由此得到

$$P = P_{th} + \frac{\eta_d hv}{e}(I-I_{th}) \tag{4.12}$$

式中　P——激光器的输出光功率；

　　　I——激光器的输出驱动电流；

　　　P_{th}——激光器的输出光功率的阈值；

　　　I_{th}——激光器的输出驱动电流的阈值；

　　　hv——光子能量；

　　　e——电子电荷。

从式（4.12）可以看出，功率 P 随着输出驱动电流 I 的增加而增加。

5. 温度特性

激光器输出光功率随温度而变化有两个原因：一是激光器的阈值电流 I_{th} 随温度升高而增大；二是外微分量子效率 η_d 随温度升高而降低。温度升高时，I_{th} 增大，η_d 减小，输出光功率明显下降，达到一定温度时，激光器就不激射了。温度变化对激光器的输出光功率的影响如图 4.14 所示。

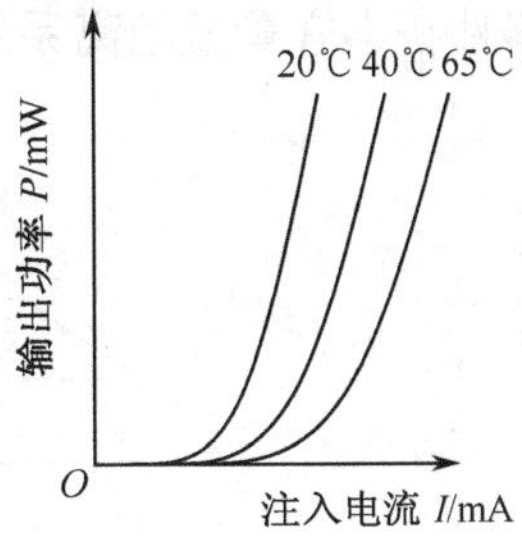

当以直流电流驱动激光器时，阈值电流随温度的变化更加明显。当对激光器进行脉冲调制时，阈值电流随温度呈指数变化，在一定温度范围内，可以表示为

图 4.14　温度对 LD 的输出功率的影响

$$I_{th} = I_0 \exp\left(\frac{T}{T_0}\right) \tag{4.13}$$

式中　I_0——常数；

　　　T——结区的热力学温度；

　　　T_0——激光器材料的特征温度，取决于激光器的材料，GaAlAs-GaAs 激光器 $T_0=100\sim150K$，InGaAsP-InP 激光器 $T_0=40\sim70K$，所以长波长 InGaAsP-InP 激光器输出光功率对温度的变化更加敏感。

外微分量子效率对温度变化不十分敏感。例如，GaAlAs-GaAs 激光器在 77K 时，$\eta_d\approx50\%$；在 300K 时，$\eta_d\approx30\%$。

温度对激光器发射波长也有影响，温度升高，激光器的发射波长向长波长方向移动。

4.2.3　半导体发光二极管的发光机理

在光纤通信中使用的光源，除了半导体 LD 以外，还有半导体发光二极管（LED）。LED 与 LD 的工作原理不同，LD 发射的是受激辐射光，LED 发射的是自发辐射光。LED 的结构和 LD 相似，大多是采用 DH 芯片，把有源层夹在 P 型和 N 型限制层中间，不同的是 LED 不需要光学谐振腔，没有阈值。

LED 是由 GaAlAs 类的 P 型材料和 N 型材料制成，在两种材料的交界处形成了 PN 结。若在其两端加上正偏置电压，则 N 区中的电子与 P 区中的空穴会流向 PN 结区域并复合。复合时电子从高能级范围的导带跃迁到低能级范围的价带，并释放出能量约等于禁带宽变 E_g（导带与价带之差）的光子，即发出荧光。

因为导带与价带本身的能级具有一定范围，所以电子跃迁释放出的光子频率不是一个单一数值而是有一定的范围，故 LED 是属于自发辐射发光，且其谱线宽度较宽（较 LD 而言）。

LED 有两种类型，如图 4.15 所示。一类是正面发光型 LED，另一类是侧面发光型 LED。两者相比较而言，侧面发光型 LED 驱动电流较大，输出光功率较小，但由于光束辐射角较小，与光纤的耦合效率较高，因而入纤光功率比正面发光型 LED 大。

与 LD 相比，LED 输出光功率较小，谱线宽度较宽，调制频率较低。但 LED 性能稳定，寿命长，输出光功率线性范围宽，而且制造工艺简单，价格低廉。因此，这种器件在小容量短距离系统中发挥了重要作用。

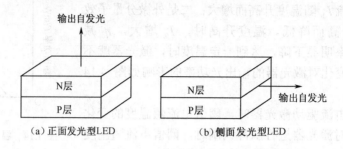

（a）正面发光型LED　　　　　　（b）侧面发光型LED

图 4.15　两类发光二极管

4.2.4　半导体发光二极管的工作特性

LED 具有以下工作特性。

1. P-I 特性

LED 的 P-I 特性曲线如图 4.16 所示，在低注入电流范围内其线性程度比 LD 好，且不存在 I_{th}，所以 LED 适合用在光纤模拟通信系统中。

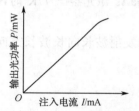

图 4.16　LED 的 P-I 特性曲线

LED 光功率的温度稳定性也比 LD 好，其功率温度系数约为-1%/℃（称为负温度系数），即 LED 光功率随温度上升而缓慢减小。LED 的输出光功率最大可达几毫瓦。

2. 光谱特性

LED 发出的是自发辐射光，没有谐振腔对波长的选择，为非相干光，谱线较宽。一般短波长 GaAlAs-GaAs LED 谱线宽度为 30～50nm，长波长 InGaAsP-InP LED 谱线宽度为 60～120nm。随着温度升高或驱动电流增加，谱线加宽，且峰值波长朝着长波长方向移动，短波长和长波长 LED 的移动分别为 0.2～0.3nm/℃和 0.3～0.5nm/℃。

3. 方向特性

LED 的发散角比 LD 大。其中，正面发光型 LED 的发散角在各个方向比较均匀，约为 120°；侧面发光型 LED 的发散角不均匀，最小处约为 30°。所以，侧面发光型 LED 与光纤的耦合效率要高于正面发光型。LED 与光纤的耦合效率通常小于 10%。所以，LED 的入纤光功率只有几十微瓦，比 LD 要小一个数量级以上。

4. 调制特性

LED 的可调制频率比 LD 低。其中，正面发光型 LED 的可调制频率仅为几十兆赫兹，侧面发光型 LED 的可调制频率可达 200MHz。

5. 寿命

LED 的寿命比 LD 长，可达百万个小时以上。

从以上特性分析中可以看出，尽管发光二极管的输出光功率较低，光谱较宽，但由于使用简单、寿命长等优点，因此，在中低速率、短距离光纤数字通信系统和光纤模拟信号传输系统中还是得到了广泛应用。

4.3　几种特殊结构的半导体激光器

在现代光通信系统中，为了提高传输速率及中继距离，普遍使用单纵模及单横模的激光器。这种光源的线宽很窄，可减少由色散引起的信号失真，因为光纤的色散及线宽直接限制了数据传输速率及传输距离。在通常由端面反射构成的 F-P 激光器中，由于半导体具有很宽的增益谱，而且其相邻纵模之间的增益差别非常小，因此当注入电流达到阈值以上时，很多纵模可以达到其激光阈值，从而导致多模振荡。所以，F-P 激光器的动态输出光谱将大为加宽，这种动态光谱加宽对系统传输性能有着极其不利的影响。

本节将介绍几种常用的、性能更好的特殊结构半导体激光器，包括 DFB 激光器、DBR（分布布拉格反射）激光器、VCSEL（垂直腔面发射激光器）。

4.3.1　DFB 激光器

DFB 激光器和 F-P 激光器的主要区别在于它没有集总反射的谐振腔反射镜，它的反射机构是由有源区波导上的布拉格光栅提供的，这种反射机构是一种分布式的反馈机构，因此称为分布反馈激光器。正因为这一非集总式的反馈机构，所以它的性能远远超过 F-P 激光器，特别是布拉格光栅的选频功能使得它具有非常好的单色性和方向性。此外，因为它没有使用晶体解理面作为反射镜，所以它更容易集成化，在光电子集成电路中有着十分诱人的优点。

如图 4.17（a）所示，DFB 激光器的基本工作原理是在激光谐振腔内，通过光刻和腐蚀制作出沿整个谐振腔长度方向的波纹状布拉格光栅结构以代替普通激光器的解理镜面对光场进行反馈，从而实现激光器的频率选择。在 DFB 激光器内，布拉格光栅将引起有源区内正反向传输光场之间的耦合，这种耦合作用主要发生在光栅布拉格波长 λ_B 处一个很窄的范围内。对于周期为 Λ 的光栅，其布拉格波长 λ_B 可以表示为

$$\lambda_B = \frac{2n_{eff}\Lambda}{m}$$

(4.14)

式中　n_{eff} ——激光器内光场模式的有效折射率；

m——光栅的级数。

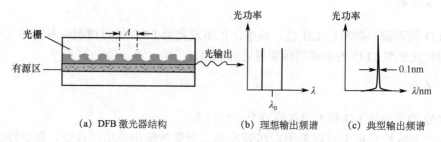

(a) DFB 激光器结构　　　　(b) 理想输出频谱　　　　(c) 典型输出频谱

图 4.17　DFB 激光器结构及其典型输出特性

由于光栅效率与 m^2 成反比，在 DFB 激光器中通常均采用一级光栅（$m=1$）。在 DFB 激光器内有效光栅长度上每一点处均有光场反馈发生，因此这种激光器被称为分布反馈激光器。

对于布拉格光栅的光反馈作用可以进行以下理解。沿某一方向传输的光在每一波纹上都将有一小部分被反射，只有当光的波长与波纹周期满足式（4.14）时，来自各波纹上的反射光才满足谐振加强条件。即波纹光栅只能对波长满足式（4.14）的光提供有效反馈，而对于那些远离布拉格波长位置的光则基本没有作用。

DFB 激光器的模式不完全等同于布拉格波长，而是对称地位于 λ_B 两侧，如图 4.17（b）所示。假如 λ_m 是允许 DFB 发射的模式，此时有

$$\lambda_m = \lambda_B \pm \frac{\lambda_B^2}{2nL}(m+1) \qquad (4.15)$$

式中　m——模数（整数）；

　　　L——光栅有效长度。

由式（4.15）可见，完全对称的器件应该具有两个与 λ_B 等距离的模式，但是实际上，由于制造过程，或者有意使其不对称，只能产生一个模式，如图 4.17（c）所示。因为 $L \gg \varLambda$，式（4.15）的第二项非常小，所以发射光的波长非常靠近 λ_B。

进一步的理论分析表明，在 DFB 激光器中实现稳定单纵模运行更为有效的方法是在有源区的光栅结构中引入适当的相移并在激光器的两个端面上镀抗反射膜。当所引入的相移为 $\pi/2$（相当于引入 1/4 个波长）时，纵模阶数为 0 的主模精确地位于光栅的布拉格波长上并具有最低的阈值增益，同时主模和最近边模之间的阈值增益差达到最大值。因此，与普通 DFB 激光器相比，具有 $\pi/2$ 相移的 DFB 激光器有着更好的性能，在高速调制下也可以实现非常稳定的动态单纵模输出。

总之，DFB 激光器因为有光栅结构，所以具有很多独特的性质。DFB 激光器比其他常规激光器有更好的温度特性，再加上窄线宽特性（典型值为 0.1～0.2nm），使得 DFB 激光器特别适合长距离、高速率传输系统。光栅还可以起到稳定输出波长的作用，通常 DFB 激光器的温度与波长漂移的关系为 0.1nm/℃，这比一般的半导体激光器性能好 3～5 倍。目前，DFB 激光器已成为中长距离光纤通信应用的主要激光器，特别是在 1300nm 和 1550nm 光纤通信系统中。在光纤 CATV 传输系统中，DFB 激光器已成为不可替代的光源。

4.3.2 DBR 激光器

DBR 激光器的结构及工作原理如图 4.18 所示，除了有源层外，DBR 激光器还在紧靠有源层右侧增加了一段布拉格光栅，它起着衍射光栅的作用。衍射光栅产生布拉格衍射，DBR 激光器的输出是反射光相长干涉的结果。只有当波长等于 2 倍光栅间距 Λ 时，反射波才相互加强，发生相长干涉。例如，当部分反射波 A 和 B 具有路程差 2Λ 时，它们才发生相长干涉。另外，也常常在有源层两侧同时各分布一个布拉格光栅形成的 DBR 激光器结构。

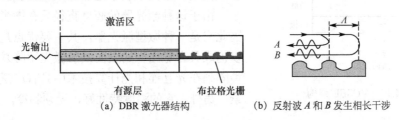

(a) DBR 激光器结构　　　　(b) 反射波 A 和 B 发生相长干涉

图 4.18　DBR 激光器的结构及工作原理

DBR 激光器和 DFB 激光器最主要的区别就是布拉格光栅的位置。DBR 激光器的光栅同样是起到频率选择的作用，但它位于有源层之外，代替了原来谐振腔一侧或两侧的反射镜面，由光栅来起反射作用。DBR 激光器的这种结构使得对其阈值条件和纵模谱等工作特性的分析与简单的 F-P 激光器基本相同，所不同的是 DBR 激光器中起到反射作用的光栅是具有波长选择性的，它只对很小波长范围内的光提供反射。同时，当光在布拉格光栅内进行反射时将获得特定的相移。由于有源区的增益特性和无源区光栅的反射，使只有在布拉格波长附近的光能够满足谐振条件，从而发射出激光。

由于 DFB 激光器和 DBR 激光器的结构不同，因此它们的特性也有所区别。DFB 激光器有较宽的调制带宽、较小的频率和强度噪声，边模抑制比较高，谱线较窄。然而，当驱动电流改变时，输出功率和频率都会改变，因此会形成"啁啾"声。由于 DBR 激光器的反射区和有源区是分开的，因此可以通过改变流过有源区的电流控制激光器的输出功率，通过改变流过光栅区的电流控制输出波长，可以克服"啁啾"声。

4.3.3 VCSEL

VCSEL 的结构如图 4.19 所示，顾名思义，这种激光器的光发射方向与腔体垂直，而非普通激光器那样与腔体平行。有源层长度与边发射器件相比非常短，光发射是从腔体表面而不是腔体边沿。腔体两端的反射器由电介质镜组成，电介质镜的反射原理类似于多层介质膜滤波器，即用高低折射率材料相间交错排列，逐级生长而成，每层的厚度皆为 $\lambda/4$，层数足够多时就可以得到高的反射系数。因为这样的电介质镜就像一个折射率周期变化的光栅，所以其本质上就是一个 DBR 反射器。因为有源层通常很薄（小于 $0.1\mu m$），就像一个多量子阱，所以阈值电流很小，仅为 0.1mA，工作电流仅为几

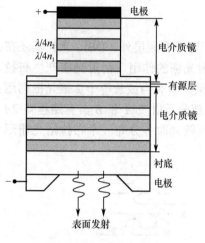

图 4.19 VCSEL 结构

毫安。由于器件体积小，降低了电容，适用于 10Gb/s 的高速调制系统。另外，因为该器件不需要解理面切割就能工作，制造简单、成本低，所以也适用于接入网使用。

垂直腔横截面通常是圆形的，所以发射光束的界面也是圆形。垂直腔的高度也只有几微米，所以只有一个纵模能够工作，但是可能有一个或多个横模，这要取决于边长。

由于这种激光器的腔体直径只在微米范围内，因此它是一种微型激光器，其主要优点是用它们可以构成具有宽面积的表面发射激光矩阵发射器。这种阵列在光互连和光计算技术中具有广泛的应用前景，另外，它的温度特性好，无须制冷。

4.4 光源的调制

光纤通信中，首先要解决的就是如何将光信号加载到光源的发射光束上，即需要进行光调制。调制后的光波经过光纤信道送至接收端，由光接收机鉴别出它的变化，再现出原来的信息，这样的过程称为光解调。调制和解调是光纤通信系统的重要环节。

对光源进行调制的方式有若干种，从光源和调制器之间关系来看，可分为以下两种。

（1）光源的直接调制

直接调制又叫内调制，具有简单、经济、容易实现等优点，是光纤通信最常采用的调制方法。它是把要传送的信息转变为电流信号注入 LD 或 LED，从而获得相应的光信号，采用的是电源调制方法。内调制方法仅适用于半导体光源（LD 和 LED）。内调制后的光波电场振幅的平方与调制信号成比例，所以它是一种光强度调制（IM）的方法。

（2）光源的间接调制

间接调制是利用晶体的电光效应、磁光效应、声光效应等性质来实现对激光辐射的调制。这种调制方法不仅适合于半导体激光器，也适合于其他类型的激光器。间接调制最常用的是外调制的方法，是在激光形成以后加载调制信号，具体方法是在激光器谐振腔外的光路上放置调制器，在调制器上加上调制电压，使调制器的某些物理特性发生相应的变化，当激光通过它时，光波的某些特征参数发生变化，得到调制。对于某些类型的激光器，间接调制也可以采用内调制的方法，即用光学的方法把激光器和调制器集成在一起，用调制信号控制调制元件的物理性质，从而改变激光输出特性以实现其调制。

4.4.1 光源的直接调制

由图 4.11 和图 4.16 可见，在半导体激光器的 *P-I* 特性曲线中，注入电流超过阈值电流以后，*P-I* 特性曲线基本是线性的；而半导体 LED 的 *P-I* 特性曲线也基本呈直线。这样只要在呈线性部分加入调制信号，则输出的光功率 *P* 就跟随输入信号变化。于是，信号就调制到光波上。

1. 两种调制电路

从调制信号的形式来看，光调制又分为模拟信号调制和数字信号调制。

（1）模拟信号的直接调制

模拟信号调制是直接用连续的模拟信号（如语音、电视等信号）对光源进行调制，图 4.20（a）所示就是对 LED 进行模拟调制的原理，图中连续的模拟信号电流叠加在直流偏置电流上，适当地选择直流偏置电流的大小，可以减小光信号的非线性失真。

图 4.20（b）所示为一个简单的 LED 模拟信号直接调制电路。当信号从 A 点输入后，晶体管放大器集电极电流就跟随模拟量而变化，亦即 LED 的注入电流跟随模拟信号变化，于是 LED 的输出光功率就跟随模拟量变化，这样就实现了对光源的直接调制。从放大器工作原理上看，这个晶体管应该工作在甲类，在 B 点可进行监测。

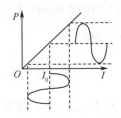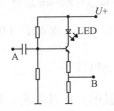

(a) LED 模拟信号调制原理　　(b) 简单的 LED 模拟信号直接调制电路

图 4.20　模拟信号调制

（2）数字信号的直接调制

在光纤通信中，数字调制主要是指脉冲编码调制（PCM）。脉冲编码调制是先将连续的模拟信号通过取样、量化和编码，转换成一组二进制脉冲代码，用矩形脉冲的有（"1" 码）、无（"0" 码）来表示信号。

一种简单的 LED 数字信号调制电路如图 4.21 所示，它是只有一级共发射极的晶体管调制电路，晶体管用作饱和开关，晶体管的集电极电流就是 LED 的注入电流。信号由 A 点接入。"0" 码时晶体管不导通；"1" 码时晶体管导通，于是注入电流注入 LED，使得 LED 发光，从而实现数字信号调制。

图 4.22 所示为 LD 数字调制原理以及 LD 的射极耦合驱动电路。VT_1、VT_2 组成一个电流开关，数字电信号 V_{in} 从 VT_1 的基极输入，V_b 是直流参考电压施加在 VT_2 的基极上。当信号为 "0" 码时，VT_1 的基极电位高于 VT_2 的基极电位，电流源全部电流流过 VT_1 的集电极，LD 接在 VT_2 上不发光，故 LD 不发光，相当于发 "0" 码。反之，当信号为 "1" 码时，VT_2 的基极电位高于 VT_1 的基极电位，则反过来 VT_2 导通，电流源全部电流流过 VT_2 的集电极支路，对应于发一个 "1" 码。

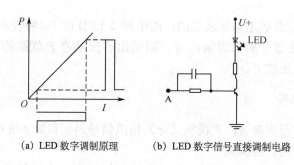

(a) LED 数字调制原理　　　　(b) LED 数字信号直接调制电路

图 4.21　LED 数字信号调制

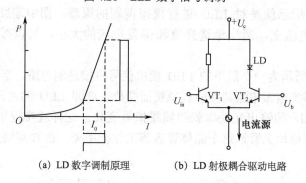

(a) LD 数字调制原理　　　　(b) LD 射极耦合驱动电路

图 4.22　LD 数字信号调制

2. 自动功率控制（APC）

在使用中，LD 结温的变化以及老化都会使 I_{th} 增大，量子效率下降，从而导致输出光脉冲的幅度发生变化。为了保证激光器有稳定的输出光功率，需要有各种辅助电路，如功率控制电路、温控电路、限流保护电路和各种告警电路等。光功率自动控制有许多方法：一是自动跟踪偏置电流，使 LD 偏置在最佳状态；二是峰值功率和平均功率的自动控制；三是 P-I 曲线效率控制法等。但最简单的办法是通过直接检测光功率控制偏置电流，用这种办法即可收到良好的效果。该办法是利用激光器组件中的 PIN 光电二极管，监测激光器背向输出光功率的大小，若功率小于某一额定值，通过反馈电路后驱动电流增加，并达到额定输出功率值。反之，若光功率大于某一额定值，则使驱动电流减小，以保证激光器输出功率基本上恒定不变。图 4.23 所示为美国亚特兰大光纤通信系统中光发射机的 APC 电路，作为 LD 输出光功率自动控制的实际例子。

图 4.23 所示的电路是通过控制 LD 偏置电流大小来保持输出光脉冲幅度的恒定。在运放的输入端，再生信号由输入信号再生处理后得到，它固定在 0～-1V。LD 组件中 PIN 管接收 LD 的背面输出光，它受到与正面输出光同样的温度及老化影响，从而可用来反馈控制 LD 输出光功率。该 PIN 产生的信号与直流参考信号比较后送到放大器的同相端，直流参考信号通过调节 R_1 控制预偏置电流 I_b。调节 R_2 使再生信号与 PIN 输出取得平衡，使 I_b 保持恒定。当输出光功率产生变化时，平衡破坏，反馈偏置电路将自动调整 I_b，使输出功率恢复到原来的值，电路又恢复平衡状态。图 4.23 中 R_3 和 C_1 构成 LD 的慢启动网络，当刚打开电源或有突发的电冲击时，由于电路的时间常数

很大（约 1ms），I_b 只能慢慢增大。这时，前面的控制电路首先进入稳定控制状态，然后 I_b 缓慢增大，保护 LD 免受冲击。

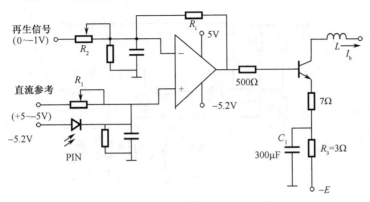

图 4.23　自动功率控制电路

3. 自动温度控制（ATC）

温度变化引起 LD 输出光功率的变化，虽然可以通过 APC 电路进行调节，使输出光功率恢复正常值。但是，如果环境温度升高较多，经 APC 调节后，I_b 增大较多，LD 的结温也会升高很多，致使 I_{th} 继续增大，造成恶性循环，从而影响 LD 的使用寿命。因此，为保证激光器长期稳定工作，必须采用 ATC 电路使激光器的工作温度始终保持在 20℃左右。LD 的温度控制由微型制冷器、热敏电阻及控制电路组成，如图 4.24 所示。

微型制冷器多采用半导体制冷器，如图 4.25 所示，它是利用半导体材料的珀尔帖效应制成的。当直流电流通过两种半导体组成的电偶时，出现一端吸热另一端放热的现象，这种现象称为珀尔帖效应。微型半导体制冷器的温差可以达到 30～40℃。

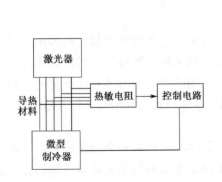

图 4.24　LD 的温度电路控制原理

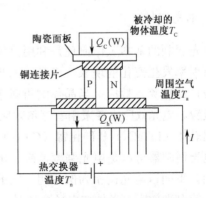

图 4.25　半导体制冷器结构示意

图 4.26 所示为具体的 LD 温度控制电路，LD 组件中的热敏电阻具有负温度系数，在 20℃时，阻值 R_t=10～12kΩ，$\Delta R_t/\Delta T \approx -0.5\%/℃$。它与 R_1、R_2、R_3 组成桥式电路，

其输出电压加到差分放大器的同相和反相输入端，在某温度下，电桥达到平衡。LD 温度升高时，R_t 下降，VT_1 正向导通，通过制冷器 R_c 的电流 I_c 加大，使 LD 的温度下降。

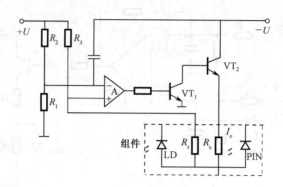

图 4.26　具体的 LD 温度控制电路

具体控制过程如下。

$T\uparrow \rightarrow R_t\downarrow \rightarrow$ 差分放大器输入端压降 $\uparrow \rightarrow$ 差分放大器输出电压 $\uparrow \rightarrow I_c\uparrow \rightarrow T\downarrow$。实际上，激光器在连续工作时，管芯温度会持续上升，从而使热敏电阻 R_t 总保持在 $R_t\neq R_3$，即电桥总不平衡，于是 I_c 维持一定值，即控制电路始终为制冷器提供恒定的工作电流 I_c。在光发送电路中，由于采用了 ATC 和 APC 电路，LD 输出光功率的稳定度保持在较高的水平上。在环境温度为 5～50℃时，LD 输出光功率的不稳定度小于 5%。

4.4.2　光源的间接调制

光源直接调制的优点是简单、经济、容易实现，但调制速率受载流子寿命及高速率下的性能退化的限制。间接调制方式需要调制器，结构复杂，但可获得优良的调制性能，特别适合高速率光纤通信系统。

目前已提出的间接调制方式有电光调制、声光调制和磁光调制。

1. 电光调制

电光调制的基本工作原理是利用晶体的电光效应。电光效应是指由外加电压引起晶体折射率发生变化的现象。当晶体的折射率与外加电场幅度成正比时，称为线性电光效应，即普克尔效应；当晶体的折射率与外加电场的幅度平方成正比变化时，称为克尔效应。电光效应主要采用普克尔效应。常用的晶体材料有铌酸锂晶体（$LiNbO_3$）、钽酸锂晶体（$LiTaO_3$）和砷化镓（$GaAs$）。

电光调制器可以是电光强度调制、电光频率调制，也可以是电光相位调制，即电光调相。下面以电光调相为例说明，它的基本工作原理是利用电光晶体（如铌酸锂晶体等）的电光效应，当外加电场变化时，将引起晶体折射率 n 随之变化的现象。由物理学知识可知，折射率的变化又将引起光波相位的变化。其中，电场变化实际上对应于调制电压的变化（即需要传输信号的变化）。这样，调制电压的变化最终将得到光波的相位变化，从而达到电光调相的结果，如图 4.27 所示。

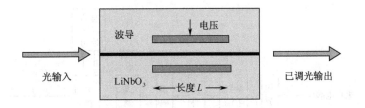

图 4.27　电光相位调制器的基本原理

当一个 $A\sin(\omega t + \varphi_0)$ 的光波入射到光波调制器（$Z=0$），经过长度为 L 的外电场作用区后，输出光场（$Z=L$）即已调制光波为 $A\sin(\omega t + \varphi_0 + \Delta\varphi)$，相位变化因子 $\Delta\varphi$ 受外电压的控制从而实现相位调制。

两个电光相位调制器组合后便可以构成一个电光强度调制器。这是因为两个调相光波在相互叠加输出时发生了干涉，当两个光波的相位同相时光强最大，当两个光波的相位反相时光强最小，从而实现了外加电压控制光强开和关的目标。

2. 声光调制

声光调制器是利用介质的声光效应制成的。它的工作原理：当调制电信号变化时，由于压电效应，使压电晶体产生机械振动形成超声波，这个声波引起声光介质的密度发生变化，使介质折射率跟着变化，从而形成一个变化的光栅，由于光栅的变化，使光强随之发生变化，结果使光波受到调制。

3. 磁光调制

磁光调制是利用法拉第效应得到的一种光间接调制，入射光信号经过起偏器后变为偏振光，这束偏振光通过钇铁石榴石（YIG）磁棒时，其偏置方向随绕在上面线圈的调制信号而变化，当偏振方向与后面的检偏器相同时，输出光强最大，当偏振方向与检偏器方向垂直时，输出光强最小，从而使输出光强随调制信号变化，实现了光的间接调制。

4.5　光发射机

在光纤通信系统中，广义来讲，光发射机的作用是把电端机送来的电信号，在数字光纤通信系统中 PCM 信号，经过编码、调制，再由光源变成光信号最后送入光纤。实际使用的光端机，并不是真有这么一个光发射机架，到 20 世纪 80 年代末，实际的光发射机就是一块插在光端机架中的机盘。

4.5.1　光发射机的结构组成

光发射机的结构组成随着生产厂家不同而不同，这里仅介绍光发射机的基本组成。一个光发射机的原理框图如图 4.28 所示。下面分别介绍图中各部分的功能。

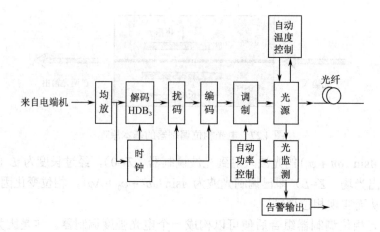

图 4.28　光发射机原理框图

1. 均衡放大（均放）

由 PCM 端机送来 3 阶高密度双极性码（HDB_3）码流，这是一种 3 阶高密度双极性码，这种码型的特点之一是具有双极性，即具有+1、-1、0 这 3 种电平。这种双极性码由于采取了一定措施，使码流中的+1 和-1 交替出现，因而没有直流分量。于是在 PCM 端机，PCM 系统的中继器与电缆线路连接时，可以使用变量器，从而实现远端供电。同时，这种码型又可以利用其正、负极性交替出现的规律进行自动误码监测等。

HDB_3 码流经过电缆的传输产生了衰减和畸变。所以，在上述信号进入发射机时，首先要经过均衡和放大，以补偿衰减的电平、均衡畸变的波形。

2. 解码

由于 PCM 系统传输的码型是 HDB_3 码，这种码型是双极性的，而在光纤通信系统中，光源可用有光（"0"）和无光（"1"）两个码对应，一般不容易与+1、0、-1 对应。这样，信号从 PCM 端机送到光发射机后，需要将 HDB_3 码变为单极性的"0"和"1"码。这就需要由解码电路来完成。

3. 扰码

若信码流中出现长"0"和长"1"的情况，这将给提取时钟信号带来困难。为了避免出现这种长"0"和长"1"的情况，就要在解码之后加一个扰码电路，以达到有规律地"破坏"长"0"和长"1"码流。当然，经过光纤传输后，在接收端还要加一个与扰码相反的解扰电路，恢复信码流原来的状况。

4. 时钟

由于解码和扰码过程都需要时钟信号作依据（时间参考），故在均衡放大之后，由时钟电路取出 PCM 中的时钟信号供给解码、扰码、编码电路使用。

5. 编码

经过解码、扰码的信码经调制为光脉冲后，虽然从理论上可以在光纤上传输，但从实用角度来看，为了便于不间断进行误码监测、克服直流分量的波动，以及便于区间通信联络等功能，在实际的光纤通信系统中，还要对经解码、扰码的信码流再进行编码以满足上述要求。

6. 调制（驱动）

编码后的数字信号通过调制电路对光源进行调制，让光源发出的光强随着编码后的信码流变化，形成相应的光脉冲送入光导纤维。关于调制电路的详细讨论，前面已有详细介绍。

7. 自动功率控制

如前所述，自动功率控制电路使半导体激光器的输出光功率维持在恒定值。

8. 自动温度控制

如前所述，半导体光源对环境温度的变化很敏感，自动温度控制电路保持半导体激光器工作在恒定温度下。

9. 其他保护、监测电路

光发射机除了上述各部分电路外，还有以下一些辅助电路。

1）LD 保护电路。它的功能是使半导体激光器的偏流慢启动以及限制偏流不要过大。由于激光器老化以后输出功率将降低，自动功率控制电路将使激光器偏流不断增加，如果不限制偏流就可能烧毁激光器。

2）无光告警电路。当光发射机电路出现故障，或输入信号中断，或激光器失效时，都将使激光器较长时间不发光，这时延迟告警电路将发出告警指示。

4.5.2　光发射机的主要技术指标

作为光纤通信系统的组成部分，光发射机有许多技术指标，其最主要的是以下几项。

1. 平均发光功率 P_t

平均发光功率是光发射机最重要的技术指标，它是指在"0""1"码等概率调制的情况下，光发射机输出的光功率值，单位为 dBm。

由于在"0"码调制时光发射机不发光，只有在"1"码调制时光发射机才发出光脉冲，因此平均发送光功率与光源器件的最大发送光功率 P_{max}（又叫直流发光功率）是有区别的。后者是指在全"1"码调制的条件下光源器件的发光功率。

在非归零码（NRZ）调制的条件下，两者的关系为

$$P_t^1 = \frac{1}{2} P_{max} \tag{4.16}$$

一般情况下，光发射机的平均发光功率越大越好。因为其值越大，进入光纤进行有效传输的光功率越大，其中继距离越长。但该值也不能过大；否则会降低光源器件的寿命。P_t 一般不超过 0dBm。

2. 谱宽

谱宽其实就是光发射机中所用光源器件的谱线宽度。前面已经讲过，光源器件的谱宽越窄越好，因为谱宽越窄，由它引起的光纤色散就越小，就越有利于进行大容量的传输。

目前，关于谱宽的提法有 3 种，即常用的根均方谱宽 $\delta\lambda_{rms}$ 和半值满谱宽 $\delta\lambda_{1/2}$，它们适用于多纵模激光器。还有一种是 ITU-T 定义的 −20dB 谱宽 $\delta\lambda_{-20dB}$，它主要用于单纵模激光器。意指从中心波长的最大幅度下降到 1%（−20dB）时两点间的宽度，如图 4.29 所示。

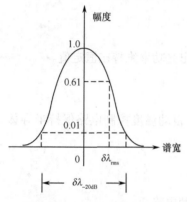

图 4.29 光源的-20dB 谱宽

假设光源的谱线分布服从高斯分布，则很容易推导出它们有以下关系，即

$$\delta\lambda_{-20dB} = 6.07\delta\lambda_{rms} \tag{4.17}$$

对于使用 MLM 激光器的光发射机，其谱宽 $\delta\lambda_{rms}$ 一般要求在 2～10nm 范围内；而对于使用单纵模激光器的光发射机，其谱宽 $\delta\lambda_{-20dB}$ 要求在 1nm 以下。

3. 消光比（EX）

从理想状态讲，当数字电信号为"0"时，光发射机应该不发光；只有当数字电信号为"1"时光发射机才发出一个传号光脉冲。但实际上这是不可能的。以 LD 为例，由于要对它进行预偏置，且使其偏置电流 I_b 略小于阈值电流 I_{th}。因此，即使在数字电信号为"0"的情况下，LD 也会发出极微弱的光（荧光）。当然这种发光越小越好，于是就引出了消光比的概念。

消光比的定义是："1"码光脉冲功率与"0"码光脉冲功率之比。

在这里采用了一种简便的说法。实际上更严格的说法是：电信号"1"码输入时光发射机的光脉冲功率与电信号"0"码输入时光发射机的光脉冲功率之比。

$$EX = 10\lg \frac{\text{"1"码时光脉冲功率}}{\text{"0"码时光脉冲功率}} \tag{4.18}$$

显然，在实际工作中无法测量出单个"1"码与单个"0"码的光脉冲功率，故常采用下式来实际测量消光比，即

$$EX = \frac{\text{全"1"码调制时光脉冲功率}}{\text{全"0"码调制时光脉冲功率}} \tag{4.19}$$

通常希望光发射机的消光比大一些，但对于码速率很高（如 2.5Gb/s 以上）的光发射机，若使用 DFB 单纵模激光器，减小偏流则会增大消光比，同时会引起较大的"啁啾"声，导致其发光波长发生偏移，因此消光比并非越大越好。

光发射机的消光比一般要求大于 8.2dB，即"0"码光脉冲功率是"1"码光脉冲功率的 1/7。

作为一个被调制的好的光源，希望在"0"码时没有光功率输出；否则它将使光纤系统产生噪声，使接收机灵敏度降低（灵敏度的概念将在后面讨论），故一般要求 EX≤10%。

4. 边模抑制比（SMSR）

该技术指标是针对使用单纵模激光器的光发射机而言的。因为单纵模激光器在动态调制时也会出现多个纵模（边模），虽然在一般情况下这些边模的光功率比主模要小得多。SMSR 的定义为：在全调制的条件下主纵模的光功率 M_1 和最大边模光功率 M_2 之比，即

$$SMSR = 10\lg \frac{M_1}{M_2} \tag{4.20}$$

一般地，光发射机的 SMSR>30dB，即主纵模的光功率是最大边模光功率的 1000 倍以上。

4.6　光检测器件

4.6.1　光纤通信对光检测器件的要求

与光源器件一样，光检测器件在光纤通信中起着十分重要的作用。光检测器件的作用就是把信号（通信信息）从光波中分离（检测）出来，即进行光/电转换。光检测器件质量的优劣在很大程度上决定了光接收机灵敏度的高低。光接收机的灵敏度、光源器件的发光功率和光纤的损耗三者一起便决定了光纤通信的中继距离（在系统受损耗限制而不是受色散限制时）。

光纤通信对光检测器件有以下要求。

1）响应度高。响应度是指单位光功率信号所产生的电流值。因为从光纤传输来的光功率信号十分微弱，仅有纳瓦（nW）数量级，要想从这么微弱的光信号中检测出通信信息，光检测器必须具有很高的响应度，即必须具有很高的光/电转换量子效率。

2）噪声低。光检测器在工作时会产生一些附加噪声，如暗电流噪声、倍增噪声等。这些噪声如果比较大，就会附加在只有毫微瓦数量级的微弱光信号上，降低了光接收机的灵敏度。

3）工作电压高。与光源器件不同，光检测器工作在反向偏置状态，如雪崩光电二极管（APD），必须处在反向击穿状态才能很好地工作，因此需要较高的工作电压（100V 以上）。然而工作电压过高，会给使用者带来不便。

4）体积小、质量轻、寿命长。需要指出的是，由于光检测器件的光敏面（接收光

的面积）一般都可以做到大于光纤的纤芯，所以从光纤传输来的光信号基本上可以全部被光检测器件接收，故不存在它们与光纤的耦合效率问题，这一点与光源器件不同。

在光纤通信中使用的光检测器件有两大类，即 PIN 与 APD。

4.6.2　PIN 光电二极管的工作机理

光电二极管（PD）具有把光信号转换为电信号的功能，是由半导体 PN 结的光电效应实现的。

众所周知，具有 PN 结结构的二极管由于内部载流子的扩散作用会在 P 型与 N 型材料的交界处形成势垒电场，即耗尽层。如图 4.30（a）所示。当入射光作用在 PN 结时，如果光子的能量不小于带隙（$hf \geq E_g$），便发生受激吸收，即价带的电子吸收光子的能量跃迁到导带形成光生电子-空穴对。在耗尽层，由于内部电场的作用，电子向 N 区运动，空穴向 P 区运动，形成漂移电流。在耗尽层两侧是没有电场的中性区，由于热运动，部分光生电子和空穴通过扩散运动可能进入耗尽层，然后在电场作用下，形成和漂移电流相同方向的扩散电流。漂移电流分量和扩散电流分量的总和即为光生电流。当与 P 区和 N 区连接的电路开路时，便在两端产生电动势，这种效应称为光电效应。当连接的电路闭合时，N 区过剩的电子通过外部电路流向 P 区。同样，P 区的空穴流向 N 区，便形成了光生电流。当入射光变化时，光生电流随之作线性变化，从而把光信号转换成电信号。这种由 PN 结构成，在入射光作用下，由于受激吸收过程产生的电子-空穴对的运动，在闭合电路中形成光生电流的器件，就是简单的光电二极管。

如图 4.30（b）所示，光电二极管通常要施加适当的反向偏压，目的是增加耗尽层的宽度，缩小耗尽层两侧中性区的宽度，从而减小光生电流中的扩散分量。由于载流子扩散运动比漂移运动慢得多，因此减小扩散分量的比例便可显著提高响应速度。但是提高反向偏压，加宽耗尽层，又会增加载流子漂移的渡越时间，使响应速度变慢。为了解决这一矛盾，就需要改进 PN 结光电二极管的结构。

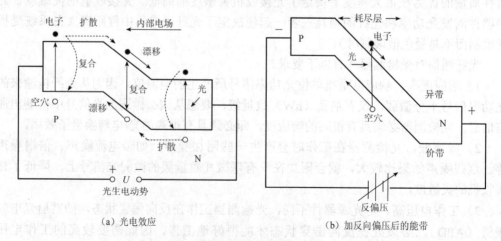

(a) 光电效应　　　　　　　　　　　　(b) 加反向偏压后的能带

图 4.30　光电二极管工作原理

根据半导体物理理论，降低半导体材料的掺杂浓度可以增加耗尽层的宽度。因此人们在设计、制造光电二极管时，往往在 P 型材料与 N 型材料的中间插入一层掺杂浓度十分低的 I 型半导体材料（接近本征型）以形成较宽的耗尽层。这就是 PIN 光电二极管的由来，其构造如图 4.31 所示。

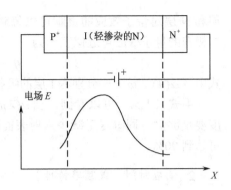

图 4.31　PIN 光电二极管构造与内部电场

从图 4.31 中可以看出，PIN 光电二极管中的 I 区是接近本征的、掺杂浓度很低的 N 区。在这种结构中，零电场的 P⁺和 N⁺区非常薄，而掺杂的 I 区很厚，耗尽层几乎占据了这个 PN 结，从而在零电场区被吸收的可能性很小，而在耗尽层被充分吸收。这样，I 区的电场强度远远大于 P 区与 N 区中的电场，从而保证了光子载流子的定向运动以形成光电流。

4.6.3　PIN 光电二极管的特性参数及特点

PIN 光电二极管的等效电路如图 4.32 所示。在图中，I_S 为电流源即由入射光作用产生的光电流；C_d 为光电二极管的结电容，其值甚小；R_b 为 PIN 光电二极管的偏置电阻，它可以与其负载电阻共用一个。

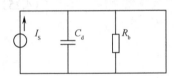

图 4.32　PIN 光电二极管的等效电路

1. 光电转换效率

通常，光电转换效率常用量子效率 η 或响应度 ρ 来衡量。量子效率 η 定义为单位时间光电流的电子数和入射光子数的比值，即

$$\eta = \frac{单位时间光电流的光子数}{入射光子数} = \frac{\dfrac{I_p}{e}}{\dfrac{P_0}{hv}} = \frac{I_p}{P_0}\frac{hv}{e} \tag{4.21}$$

式中　I_p——PIN 光电二极管的首次光电流，A；

　　　P_0——入射光功率信号，W；

　　　e——电子电量，$e = 1.6 \times 10^{-19}$C；

　　　hv——光子能量。

响应度 ρ 的定义为单位光功率信号入射到光电二极管时所产生的首次光电流，即

$$\rho = \frac{I_p}{P_0} = \frac{\eta e}{hv} \text{(A/W)} \tag{4.22}$$

因此，光入射产生的光信号电流 I_S 可以写为

$$I_S = I_p = \frac{\eta e}{hv}P_0 \tag{4.23}$$

量子效应和响应度取决于材料的特性和器件的结构。假设器件表面反射率为零，P

层和 N 层对量子效应的贡献可以忽略，在工作电压下，I 层全部耗尽，那么 PIN 光电二极管的量子效应可近似表示为

$$\eta = 1 - \exp[-\alpha(\lambda)\omega] \qquad (4.24)$$

式中　$\alpha(\lambda)$、ω——分别为 I 层的吸收系数和厚度。

由式（4.24）可以看到，当 $\alpha(\lambda)\omega \gg 1$ 时，$\eta \to 1$，所以为提高量子效率，I 层的厚度要足够大，同时尽量减少入射表面的反射率。目前，优质的光电二极管的量子效率可达到 90%。

2. 响应时间（或频率特性）

PIN 光电二极管的响应时间，主要是由光生载流子在耗尽层区域内的渡越时间以及 PIN 光电二极管结电容在内的检测电路的 *RC* 常数所决定的。因此耗尽层的宽度必须取量适中。其值大固然能提高 PIN 光电二极管的量子效率，但会使光生载流子的渡越时间增长，影响其频率特性，使之不能在高码速率时使用。总结而言，影响响应时间的主要因素如下。

（1）光电二极管和它的负载电阻的 *RC* 时间常数

光电二极管的等效电路如图 4.32 所示，其中结电容 C_d 可表示为

$$C_d = \frac{\varepsilon S}{W} \qquad (4.25)$$

式中　ε——PIN 光电二极管材料的介电系数；

　　　S——PIN 光电二极管的结面积；

　　　W——PIN 光电二极管耗尽层的宽度。

（2）载流子在耗尽区的渡越时间

在耗尽区产生的电子-空穴对在电场的作用下进行漂移运动。漂移运动的速度与电场的强度有关。当电场强度较低时，漂移运动的速度正比于电场强度，当电场强度达到某一值时（大约为 $10^6 \mathrm{V/m}$），载流子漂移运动的速度不再发生变化，即达到极限漂移速度。

（3）耗尽区外产生的载流子由于扩散而产生的时间延迟

扩散运动的速度比漂移运动的速度慢很多。若在零电场的表面层产生较多的电子-空穴对，其中一部分会被复合掉，还有一部分先扩散到耗尽区，然后被电路吸收。这部分载流子因为扩散而产生的附加延迟会明显影响二极管的响应时间。

3. 暗电流

暗电流是 PIN 光电二极管附加噪声的主要来源。它由两部分组成：一是由构成 PIN 光电二极管材料的能带结构决定的体电流；二是制造工艺过程所产生的泄漏电流。

PIN 光电二极管的暗电流一般在几纳安（nA）以下。

由于 PIN 光电二极管没有倍增效应（即光放大作用），加上其暗电流很小，本身产生的附加噪声很低，因此对光接收机灵敏度产生的影响并不显著。

PIN 光电二极管的优点是：噪声小，工作电压低（仅十几伏），工作寿命长，使用

方便，价格便宜。

PIN 光电二极管的缺点是没有倍增效应，即在同样大小入射光的作用下仅产生较小的光电流，所以用它做成的光接收机的灵敏度不高。

因此，PIN 光电二极管只能用于较短距离的光纤通信（小容量与大容量皆可）。

4.6.4 APD 光电二极管的工作机理

APD 光电二极管的工作机理是，光生载流子空穴-电子对在高电场作用下高速运动，在运动过程中通过碰撞电离效应产生二次、三次新的空穴-电子对，从而形成较大的光信号电流。

APD 光电二极管的构造和电场分布如图 4.33 所示。图中，P^+ 与 N^+ 分别为重掺杂的 P 型材料与 N 型材料，π 为近似本征型的材料。

当外加反向偏压较低时，它与 PIN 光电二极管相似，即入射光仅能产生较小的光电流。然而随着反向偏压的增大，其耗尽层的宽度也逐渐增加，当反向偏压增加到一定数值（如 100V 以上）时，耗尽层会穿过 P 区进入 π 区形成高电场区与漂移区。

在高电场区，由入射光产生的空穴-电子对在高电场作用下高速运动。由于其速度很快具有很大的动能，因此在运动过程中会出现"碰撞电离"现象而产生新的二次空穴-电子对。同样，二次空穴-电子对在高电场区运动又可以通过"碰撞电离"效应产生三次、四次……空穴-电子对。这样一来，由入射光产生的一个首次空穴-电子对，可能会产生几十个或几百个空穴-电子对，即"倍增"效应，如图 4.34 所示，图中 h、e 为空穴-电子对。

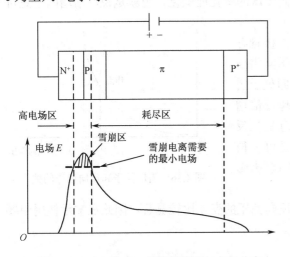

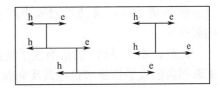

图 4.33 APD 光电二极管的构造与电场分布　　　图 4.34 高电场区中的碰撞电离效应

在漂移区，虽不具有像高电场区那样的高电场，但对于维持一定的载流子速度来讲，该电场是足够的。

4.6.5 APD光电二极管的特性参数及特点

APD光电二极管的等效电路如图4.35所示。

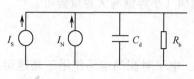

图4.35 APD光电二极管的等效电路

在图4.35中，I_S仍为信号电流源，只不过它是经过倍增后的信号电流，与PIN光电二极管的I_S大不相同；I_N为倍增噪声电流源；C_d为结电容，R_b为偏置电阻，可以与APD的负载电阻共用一个。

作为一种光检测器件，APD光电二极管也具有一些与PIN光电二极管类似的通用特性参数，如响应度（量子效率）、响应时间、结电容和暗电流等，其物理意义完全相同。

需要注意的是，APD光电二极管的暗电流也会参与其倍增效应而被放大，从而对光接收机的灵敏度造成一定的威胁，这一点与PIN光电二极管不同。

这里介绍APD光电二极管特有的两个参数，即倍增因子G与倍增噪声指数因子χ。

1. 倍增因子G（平均增益）

倍增因子G即APD的增益，它代表倍增后的光电流与首次光电流之比。从微观上讲，代表一个首次空穴-电子对平均产生的新的空穴-电子对数量。

参照式（4.23），其信号光电流为

$$I_S = GI_{p(t)} = \frac{\eta e}{h\nu}GP_{(t)} \tag{4.26}$$

APD的倍增因子G随其两端的反向偏压的变化而变化，也就是说，倍增因子是可调的。其变化曲线如图4.36所示。

从图4.36中可以看出，APD光电二极管存在着一个雪崩电压U_B，当反向偏压大于其雪崩电压时，APD的倍增因子G急剧增大即处于雪崩状态。此时产生的倍增噪声会远远超过倍增效应带来的好处，因此在实际使用中总是把反向偏压调整在略低于其雪崩电压处，既可获得良好的倍增效应，又使倍增噪声产生的恶劣影响最小。

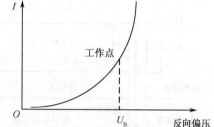

图4.36 倍增因子和反向偏压的关系

此外，由于APD的倍增因子随其反向偏压的变化比较显著，因此在实际使用中要采取相应的反馈措施来稳定其反向偏压。

2. 倍增噪声指数因子χ

前面已经讨论过，由于倍增作用的随机性产生了一种特殊的噪声，即倍增噪声。倍增噪声可用倍增噪声系数$F_{(G)}$描述，即

$$F_{(G)} = \frac{\langle g^2 \rangle}{G^2} = KG + (1-k)\left(2 - \frac{1}{G}\right) \tag{4.27}$$

式中　$\langle g^2 \rangle$——APD 随机增益 g 的平方均值；

　　　G——APD 的平均增益（倍增因子），且 $G = \langle g \rangle$；

　　　k——离化比，即空穴碰撞电离的概率与电子碰撞电离的概率之比。

在实际使用中，式（4.27）极不方便，因此经常使用以下近似公式，即

$$F_{(G)} = \frac{\langle g^2 \rangle}{G^2} \approx G^{\chi} \qquad (4.28)$$

式中　χ——APD 的倍增噪声指数因子。

APD 的倍增噪声指数因子 χ 的大小因 APD 的组成材料而异，此外也与其结构形式、工艺水平有一定关系。以下数据可参考使用：硅 APD，$\chi = 0.3 \sim 0.5$；锗 APD，$\chi = 1$；砷化镓类 APD，$\chi = 0.5 \sim 0.7$。

除上述两项重要的特性参数外，击穿电压（又称雪崩电压）也算是 APD 光电二极管的一个参数，其值一般在 100V 左右，当然此值越小越好。

总之，在同样大小入射光的作用下，由于倍增效应，APD 光电二极管可以产生比 PIN 光电二极管高得多的光电流，相当于起了一种光放大作用（实际上不是真正的光放大），因此能大大提高光接收机的灵敏度（比 PIN 光接收机提高约 10dB）。但是，正是由于 APD 光电二极管的倍增效应也产生了一种新的噪声——倍增噪声，它也会降低光接收机的灵敏度，在实际使用中要权衡两者的关系，使 APD 光电二极管处于最佳使用状态。

4.7　光 接 收 机

光接收机是光纤通信系统的三大组成部分之一，其作用就是把数字电信号（通信信息）从微弱的光信号中检测出来，并经过放大、均衡后再生出波形整齐的脉冲信号流。

4.7.1　光接收机的结构组成

光接收机的结构模型如图 4.37 所示。它由三部分组成，即前置放大、主放大（线性信道）以及数据恢复部分。下面对各部分的作用分别加以介绍。

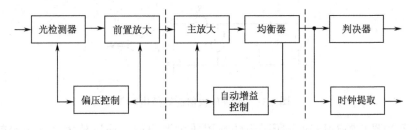

图 4.37　光接收机的结构模型

接收机的前端由光检测器、偏压控制电路和前置放大器组成。光信号经耦合器入射到光检测器，然后光检测器把光信号转化成随时间变化的电信号；偏压电路向光检测器提供反向偏压。实际上，它是一个直流变换器，把设备工作电压（如 +5V）变换成

适合 APD 使用的高压（如 100～200V）。它受控于自动增益控制（AGC），能自动调节 APD 的反向偏压；前置放大器就是把光检测器产生的微弱光电流进行放大，前置放大器的设计是至关重要的，其噪声性能对光接收机灵敏度有很大影响，有关内容将在下面专门进行讨论。

光接收的线性通道由主放大器、AGC 和均衡器组成。主放大器是把信号进一步放大，其增益一般在 50dB 以上。主放大器的输出脉冲幅度一般为 1～3V（峰-峰值），以满足判决再生电路的要求；均衡器是把主放大器输出的脉冲进行均衡，以形成码间干扰最小、能量集中，即最有利于进行判决的升余弦波形；自动增益控制的作用是控制前置放大器与主放大器的增益，并使光接收机有一个规定的动态范围。

光接收机的数据恢复部分包括判决再生电路和时钟提取电路。判决再生电路是对均衡器输出的脉冲流逐个进行判决，并再生成波形整齐的脉冲码流；时钟提取电路的作用是提取时钟，以保证收发同步。

4.7.2　前置放大器

前置放大器对光接收机的灵敏度影响极大。因为使灵敏度劣化的主要因素是噪声。光接收机的噪声来自两方面：一方面是光检测器产生的噪声即倍增噪声与暗电流噪声；另一方面是放大器的热噪声。

根据噪声理论，一个放大电路的噪声性能主要是由其前置放大器的噪声性能决定的。这是因为前置放大器产生的噪声要经过后面的主放大器进行放大，而主放大器的增益在 50dB 以上，因而即使在前置放大器中显得极小的噪声，在主放大器的输出端也会变得相当可观。

1. 前置放大器的类型与噪声性能

前置放大器的等效电路如图 4.38 所示。图中的 R_i 与 C_i 分别是放大器的输入电阻与输入电容；前置放大器的噪声性能分别用 S_I、S_E 表示，其中 S_I 是放大器的并联噪声电流源的谱密度（A^2/Hz），S_E 是放大器的串联噪声电压源的谱密度（V^2/Hz）。

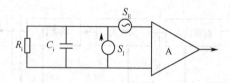

图 4.38　前置放大器的等效电路

放大器的噪声特性取决于所采用的前置放大器类型，通过放大器噪声等效电路和晶体管理论可计算得到。目前，常见的前置放大器可分为以下几种类型。

（1）场效应管放大器

因为光检测器是一种容性源，因此具有极高的输入阻抗和噪声性能甚佳的场效应管（FET）放大器在光接收机中得到了广泛的应用。根据噪声理论，FET 放大器的噪

声性能可用下式描述，即

$$S_I = eI_g; \quad S_E = \frac{1.4K\theta}{g_m} \tag{4.29}$$

式中　e——电子电量；

　　　I_g——FET 栅极电流；

　　　K——玻尔兹曼常数；

　　　θ——绝对环境温度，K；

　　　g_m——FET 的跨导，A/V。

但是 FET 放大器也有不足，因为它具有极高的输入阻抗（1000MΩ 以上），会产生所谓"积分效应"而使放大器的带宽变窄，不能用于高码率的光纤通信（如 100Mb/s 以上）。此外，在高码率情况下，FET 的噪声性能变坏，不能再用式（4.29）来描述其噪声性能。

（2）双极性晶体管放大器

双极性晶体管放大器就是人们通常所讲的晶体管放大器。根据噪声理论，双极性晶体管放大器的噪声性能可用下式描述，即

$$S_I = \frac{eI_c}{\beta}; \quad S_E = \frac{(K\theta)^2}{eI_c} \tag{4.30}$$

式中　I_c——晶体管集电极偏置电流；

　　　β——晶体管放大倍数。

其他参数意义同式（4.29）。

双极性晶体管放大器的噪声性能比 FET 放大器要差一些，但它能获得较宽的带宽，所以在高码率情况下得到了广泛的应用。

（3）跨阻抗放大器

在实际应用中，光纤传输线路的损耗情况会因不同局站的选择而有较大幅度的变化。在较强光信号的情况下，一个没有负反馈的前置放大器，可能在 AGC 电路进行控制之前就会发生过载或严重的非线性失真。因此，如果采用电压负反馈构成的放大器（跨阻抗放大器），由于负反馈的作用改善了放大器的带宽与非线性，并基本上保持了原有的噪声性能，且又获得了较大的动态范围。目前，跨阻抗放大器在光纤通信中得到了广泛的应用。

跨阻抗放大器的原理框图如图 4.39 所示。

但跨阻抗放大器的引入带来了一个新的噪声源，即由负反馈电阻 R_f 产生的噪声，其谱密度为

$$S_{Rf} = \frac{2K\theta}{R_f} \tag{4.31}$$

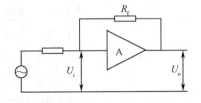

图 4.39　跨阻抗放大器的原理框图

综合式（4.29）至式（4.31），如果前置放大器的第一级采用的是 FET 放大器，则其噪声性能由式（4.29）和式（4.31）描述；如果第一级采用的是双极性晶体管放大器，其噪声性能由式（4.30）和式（4.31）描述。

2. 放大器的热噪声

放大器的热噪声性能可以用热噪声因子 Z 来描述，省略去烦琐的数理推导，可以得到跨阻抗放大器的热噪声因子 Z 的表达式，即

$$Z = \frac{1}{e^2 f_b} \left(\frac{2K\theta}{R_b} + S_I + \frac{2K\theta}{R_T} \right) I_2 + \frac{(2\pi C_T)^2}{e^2} f_b S_E I_3 \qquad (4.32)$$

式中　f_b——码率，b/s；

　　　R_b——光检测器偏置电阻，Ω；

　　　R_T——输入端总电阻；

　　　C_T——输入端总电容；

　　　S_I——放大器并联噪声电流源的谱密度，A^2/Hz；

　　　S_E——放大器串联噪声电压源的谱密度，V^2/Hz；

　　　I_2、I_3——与输入波形 $h_p(t)$ 及输出波形 $h_o(t)$ 有关的待定因数。

热噪声因子 Z 实际是一个量纲为一因子，其值越小越好。一个优良的光接收机放大器，其热噪声因子 Z 可以做到 10^{-6} 数量级。

4.7.3　光接收机的主要技术指标

1. 误码率

在光纤通信系统中，虽然发送信号是由两个完全确定的光功率电平"1"和"0"组成的，但从光接收机均衡器输出的待判决信号，由于叠加了接收机前端噪声及光纤色散等影响，使"1"电平和"0"电平的界限变得不很确定，因而判决时就有可能产生误码。当发送"1"码时，如果判决时刻的信号与噪声的合成电压小于判决电压 U_D，就可能被误判为"0"码，形成漏码；或者在发送"0"码时，噪声等影响使接收到的判决时刻电压大于判决电压而被误判为"1"码，形成增码，如图 4.40（a）所示。总的误码数为漏码数及增码数之和。总的误码数与发送总码数之比称为误码率（BER）。

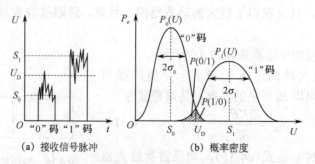

(a) 接收信号脉冲　　　(b) 概率密度

图 4.40　接收信号脉冲及它们的概率密度

总的误码概率与漏码概率及增码概率有关，而这两者又取决于判决点上噪声的概

率密度分布。热噪声和放大器噪声具有高斯统计特性，光信号检测的统计特性服从泊松分布，但雪崩过程则不易用简单的分析形式表示，因此要精确处理灵敏度的计算，必须采用不同的统计特性，这显然是非常困难的。然而，对于直接检测光纤通信系统，每个比特的接收光子数通常很大，这时泊松分布可近似为高斯分布。现假设所有的统计特性都按高斯分布，得到的结果不但与精确的计算结果非常接近，而且与试验系统的实际参数也非常吻合，灵敏度计算误差在 1dB 以内。

设判决点上的平均噪声功率为 σ^2，则判决点上的噪声电压振幅 U 的概率密度可用高斯分布表示为

$$P(U) = \frac{1}{\sqrt{2\pi}\sigma}\exp\left[-\frac{U^2}{2\sigma^2}\right] \qquad (4.33)$$

式中　σ——噪声电压的均方根值。

在图 4.40 中，S_1 与 S_0 分别代表均衡器输出端的接收信号均值，U_D 为判决门限电压。当判决时刻为"1"码和"0"码时，判决点上的噪声概率密度分别为 $P_1(U)$ 和 $P_0(U)$，其分布曲线如图 4.40（b）所示。众所周知，在通信理论中，获得最小误码率的最佳判决电平 U_{D0} 应处于两条概率密度函数曲线的相交点上。

现设判决电平为 U_D，则发送"1"码时，在接收端误判为"0"码的概率为

$$P(0/1) = \frac{1}{\sqrt{2\pi}\sigma_1}\int_{-\infty}^{U_D}\exp\left[-\frac{(U-S_1)^2}{2\sigma_1^2}\right]dU = \frac{1}{2}\operatorname{erfc}\left(\frac{S_1-U_D}{\sqrt{2}\sigma_1}\right) \qquad (4.34)$$

它等于 $P_1(U)$ 曲线上 U_D 值左边阴影部分的面积。类似地，在发送"0"码时，被误判为"1"码的概率为

$$P(1/0) = \frac{1}{\sqrt{2\pi}\sigma_0}\int_{U_D}^{\infty}\exp\left[-\frac{(U-S_0)^2}{2\sigma_0^2}\right]dU = \frac{1}{2}\operatorname{erfc}\left(\frac{U_D-S_0}{\sqrt{2}\sigma_0}\right) \qquad (4.35)$$

它等于 $P_0(U)$ 曲线上 U_D 值右边阴影部分的面积。式中，erfc 表示互补误差函数，定义为

$$\operatorname{erfc}(X) = \frac{2}{\sqrt{\pi}}\int_{x}^{\infty}\exp(-y^2)dy \qquad (4.36)$$

设信号码流中发"1"的概率 $P(1)$ 和发"0"的概率 $P(0)$ 是相等的，则总的误码率为
$$\mathrm{BER} = P(1)P(0/1) + P(0)P(1/0) = 1/2[P(0/1) + P(1/0)]$$

$$= \frac{1}{4}\left[\operatorname{erfc}\left(\frac{S_1-U_D}{\sqrt{2}\sigma_1}\right) + \operatorname{erfc}\left(\frac{U_D-S_0}{\sqrt{2}\sigma_0}\right)\right] \qquad (4.37)$$

式（4.37）中选择 U_D 可使 BER 最小，此时的 U_D 值即为最佳判决电平 U_{D0}，且图 4.40（b）中两部分阴影面积之和最小。但严格求解最佳 U_{D0} 值较困难，为了简化分析，通常近似认为当 $P(0/1)=P(1/0)$ 时可获得最小 BER，引入的误差仅为最小可获得误码率的 2 倍。设

$$Q = \frac{S_1-U_D}{\sigma_1} = \frac{U_D-S_0}{\sigma_0} \qquad (4.38)$$

则式（4.37）就简化为

$$BER = \frac{1}{2} \operatorname{erfc}\left[\frac{Q}{\sqrt{2}}\right] \tag{4.39}$$

当 $Q>2$ 时，式（4.39）可简化为

$$BER = \frac{1}{Q\sqrt{2\pi}}\left(1-\frac{0.7}{Q^2}\right)\exp\left(-\frac{Q^2}{2}\right) \tag{4.40}$$

在数字光纤通信系统中，通常要求 $BER \leqslant 10^{-9}$，则对应于 $Q \geqslant 6$。当 $BER=1\times10^{-10}$ 时，$Q=6.35$；当 $BER=1\times10^{-9}$ 时，$Q=6$。

必须指出，式（4.40）是在没有码间干扰、噪声的统计特性是高斯分布的假设条件下得到的。虽然光噪声的精确概率密度分布并不是精确的高斯分布，但在接收机分析中常用的高斯分布假设已被证明是一个很好的近似，并可用 Q 系数来衡量接收性能。但高斯分布的近似假设常常不易满足，在出现码间干扰、非线性效应、光放大器噪声及滤波器影响等实际条件下，情况更是如此。此时由实际测得的 Q 系数就不能正确地把 Q 与 BER 相联系，该 Q 系数只能作为对接收性能的定性估计。

2. 光接收机灵敏度 P_r

光接收机灵敏度是指在保证规定的误码率条件下（如 $BER=1\times10^{-10}$），光接收机所需要的最小光功率值 P_r。当入射光功率大于 P_r 时，系统的误码率 $BER<1\times10^{-10}$，能可靠地工作。当入射光功率小于 P_r 时，误码率较大，不能正常工作。

光接收机灵敏度的高低和许多因素有关，主要包括以下几个方面。

1）输入光脉冲形状 $h_p(t)$。理论与实践证明，光接收机输入端的光脉冲 $h_p(t)$ 的相对脉宽 ε 越小越好。ε 值越小，光接收机灵敏度会相应提高。这就是光纤通信的早期经常使用归零码（RZ）作为传输码型的原因所在，它比使用非归零码（NRZ）时灵敏度可提高 1dB 左右。

2）光检测器件的量子效率 η。光接收机灵敏度和光检测器的量子效率 η 成正比关系，即 η 值越大越好。量子效率 η 值增加 1 倍，灵敏度可提高 3dB，可见选择优质的光检测器对提高灵敏度起着极其重要的作用。

3）光接收机放大器的热噪声因子 Z。前面已经讲过，影响光接收机灵敏度的主要因素之一是噪声，而噪声包括倍增噪声、暗电流噪声与热噪声。因此，精心设计光接收机放大器（主要是前置放大器）的噪声性能是提高灵敏度的重要手段。放大器的热噪声因子 Z 越大，则光接收机的灵敏度越低（近似和 Z 的 1/6 次幂成比例）。

4）APD 倍增噪声指数因子 χ。APD 的噪声系数 $F(G) \approx G^\chi$，因此 χ 值越大，APD 产生的倍增噪声越大，灵敏度自然下降。因此，要尽量选择倍增噪声指数因子 χ 值低的 APD，如硅 APD 和砷化镓类 APD。χ 值降低 0.1，灵敏度改善 1dB。

光接收机灵敏度的单位为 W，但实际使用中尤其是进行理论计算时，使用瓦特不方便，故常用 dBm 为单位。

灵敏度是光接收机一项最重要的技术指标，有关光接收机的复杂理论都是围绕着它进行的。对光接收机的灵敏度进行分析与计算是相当复杂的，主要是利用噪声理论与信号分析理论。因篇幅所限，这里省去繁杂的数理推导过程，直接给出光接收机灵

敏度的表达式。

在前面，分别得到了光接收机的热噪声与倍增噪声的数学表达式（4.32）、式（4.28），再假定它们皆服从高斯分布，则可以获得光接收机灵敏度的表达式。

（1）APD 光接收机的灵敏度的表达式

$$P_r = \frac{1}{2}\frac{h\nu}{\eta}f_b\left(Q^{2+\chi}Z^{\frac{\chi}{2}}r_1^{\frac{\chi}{2}}r_2^{2+\chi}\right)^{\frac{1}{1+\chi}} \tag{4.41}$$

式中　$h\nu$——光子能量；

　　　η——APD 的量子效率；

　　　f_b——码率，b/s；

　　　Q——由 BER 决定的常数；

　　　Z——放大器热噪声因子；

　　　χ——APD 的倍增噪声指数因子；

　　　r_1、r_2——与 $h_p(t)$ 等有关的待定常数。

式（4.41）中 P_r 是以 W 为单位，若要用 dBm 为单位，则可用下式换算，即

$$P_r = 10\lg\frac{P_r'(W)}{10^{-3}} = 10\lg P_r'(mW) \tag{4.42}$$

例如，若 $P_r' = 1mW$，则 $P_r = 10\lg 1 = 0dBm$；若 $P_r' = 1.54\times10^{-8}W = 1.54\times10^{-5}mW$，则 $P_r = 10\lg(1.54\times10^{-5}) = -48dBm$。

（2）PIN 光接收机灵敏度表达式

$$P_r' = \frac{h\nu}{\eta}Qf_b\sqrt{Z} \tag{4.43}$$

由式（4.41）和式（4.43）可见，光接收机的灵敏度与量子效率 η、放大器热噪声因子 Z 有密切关系。尤其是热噪声因子 Z，每降低一个数量级可使灵敏度提高 5dB（APD 光接收机仅改善 1.5～2dB），因此仔细设计放大器电路，是提高 PIN 光接收机灵敏度的重要手段。这就是把 PIN 光电二极管和场效应管集成在一起的光接收机（简称 P-FET 光接收机）备受人们青睐的原因。

3. 动态范围

在实际光纤通信系统中，光接收机输入的光信号功率不是固定不变的，当系统的中继距离较短时，光接收机的输入光功率就会增大。一个新建的系统，由于新器件和系统设计可考虑的富余度也会使光接收机的输入光功率增加。为了保障系统正常工作，对输入信号光功率的增加必须限定在一定的范围内，因为信号功率增加到某一数值时将对接收机性能产生不良影响。

为了保障数字光纤通信系统的误码特性，光接收机的输入光信号只能在某一范围内变化，光接收机这种能适应输入信号在一定范围内变化的能力称为光接收机的动态范围，它可以表示为

$$D = 10\lg\frac{P_0}{P_r} \tag{4.44}$$

式中　P_0——光接收机过载光功率，其定义是，在保证一定误码率要求的条件下，光
　　　　接收机所允许的最大光功率值；

　　　P_r——光接收机灵敏度。

例如，P_0=3dBm，P_r=-25dBm，则 D=3dBm-(-25)dBm=28dB。

动态范围主要是为了满足实际使用中各中继段的距离会有较大差别的要求。动态
范围一般在 20dB 以上。

习题与思考题

1. 如果激光器在 λ_0=0.5μm 上工作，输出 1W 的连续功率，试计算每秒从激活物质
的高能级跃迁到低能级的粒子数。

2. 太阳向地球辐射光波，设其平均波长 λ=0.7μm，射到地球外面大气层的光强为
I=0.14W/cm²。如果恰好在大气层外放一个太阳能电池，试计算每秒钟到达太阳能电池
上每平方米板上的光子数。

3. 什么是粒子数反转？什么情况下能实现光放大？

4. 说出半导体激光器产生激光的机理。

5. 在半导体激光器 P-I 曲线中，哪段范围对应荧光？哪段范围对应激光？I_{th} 是什
么？

6. 3μm 波长的 LED，当驱动电流为 50mA 时，产生 2mW 的输出光功率，计算注
入电荷产生光子的效率。

7. 半导体激光器发射光子的能量近似等于材料的禁带宽度，已知 GaAs 材料的
E_g=1.43eV，某一 InGaAsP 材料的 E_g=0.96eV，求它们的发射波长。

8. 一个 GaAs PIN 光电二极管平均每 3 个入射光子产生一个空穴-电子对。假设所
有的电子都被收集，则：

（1）试计算该器件的量子效率；

（2）当在 0.8μm 波段，入射光功率为 10^{-7}W 时，计算平均输出光电流。

9. 设 PIN 光电二极管的量电子效率为 80%，计算在 1.3μm 和 1.55μm 波长时的响
应度，并说明为什么在 1.55μm 处 PIN 比较灵敏。

10. 试描述采用 PIN 和 APD 的光接收机在接收灵敏度上的区别。

11. 试画出 APD 的结构示意图，并指出高场区及耗尽区的范围。

12. 为什么数字光接收机的前置放大器多采用跨阻型？

13. 已知某数字光接收机的灵敏度为 20μW，求它对应的 dBm 值。

14. 对于一个 PIN 直接检测接收机，假设热噪声是主要噪声源，且为 3dB，其误码
率为 10^{-10}、速率为 100Mb/s 和 1Gb/s、工作波长为 1550nm、响应度为 1.25A/W。问：
接收机的接收灵敏度是多少？

第5章 光放大器与光纤激光器

○●本章提要

　　光放大器是光纤通信系统中的关键器件，它和密集波分复用（DWDM）系统的紧密结合是当前通信技术的发展主流。光纤激光器是在掺铒光纤放大器（EDFA）基础上发展起来的技术，也是目前光通信领域的新兴技术。本章首先介绍光放大器的一些基本概念，然后着重介绍当前光纤通信系统中最常用的 3 种光放大器，包括 EDFA、拉曼光纤放大器（RFA）以及半导体光放大器的基本原理，并结合当前光纤通信的发展，介绍目前较新的一些光放大技术。在光放大器基础上，介绍了光纤激光器的工作机理与构成特点。

5.1 光放大器概述

　　众所周知，光信号在光纤链路中传输时，不可避免地会存在一定的损耗，在路径损耗接近可用功率极限时需要增加中继器以便对信号进行放大和再生。使用常规的光电混合中继器放大光信号时，需要进行光电转换、电放大、再定时、脉冲整型以及电光转换，这种方式已经满足不了现代通信传输的要求。

　　补偿光纤损耗的有效方法是用光放大器（OA）直接对光信号进行放大。至今已经研究出的光放大器有半导体光放大器（SOA）和光纤放大器（OFA）两大类。光纤放大器又可分为非线性光纤放大器（主要是 RFA）和掺稀土元素[铒（Er）、铥（Tm）、镨（Pr）、钕（Nd）等]的光纤放大器（主要是 EDFA）两大类。半导体光放大器的优点是小型化，容易与其他半导体器件集成；缺点是性能与光偏振方向有关，器件与光纤的耦合损耗大。光纤放大器的性能与光偏振方向无关，器件与光纤的耦合损耗很小，因而得到广泛应用。

　　通常，光放大器在长距离干线上的主要应用如下。

　　1）功率（助推）放大器（BA），配置在发送端激光管输出之后（或经光隔离器隔离后与激光管输出相连），其主要作用是提高光功率的饱和功率，见图 5.1（a）。

　　2）前置（预）放大器（PA），配置在接收端检测管输入之前，作为接收端的预放大，见图 5.1（b）。

　　3）线路放大器（LA），配置在远离局站处进行在线远端放大，同时具有较高增益和较大输出功率，用来代替传统的光电中继器补偿信号传输过程中的损耗，见图 5.1（c）。

　　在实际使用过程中，光放大器作为功率放大器、前置放大器和线路放大器，既可以单独使用，也可以组合使用。通常有以下 7 种组合方式。

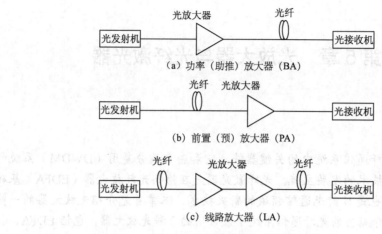

图 5.1　光放大器的 3 种典型应用

1）光发射机+功率放大器+光接收机。

2）光发射机+前置放大器+光接收机。

3）光发射机+线路放大器+光接收机。

4）光发射机+功率放大器+前置放大器+光接收机。

5）光发射机+功率放大器+线路放大器+光接收机。

6）光发射机+线路放大器+前置放大器+光接收机。

7）光发射机+功率放大器+线路放大器+前置放大器+光接收机。

　　所有的放大器都是通过受激辐射过程来实现入射光功率放大的，其机理与激光器相同。但与激光器相比，光放大器中的反馈要小得多，甚至没有。如图 5.2 所示，任何有源光学介质，在电或光的泵浦下，达到粒子数反转时就产生光增益，实现光放大。该光增益的大小不仅与入射光频率（波长）有关，而且与放大器内部任一点的光强有关，即光增益与频率及强度的关系决定于放大器增益介质的特性。

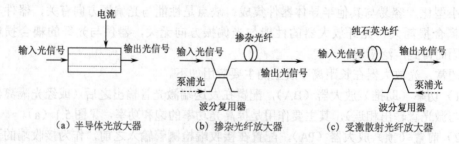

图 5.2　光放大器的基本工作原理示意

　　由激光原理可知，对于均匀加宽二能级增益介质，其增益系数可表示为

$$g(\omega) = \frac{g_0}{1 + (\omega - \omega_0)^2 T_2^2 + \dfrac{P}{P_S}} \tag{5.1}$$

式中　g_0——增益峰值，与泵浦强度有关；

ω——入射信号光频率；

ω_0——增益介质原子跃迁的中心频率；

P——被放大的光信号功率；

P_S——饱和功率，与增益介质的荧光时间 T_1（也称为粒子数弛豫时间，其值为 100ps～10ms，决定于增益介质的掺杂特性）和跃迁截面 σ 等参数有关；

T_2——偶极子弛豫时间（非辐射弛豫时间），其值很小，为 0.1ps～1ns。

式（5.1）是研究光放大器的基本方程，可用来讨论光放大器的许多重要特性，如增益带宽、放大系数及饱和输出功率等。

5.1.1 增益频谱和带宽

在式（5.1）中，当取 $P/P_S \ll 1$，即在小信号或非饱和状态时，增益系数为

$$g(\omega) = \frac{g_0}{1+(\omega-\omega_0)^2 T_2^2} \tag{5.2}$$

当 $\omega = \omega_0$ 时，增益最大；当 $\omega \neq \omega_0$ 时，增益随 ω 的改变按洛伦兹分布变化。实际放大器的增益谱可能不完全是洛伦兹分布，有时甚至偏离很大。增益谱宽定义为增益谱 $g(\omega)$ 降至最大值一半处的全宽（即 FWHM）。对于洛伦兹频谱分布曲线，增益谱宽 $\Delta\nu_g$ 为

$$\Delta\nu_g = \frac{\Delta\omega_g}{2\pi} = \frac{1}{\pi T_2} \tag{5.3}$$

这说明，在小信号条件下，增益谱宽主要决定于增益介质的偶极子弛豫时间 T_2。对于半导体光放大器，$T_2 \approx 60$fs，$\Delta\nu_g \approx 5$THz。光纤通信系统，特别是多信道光纤通信系统希望放大器具有很宽的增益带宽特性，因为这样才能适应多信道在整个带宽内增益几乎保持不变。

实用上，人们通常使用放大器带宽 $\Delta\nu_A$，而不用增益谱宽 $\Delta\nu_g$。它们之间的关系推导如下。

定义放大器的增益或放大倍数为

$$G = \frac{P_{out}}{P_{in}} \tag{5.4}$$

式中 P_{out}、P_{in}——分别为被放大信号的输出功率和输入功率。

在长度为 L 的放大器中，光信号沿长度逐步被放大，光功率随距离的变化规律为 $dP/dz = gP$，在 z 点的功率为 $P(z)=P_{in}\exp(gz)$，输出功率为 $P_{out}=P(L)=P_{in}\exp[g(\omega)L]$，因此光放大器的增益为

$$G(\omega) = \exp[g(\omega)L] \tag{5.5}$$

式（5.5）表明，G 与 g 之间存在指数依存关系。当 $\omega=\omega_0$ 时，放大器的增益 $G(\omega)$ 和增益系数 $g(\omega)$ 均达到最大。当频率 ω 偏离 ω_0 时，$G(\omega)$ 比 $g(\omega)$ 下降更快。放大器的带宽 $\Delta\nu_A$ 定义为 $G(\omega)$ 曲线最大值一半处的全宽，它与介质增益谱宽 $\Delta\nu_g$ 的关系为

$$\Delta\nu_A = \Delta\nu_g \left(\frac{\ln 2}{g_0 L - \ln 2}\right)^{1/2} \tag{5.6}$$

图 5.3 给出了归一化增益 G/G_0 和 g/g_0 随归一化失谐$(\omega-\omega_0)T_2$ 变化的曲线，其中 g_0 为增益峰值，G_0 为放大器的峰值增益，$G_0=\exp(g_0L)$。显然，放大器的带宽比介质增益谱宽窄得多。

5.1.2 增益饱和度

增益饱和是放大器放大能力的一种限制因素，起因于式（5.1）中增益系数与功率的依存关系。为简化讨论，考虑输入光信号频率 ω 与粒子跃迁频率 ω_0 完全重合的情况。此时增益系数简化为

$$g = \frac{g_0}{1+\dfrac{P}{P_S}} \tag{5.7}$$

而

$$\frac{\mathrm{d}P}{\mathrm{d}z} = \frac{g_0 P}{1+\dfrac{P}{P_S}}$$

利用初始条件 $P(0)=P_{in}$，$P(L)=P_{out}=GP_{in}$，对式（5.7）积分，可得放大器增益为

$$G = G_0\exp\left(-\frac{G-1}{G}\times\frac{P_{out}}{P_S}\right) \tag{5.8}$$

可以看出，当 $P_{out}/P_S\ll1$ 时，$G=G_0$，即 G_0 为小信号峰值增益。图 5.4 给出了 G/G_0 随 P_{out}/P_S 变化的曲线。图中曲线表明，当 G_0 增大到大于 20dB 时，不同 G_0 的曲线靠近，P_{out} 变得与 G_0 无关。

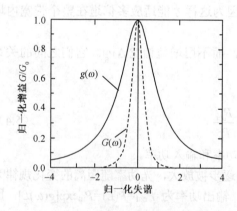

图 5.3 两能级光放大器增益谱及其相应介质的洛伦兹增益谱特性

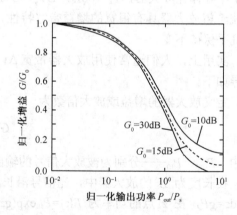

图 5.4 放大器增益与输出功率的关系

实用中感兴趣的是饱和输出功率。它定义为放大器增益至最大小信号增益一半时对应的输出功率 P_{out}^S，由式（5.8）可以求出

$$P_{out}^S = \frac{G_0\ln2}{G_0-2}P_S \tag{5.9}$$

通常，G_0 在 $100 \sim 1000$（$20 \sim 30\text{dB}$）范围内，因而 $P_{\text{out}}^{\text{S}} \approx \ln 2 P_{\text{S}} = 0.69 P_{\text{S}}$，表明放大器的输出功率低于增益介质的饱和功率，约低 30%。

5.1.3　放大器噪声

自发辐射噪声在信号放大期间叠加到了信号上，使得对于所有的放大器，信号放大后的信噪比（SNR）均有所下降。与电子放大器类似，用放大器噪声指数（NF）来量度 SNR 下降的程度，并定义为放大器的输入信噪比与输出功率信噪比之比值，用分贝（dB）来表示，它是光放大器的一项重要指标。

$$\text{NF(dB)} = 10\lg \frac{(\text{SNR})_{\text{in}}}{(\text{SNR})_{\text{out}}} \tag{5.10}$$

式中，放大器输入端的信噪比$(\text{SNR})_{\text{in}}$ 与输出端的信噪比$(\text{SNR})_{\text{out}}$ 都是以在接收机端将光信号转换成光电流后的电功率来计算的，而不是光功率电平之比。

考虑一个增益为 G 的光放大器。当仅考虑噪声由量子噪声（散弹噪声）所引起的，输入端的信噪比$(\text{SNR})_{\text{in}}$ 由下式给出，即

$$(\text{SNR})_{\text{in}} = \frac{\langle I_{\text{in}} \rangle^2}{\sigma_{\text{S,in}}^2} = \frac{(RP_{\text{in}})^2}{2q(RP_{\text{in}})\Delta f} = \frac{P_{\text{in}}}{2hv\Delta f} \tag{5.11}$$

式中　$\langle I_{\text{in}} \rangle^2$——输入信号检测电流的均方值，代表信号电功率。若输入端信号光功率为 P_{in}，则检测后的平均光电流为 $\langle I_{\text{in}} \rangle = RP_{\text{in}}$；

R——光电检测器的响应度，理想光电探测器（量子效率为 1）的 $R = q/hv$；

v——光频；

h——普朗克常数；

$\sigma_{\text{S,in}}^2$——放大器输入端的散弹噪声，$\sigma_{\text{S,in}}^2 = 2q(RP_{\text{in}})\Delta f$，这是由信号光的起伏所引起的；

Δf——探测器带宽。

为了评价放大后信号的信噪比，应该考虑自发辐射对接收机噪声的贡献。自发辐射引入噪声的频谱密度几乎是一个常数（白噪声），由下式表示，即

$$S_{\text{sp}}(v) = (G-1)n_{\text{sp}}hv \tag{5.12}$$

式中　n_{sp}——自发辐射系数或粒子数反转系数，对于一个完全粒子数反转放大器（所有原子均处于激发态），$n_{\text{sp}} = 1$，但是当粒子数反转不完全时，$n_{\text{sp}} < 1$。对于两能级系统有

$$n_{\text{sp}} = \frac{N_2}{N_2 - N_1} \tag{5.13}$$

式中　N_1、N_2——分别是基态和激发态的粒子数浓度。

自发辐射的影响是增加一些起伏到放大后的功率上，在光电探测过程中该功率又转变成电流的起伏。研究结果表明，在接收机噪声中占统治地位的是来自自发辐射与信号本身的拍频噪声，即自发辐射与放大后的信号在光电探测器相干混频，并产生光电流的外差成分。放大器输出端的噪声光电流可用下式表示，即

$$\sigma_{\text{S,out}}^2 = 2q(RGP_{\text{in}})\Delta f + 4(RGP_{\text{in}})(RS_{\text{sp}})\Delta f \tag{5.14}$$

其中，第一项来自散弹噪声，第二项来自信号和自发辐射的拍频噪声。为简化起见，所有其他接收机噪声已被略去不计。类似于输入端的信噪比，输出端的信噪比为

$$(\text{SNR})_{\text{out}} = \frac{\langle I_{\text{out}}\rangle^2}{\sigma_{\text{S,out}}^2} = \frac{(RGP_{\text{in}})^2}{[2q(RGP_{\text{in}}) + 4(RGP_{\text{in}})(RS_{\text{sp}})]\Delta f} \tag{5.15}$$

如果 $G \gg 1$，则式（5.15）中分母的第一项也可略去不计，式子简化为

$$(\text{SNR})_{\text{out}} = \frac{GP_{\text{in}}}{4S_{\text{sp}}\Delta f} \tag{5.16}$$

可得噪声指数为

$$\text{NF(dB)} = 10\lg\left[\frac{2(G-1)n_{\text{sp}}}{G}\right] \approx 10\lg(2n_{\text{sp}}) \tag{5.17}$$

式（5.17）表明，即使对于理想的放大器（$n_{\text{sp}}=1$），放大后信号的 SNR 也要比输入信号的 SNR 降低 3dB。对于大多数实际的放大器，NF 超过 3dB，可能达到 6~8dB。在光纤通信系统中，光放大器应该具有尽可能低的 NF，典型值是 5dB。

5.2　掺铒光纤放大器

EDFA 出现于 20 世纪 80 年代末。1985 年，南安普敦大学的 Mears 等制成了 EDFA。1986 年，他们用 Ar 离子激光器作泵浦源又制造出工作波长为 1540nm 的 EDFA，尽管这种用 Ar 离子激光器作泵浦源的光放大器不可能在光纤通信中得到应用，但用掺铒光纤（EDF）得到 1550nm 通信波长的光增益本身，在全世界引起了广泛的兴趣，掀起了 EDFA 的研究热潮。这是因为 EDFA 的放大区域恰好与单模光纤的最低损耗区域相重合，而且其具有高增益、宽频带、低噪声、增益特性与偏振无关、对光信号的传输速率和数据调制格式透明等许多优良特性。这些特点使 EDFA 成为 DWDM 系统中理想的光中继放大设备。

20 世纪 90 年代初，波长 1.55μm 的 EDFA 宣告研制成功并实际推广应用。自 1994 年开始，EDFA 进入商用，Corning、Lucent 和 JDS Uniphase 等许多著名公司都参与了这一市场的竞争。中国研究 EDFA 起步比较晚，是从 20 世纪 90 年代开始的。

EDFA 的工作原理与激光器的工作原理大致相似，包括增益介质和泵浦系统，但没有光学谐振腔。其一般由 EDF、泵浦光（PUMP-LD）、光无源器件、控制单元和通信接口 5 个部分组成。其中，光无源器件包括光波分复用器（WDM），它的作用是将不同波长的信号光与泵浦光耦合进 EDF；光隔离器（ISO），它的作用是防止光路中反向光对 EDFA 的影响；光连接器（FC/APC），它的作用是使 EDFA 与通信系统和光缆线路的连接变得容易；光耦合器（coupler），它的作用是从输入和输出光中分出一部分光（1%左右）送到光探测器（PIN），由控制单元对光纤放大器的工作进行不间断控制，监控接口向传输系统提供光纤放大器工作状态信息，确保光纤放大器作为传输系统的一个部件，纳入统一的网络监控中。图 5.5 是 3 种典型的 EDFA 结构原理，图中正向泵浦指输入信号光与泵浦光同向进入 EDF；反向泵浦指输入信号光与泵浦光反向进入 EDF；双向泵浦

则是一种正向泵浦和反向泵浦同时泵浦的结构。图 5.6 是 EDFA 的典型电路结构框图。

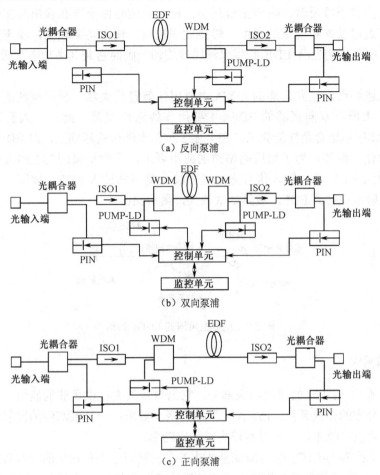

（a）反向泵浦

（b）双向泵浦

（c）正向泵浦

图 5.5　EDFA 的 3 种典型结构

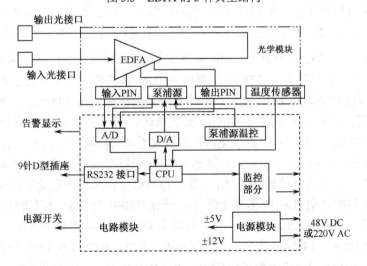

图 5.6　EDFA 的典型电路结构框图

一般来说，正向和反向泵浦方式在小信号时性能相近。但正向泵浦时由于在输入端具有很高的粒子数反转，噪声指数最小；反向泵浦时由于能在输出端提供较强的泵浦功率以延迟增益饱和现象的发生，转换效率较高，输出功率较高，噪声指数最大；双向泵浦时由于泵浦光沿 EDF 长度泵浦比较均匀，因而它兼具高功率及低噪声指数的特性。

由于上述特点，正向泵浦的 EDFA 主要用作前置放大器，反向泵浦的 EDFA 主要用作功率放大器，双向泵浦的 EDFA 主要用作线路放大器。此外，人们还可以根据 EDFA 的具体应用场合及性能要求，在上述 3 种基本结构的基础上，对 EDFA 的结构进行改进和优化。例如，为了适应高增益的应用要求，反射型泵浦的 EDFA 就是一种改进结构。如图 5.7 所示，输入信号光经过光波分复用器进入 EDF，被第一次放大，然后通过光反射镜反射回 EDF，被第二次放大，最后输出。

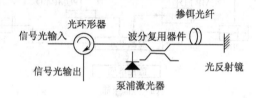

图 5.7　反射型泵浦的 EDFA 结构

5.2.1　泵浦需求

泵浦光源是 EDFA 的重要组成部分，它为信号放大提供足够的能量，是物质达到粒子数反转分布的必要条件。EDFA 对泵浦有两个要求：一是泵浦源的发射波长对应于掺杂光纤的峰值吸收带，二是要有较大的输出功率。

图 5.8 表示 SiO_2-GeO_2-P_2O_5 玻璃基质中 Er^{3+} 的能级结构和发生的一些典型跃迁相应的光波长。Er^{3+} 离子的能级结构决定了它的吸收与荧光特性，从图中可以看出 Er^{3+} 的吸收和荧光发射分别发生在下列能级之间：$^4I_{9/2}$、$^4I_{11/2}$、$^4I_{13/2}$ 和 $^4I_{15/2}$。其中，吸收过程包括：从基态 $^4I_{15/2}\rightarrow^4I_{9/2}$（对应于 800nm 波长），从基态 $^4I_{15/2}\rightarrow^4I_{11/2}$（对应于 980nm 波长），从基态 $^4I_{15/2}\rightarrow^4I_{13/2}$（对应于 1480nm 波长）；荧光过程包括：从激发态 $^4I_{13/2}\rightarrow^4I_{15/2}$（对应于 1530nm 左右波长）。EDFA 主要由 980nm 波长和 1480nm 波长的泵浦光来泵浦。980nm 泵浦光泵浦的 EDF 是以三能级系统来工作的，而 1480nm 泵浦光泵浦时则为二能级系统，它们可分别用不同能级模型描述。其中吸收过程是离子吸收泵浦光（980nm 或 1480nm）光子从基态（$^4I_{15/2}$）能级向更高的能级（$^4I_{11/2}$ 或 $^4I_{13/2}$）跃迁，而由于 Er^{3+} 离子在 $^4I_{11/2}$ 能级很不稳定，迅速向 $^4I_{13/2}$ 能级非辐射弛豫（即不辐射光子，而是通过释放声子等形式释放能量），$^4I_{13/2}$ 能级相对稳定，又称为亚稳态能级；而荧光发射过程是从亚稳态能级 $^4I_{13/2}$ 向基态能级 $^4I_{15/2}$ 跃迁并辐射 1530nm 左右的光子过程。

试验证实，980nm 泵浦效率（放大器增益与吸收的泵浦功率之比，dB/mW）最高，可达 11dB/mW，1480nm 次之，为 5dB/mW。此外，980nm 和 1480nm 的 LD 已经商品化，所以在 EDFA 设计中一般采用 980nm 和 1480nm 的半导体激光器作为泵浦源。

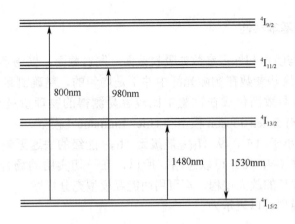

图 5.8　铒离子的能级图

5.2.2　增益频谱

孤立的 Er^{3+} 的增益分布是均匀展宽的，其谱宽决定于偶极子弛豫时间 T_2（约 0.1 ps）。但受石英基质无序性特征的影响导致非均匀展宽，谱线大大加宽了。同时，各能级的 Stark 分裂产生附加的均匀展宽。也就是说，EDFA 的发射和吸收谱可能是相当宽的，这也恰恰是人们所希望的。宽的吸收谱就允许使用多模、波长不需要很精确的半导体激光器作泵浦光源；宽的发射谱意味着 EDFA 可以宽带放大。

图 5.9 所示为 Al-Ge 共掺杂的铒光纤发射谱和吸收谱。可见，发射谱（增益谱）相当宽，但呈双峰结构，1532nm 峰很高，而 1550nm 附近则较平坦。增益谱宽度与基质材料有关：纯石英纤芯时谱最窄，约 10nm；掺 Ge 石英光纤的谱宽约 12nm；掺 Al 光纤的时谱最宽，达 30nm 以上。采用其他基质材料（如氟化物光纤）可获得 20nm 以上很平坦的增益谱。

另外，增益谱还与铒光纤有关，随着长度的逐步增长，增益谱将向长波长方向推移，如图 5.10 所示，这是由于泵浦功率沿光纤长度在变化，本地增益或本地粒子数反转水平在各处不同，而总增益应对放大器长度积分。因此，通过选择适当的光纤长度可得到较平坦的增益谱。

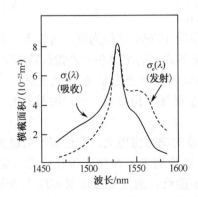

图 5.9　典型 Al-Ge 铒光纤的发射谱和吸收谱

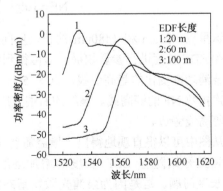

图 5.10　铒光纤的 ASE 谱随长度变化关系

5.2.3　基本原理和基本特性

EDFA 的增益与噪声和许多参数如吸收截面、发射截面、模场半径、掺铒半径、掺铒浓度等有关，而这些参数在实际光纤中并不是均匀的，精确测量比较困难，如何把上述测量难度大的参数简化成在试验中比较容易测得的物理量是十分有意义的。目前，此类模型主要有 Saleh-Jopson 模型和 Giles-Emmanuel 模型。

平均泵浦功率小于 1W，从 $^4I_{11/2}$ 能级到 $^4I_{13/2}$ 能级的快速无辐射跃迁，使得对于 $^4I_{11/2}$ 能级的粒子数（$N_3 \approx 0$）可以忽略。所以，在一切实用的场合，对于 980nm 和 1480nm 两个泵浦波长的放大过程，都可用两能级模型充分描述。

Saleh-Jopson 模型可以表示为

$$Q_{\text{out}} = \sum_{k=1}^{N} Q_k^{\text{in}} \exp\left[\frac{1}{Q_k^{\text{IS}}} (Q_{\text{in}} - Q_{\text{out}}) - \alpha_k L \right] = \sum_{k=1}^{N} A_k e^{-B_k Q_{\text{out}}} \quad (5.18)$$

式中　$A_k \equiv Q_k^{\text{in}} e^{-\alpha_k L} e^{Q_{\text{in}}/Q_k^{\text{IS}}}$；$B_k \equiv 1/Q_k^{\text{IS}}$；$Q_{\text{in}} \equiv \sum_{j=1}^{N} Q_j^{\text{in}}$；$Q_{\text{out}} \equiv \sum_{j=1}^{N} Q_j^{\text{out}}$。

式（5.18）说明，只要知道了吸收系数 α_k、第 k 光束的本征饱和功率 P_k^{IS} 和输入功率 P_j^{in}，则 A_k、B_k 就是已知的，就可以通过数值方法求 P_{out}，从而计算出 EDFA 的各种特性曲线。

该模型提出了解析表达式，尽管只要使用 4 个参数就可预计 EDFA 的增益。但其使用了多种简化假设，使其应用场合比较有限，具体包括以下几点。

1）不考虑激发态吸收（ESA），也就是说，仅适用于 980nm 和 1480nm 泵浦带。

2）认为以均匀展宽为主。

3）忽略了 ASE 噪声和背景损耗，并假定放大器不被自身的 ASE 噪声饱和，也就是仅适用于增益少于 20dB 或者输入信号光功率大于−20dBm 的情况。

4）假定铒离子掺杂区小于感兴趣的光波模式，也就是认为掺杂粒子分布与光纤位置和功率水平无关。因此，这种模型只能提供较少的估计信息，而且精度比较差。

由 5.1.3 小节分析可知，仅考虑信号—自发辐射拍频噪声和散弹噪声引起的 SNR 劣化时，EDFA 的噪声指数可简化为

$$\text{NF} = 10\lg\left(\frac{1}{G} + \frac{P_{\text{ASE}}}{h\nu G \Delta \nu} \right) \quad (5.19)$$

这里以 980nm 和 1480nm 的正、反向泵浦的单段 EDFA 结构为例，对输入泵浦光功率和 EDF 长度进行参量扫描，即可得到各种泵浦方式下的增益和噪声指数随 EDF 长度和泵浦功率变化的等高曲线，见图 5.11。图中实线是信号光增益 G 的等高线，虚线是噪声指数 NF 的等高线。虚线的右端点所标的数值是噪声指数的大小，增益的大小则标在等高线旁边。

从图中可以很直观地得出，增益随着 EDF 长度的增加先增大，在达到增益最大值后，增益开始随着 EDF 长度的增加逐渐变小。这说明 EDFA 优化设计中存在最佳 EDF 长度问题。这是因为泵浦光激发基态粒子到上能级，通过受激辐射实现光信号放大，当泵浦光沿 EDF 传输时，将因受激吸收而不断衰减，导致反转粒子数不断减少，

当长度超过最佳长度后，泵浦光就不能让信号光得到充分放大，同时信号光也被吸收，此时增益下降。

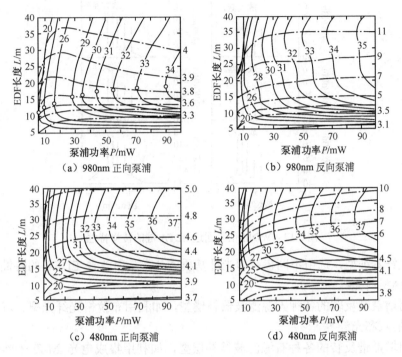

（a）980nm 正向泵浦　　　　　　　（b）980nm 反向泵浦

（c）480nm 正向泵浦　　　　　　　（d）480nm 反向泵浦

图 5.11　增益和噪声指数的二维等高线（增益和噪声指数的单位是 dB）

不管是正向泵浦还是反向泵浦，1480nm 泵浦得到的噪声指数和增益都高于 980nm 泵浦。反向泵浦的噪声指数和增益大于正向泵浦，长度越长，这种差别就越明显。

因此，人们在设计混合泵浦 EDFA 时，通常把 1480nm 激光作为反向泵浦，980nm 作为正向泵浦。

5.2.4　多通道放大

EDFA 的带宽近 100nm，非常适合于多信道信号的同时放大。然而如前所述，它的增益谱并不平坦。这种以均匀展宽为主的 EDFA，不同信道之间存在激烈的竞争。当多个波长的光信号通过 EDFA 时，不同信道的增益会有所不同，而且这种增益差还会随着级联放大而累积增大，如图 5.12 所示，导致某些信道的增益剧增而另一些信道的增益剧减，低电平信道信号的 SNR 恶化，高电平信道信号也因为光纤非线性效应而使信号特性恶化，从而导致系统出现误码。此外，在多点对多点的光纤网络中，通过 EDFA 的信道数会随网络的重构或信道的上下而随机改变，信道数目的变化将造成剩余信道总功率的随机变化，从而影响系统的稳定性。这就要求用于 WDM 系统的 EDFA 不仅要有合适的增益、噪声系数与输出功率，还要求增益的动态均衡。

目前，针对增益均衡问题，人们进行了大量的研究，提出了许多可行的解决方案。主要分为两大类：一是研究设计自身增益平坦的特性；二是在外部采用各种增益均衡技术，如端到端增益均衡、插入各种无源光滤波器等。具体概括起来有以下几种。

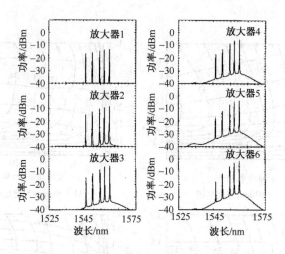

图 5.12　WDM 信号通过 EDFA 链的传播特性

1）光纤本征型，选用不同掺杂即光纤基质成分，从而改善 EDFA 的特性，如研制碲化物玻璃材料光纤。

2）用增益谱反转的各种无源滤波器补偿型，如利用布拉格光纤光栅、双锥光纤、周期调制的双芯光纤等。

3）用增益谱反转的各种有源滤波器补偿型，如利用集成电光 M-Z 干涉仪，声光滤波器。

4）用不同掺杂材料和掺杂量的光纤进行混合组合 EDFA 型。

5）对 EDF 进行周期性弯曲来改变 EDFA 的增益谱和噪声指数。

6）自引入激射光的增益锁定控制。

此外，随着光纤通信向全光高速网络系统的深入发展，先前讨论的 C 波段（1520～1560nm）EDFA 的增益带宽已经不能满足 DWDM 系统的要求。如何利用现有的光纤传输系统，进一步提高通信容量以满足这种日益膨胀的需求，已成为光纤通信领域研究的热点。

目前增加光纤通信容量的基本方案有 3 个。

1）可以增加每个信道的字节传输率。

2）可以通过减小信道间隔（即在有限的带宽范围内增加信道数目），从而增加信道数目。

3）可以通过增加传输带宽实现。

其中，方案 1）从 OC-48（2.5Gb/s）到 OC-192（10Gb/s）增加了系统色散补偿的开支，如果传输率继续增大超过 OC-192，将引入一系列系统关心的问题，如偏振模色散和高阶色散；方案 2）随着间隔的逐渐减小，当降到 50GHz 时，将引起四波混频，从而引起信号在信道间的串扰，必须采取相应的抑制措施。

此外，小的信道间隔还要求系统元件具有严格的波长稳定性，导致系统成本上升。因此，通过开发新型超宽带光纤放大器，拓宽利用光纤丰富的通信带宽资源，将是提高光纤通信容量最有效的方法。人们为此开发了工作在 L 波段（1570～1610nm）和 S 波段（1460～1520nm）的放大器，这些放大器除了 EDFA 本身以外，还有 RFA 和掺铥光纤放大器（TDFA），它们将在后面部分介绍。这一部分先介绍 L 波段 EDFA 和 S 波段 EDFA。

由于工作环境不同，L 波段的辐射和吸收系数比 C 波段小 2～5dB/m。L 波段放大器为了使本征振荡最小，在工作状态时，粒子反转效率要低至 40%左右效果才显著，均衡的反转效率又限制了铒光纤放大效应。较小的辐射和吸收系数伴随着较低的平均反转效率，使 L 波段增益系数远小于 C 波段，在同等增益条件下，L 波段 EDFA 所需光纤长度是 C 波段 EDFA 的 4～5 倍。

此外，L 波段放大器的铒光纤太长也带来几个问题。首先，由于泵源和信号功率均要经过较大的衰减，总的无源光纤衰减较大，降低了泵浦转换效率（PCE）。通常，泵浦功率未到铒光纤输出端口就被完全吸收，此时，信号都要在未泵浦 EDF 区遇到净吸收损耗，同样降低 PCE。其次，较长的铒光纤长度导致后向的放大自发辐射功率的急剧积聚，而且由于泵浦光子贡献于放大的后向 ASE 而不是信号功率，使 PCE 下降，后向 ASE 又降低了放大器的前端口的转换效率，增加了噪声系数，因而，L 波段放大器的 PCE 和噪声特性总是不如同等条件下的 C 波段放大器。目前提高 L 波段的 PCE 方法如下。

1）调节泵浦源波长法，如 980nm 的 PCE 可以在泵浦源吸收峰值 980nm 附近 ±30nm 范围内调节波长来增加几个分贝。

2）利用 C 波段 ASE 泵浦（作为二级泵浦源）。

3）使用 1550nm 泵浦光放大；还有双程（DP）技术。

泵浦源波长可调谐范围是相当有限的，而且还需要相应的调谐器件来辅助实现，使用也比较烦琐；选用 1550nm 的泵浦源需要增加额外的泵浦源成本；双程技术固然可以使噪声得到改善，但它要用到两个光环形器，也增加了产品的成本。因而采用 ASE 泵浦（作为二级泵浦源）增强 PCE 是十分有效的方案。

S 波段 EDFA 在原理上与 C 波段及 L 波段 EDFA 没有多大差别，但有许多新的特点。其中最主要的是由于在 1530nm 波长上的发射截面要比 S 波段大 4～6 倍，为了在 S 波段获得 30dB 增益，则在 1530nm 波长时的增益可达 120～180dB，如何抑制 1530nm 增益峰及更长波长上的 ASE 成了 S 波段 EDFA 的关键。一种方法是采用多段 EDF 结构（如 5 段），每两段 EDF 之间是光滤波器，以抑制 C 波段及长波长上的 ASE；另一种方法采用专门设计的双包层 EDF，其基模截止波长为 1525nm，当 $\lambda > 1525$nm 时，该 EDF 有大于 200dB 的损耗以抑制 ASE，而 S 波段上的分布损耗则要远小于增益。

采用双包层 EDF 的一个 S 波段 EDFA 模块性能如下：它有二级，第一级的 EDF 有 15m 长，用 980nm 进行正向泵浦，以获得低 NF；第二级 EDF 有 12m 长，用反向泵浦以获得高输出功率。该 EDFA 在 1500nm 波长上测得的峰值增益为 32dB，NF=7～10dB，增益（20dB）带宽为 1485～1511nm，饱和输出功率为 11.5dBm。总的来说，S

波段 EDFA 的性能尚有很大的改进余地。

5.2.5　分布式放大器

前面讨论的 C、L、S 这 3 个波段的 EDFA 都具有增益高、掺杂浓度高（一般在 1000ppm 以上），长度短（一般仅几米到几十米），与光纤通信系统相比，其长度很短，通常称为分立的光放大器，在系统中称为增益集中的放大器或集中式 EDFA。

集中式 EDFA 接入光纤通信系统中时，系统中传送的信号幅度起伏很大，将引起非线性效应，降低信噪比，并导致多信道系统中的串音，如图 5.13 所示。为降低这种有害影响，人们提出了一种新的光纤放大方案，采用浓度很低（一般低至 0.05～0.1ppm），长度很大（几千米到 100km）的 EDF 作为放大介质，亦作为系统传输光纤，铒光纤增益补偿光纤损耗，在光纤通信系统中实现信号的无损"透明"传输，这是一种特殊的光纤放大器，称为分布式掺铒光纤放大器（d-EDFA），通常被用于光孤子通信。

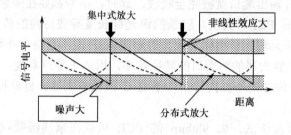

图 5.13　分布式放大和集中式放大系统

d-EDFA 类似于集中式 EDFA，同样具有 3 种基本泵浦结构和可级联的特性，为了满足光孤子通信系统的要求，d-EDFA 采用掺 Er^{3+} 浓度低、增益系数低、截止波长长、数值孔径大、负色散区宽的三角形折射率分布的 EDF，并采用 1480nm 双向泵浦技术，以减少损耗，降低沿线能量起伏，从而达到约 100km 的放大或泵站间距。

5.3　拉曼光纤放大器

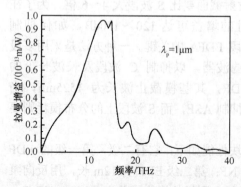

图 5.14　熔融石英光纤拉曼增益谱系统的功率传输特性

受激拉曼散射（SRS）作为非线性光学研究中的一个重要问题，自激光器发明后就开展了广泛的研究。光纤中 SRS 的研究始于 20 世纪 70 年代初期，研究发现，石英光纤具有很宽的拉曼增益谱（达 40THz），并在 13THz 附近有一较宽的主峰，见图 5.14。

如果一个弱信号与一个强泵浦光波同时在光纤中传输，并使弱信号波长置于泵浦波的拉曼增益带宽内，则弱信号即可被放大，这种基于 SRS 机制的光放大器称为 RFA。

然而 RFA 需要较高的泵浦功率（大于 0.5W）。如何得到廉价的大功率激光器作泵浦是一直困扰人们的问题。RFA 在等待中度过了 10 年，甚至在 EDFA 出现后曾一度销声匿迹，关键原因在于缺乏合适的大功率半导体泵浦激光器。近几年来，随着现有 EDFA 的可用带宽将逐步耗尽和高功率抽运光源尤其是拉曼光纤激光器（RFL）与半导体激光器的发展以及光纤制造技术的进步，RFA 重新受到重视并得到迅速发展。

总体上说，解决 RFA 泵浦源共有 3 个方案：一是大功率 LD 及其组合，其特点是工作稳定、与光纤耦合效率高、体积小、易集成，这是最佳的选择；二是 RFL；三是半导体泵浦固体激光器（DPSSL）。后两者都存在稳定性及与普通常用光纤的耦合问题。

类似于 EDFA，一般来说，RFA 可分为分立式 RFA 和分布式 RFA 两种类型。

分立式 RFA 采用拉曼增益系数较高的特种光纤（如高掺锗光纤等），这种光纤长度一般为几公里，泵浦功率要求很高，一般为数瓦，可产生 40dB 以上的高增益用于实现 EDFA 无法实现的波段集中式放大。

分布式 RFA 主要作为传输系统中传输光纤损耗的分布式补偿放大，实现光纤通信系统光信号的透明传输，主要用于 1.3μm 和 1.5μm 光纤通信系统中作为多路信号和高速超短光脉冲信号传输损耗的补偿放大，也可作为光接收机的前置放大器。

此外，按照信号光和泵浦光传播方向，RFA 又可以分为正向泵浦、反向泵浦和双向泵浦等多种泵浦方式。采用后向泵浦具有噪声低、偏振依赖性小的优点，正向泵浦方式中，泵浦光的波动能够在很大程度上转移给信号光，也就是相当于引入了一种信号泵浦耦合噪声，同时正向泵浦由于偏振模色散（PMD）的存在，使信号光和泵浦光的偏振态相对发生变化，与后向泵浦相比，在同样的泵浦条件下阈值变大，获得的增益也较小，所以在很多情况下不被采用。本节将讨论 RFA 的基本原理、放大特性及其在光纤通信系统中应用的一些问题。

5.3.1 拉曼增益和带宽

由于光增益为

$$g = g_R I_p(z)$$

式中　I_p——泵浦强度（由泵浦功率 P_p 决定）；

　　　g_R——拉曼增益系数。

由此可得光纤中 SRS 的光增益为

$$g(\omega) = g_R(\omega)\left(\frac{P_p}{A_{eff}}\right)$$

式中　A_{eff}——泵浦光在光纤中的有效作用面积。

g_R 与 λ_p 成反比，一般与光纤纤芯的成分有关，对不同的掺杂物，g_R 有很大的变化。在实际应用中，人们常用有效拉曼增益系数 $C_R = g_R / A_{eff}$ 表示。对不同光纤 C_R 是不同的，如图 5.15（a）所示，但它们归一化后的增益谱谱型基本一样，如图 5.15（b）所示，在 13.2THz 附近都有一较宽的主峰。

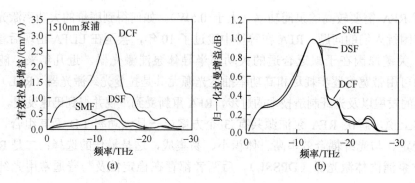

图 5.15　3 种不同光纤的拉曼增益谱

由于 SRS 的增益谱较宽，它通常被作为宽带分布式补偿放大器应用在光纤通信系统中，但它需要较高的泵浦功率。例如，在小信号放大时，要得到 30dB 的增益，由 $G(\omega)=\exp[g(\omega)L]$ 计算可知，应有 $gL\approx7$。为放大 1.55μm 的光信号，取峰值增益系数 $g_R=6\times10^{-14}\,m/W$，$A_{eff}=50\mu m^2$，$L=1km$，即使忽略光纤损耗，所要求的泵浦功率已超过 5W。

如果考虑光纤损耗，所要求的泵浦功率将更大。但是用更长的光纤产生 30dB 的增益，补偿光纤分布损耗，构成分布式 RFA，可使光信号透明传输逾 100km。下面将讨论光纤损耗和泵浦功率沿着光纤消耗时的放大特性。

5.3.2　RFA 特性

RFA 放大过程中存在两个能量变换过程，一方面是信号光通过 SRS 增益，从泵浦得到能量而产生放大，被放大的光信号又被光纤吸收而衰减；另一方面是泵浦光通过 SRS 过程将能量转移给信号光而衰减，同时还受到光纤吸收而衰减。

图 5.16 给出了几种不同的小信号增益时，放大器的归一化饱和增益 G_s/G_A 随 $G_A\eta_q$ 的变化关系，显示了随着 η_q [即 $P_s(0)$] 增大，增益将呈现饱和特性。当 $G_A\eta_q\approx1$ 时，增益降低到原来的一半（3dB），这时信号功率已接近输入泵浦功率，所以泵浦输入 $P_p(0)$ 实际能代表 RFA 的饱和输出功率。

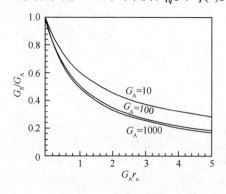

图 5.16　RFA 的饱和特性

5.3.3　RFA 性能

如前所述，宽带 WDM 系统对所有的光放大器都要求增益谱平坦。从 RFA 的增益谱可知，对不同波长的信号，其增益不等，因此，RFA 也存在增益平坦问题。

目前，RFA 增益平坦化的方法主要有采用多波长泵浦和采用增益均衡器件两类。在多波长泵浦方面，主要研究通过全局优化算法（如遗传算法）优化配置泵浦波长和功率。在增益均衡器方面，主要研究设计一种增益均衡器，使其损耗特性与放大器的增益曲线准确吻合，最终达到增益平坦的目的。由于 RFA 的机理不同于 EDFA，因此其噪声特性也不同于 EDFA，在实际研究 RFA 中必须考虑噪声对其放大性能的影响。

RFA 的噪声主要有 3 种，分别是自发辐射噪声、串扰噪声和瑞利散射噪声。

1）自发辐射噪声是由于自发拉曼散射经泵浦光的拉曼放大而产生的覆盖整个拉曼增益谱的背景噪声，主要包括放大信号注入噪声、ASE 注入噪声、信号-ASE 自拍频噪声和 ASE 拍频噪声。

2）串扰噪声可以分为两种：一种是由泵浦光源的波动而造成的泵浦——信号串扰；另一种是由泵浦同时对多信道放大而导致的泵浦引入——信号间串扰。第一种串扰是由于泵浦波动造成增益波动，从而导致信号的噪声，因此，必须通过反馈等技术来稳定泵浦，另外采用后向泵浦也可以稳定增益。第二种串扰主要是由于泵浦光对放大单一信道与放大多个信道的增益不同而造成，具体表现为当两个相邻的信道同时传号时，信号的增益小于一个信道传号而另一个信道空号时的增益，从总体上来看就表现为两信道间传号与空号的相互影响，且信道数越多，串扰影响越大。

3）瑞利散射噪声是由瑞利后向散射引起的，它在光纤后端反射到输出端形成噪声，导致信噪比的恶化。根据反射次数的不同，又可以分为单瑞利散射和双瑞利散射。单瑞利散射经过一次后向散射再反射到输出端，表现为信号自发拍频噪声；双瑞利散射则经过两次后向散射返回到输出端，主要表现为多径串扰。由于在 RFA 中发生的瑞利散射要经过双倍放大，因此也是一个重要的噪声因素。

5.4　半导体光放大器

所有靠近阈值但在阈值以下偏置的半导体激光器都可以实现光放大，做成半导体激光放大器（SLA），又称为半导体光放大器（SOA）。

SOA 具有快的动态增益特性、价格低、能耗小、宽的带宽，可以工作在 $0.6\sim1.6\mu m$ 任意波段，易于与其他器件集成等优点。早在 1962 年发明半导体激光器不久，人们就已开始了 SOA 的研究。然而，由于 20 世纪 80 年代末期 EDFA 的出现并迅速成为光纤通信的主流，SOA 的研发和应用曾相对处于低谷，直到 20 世纪 90 年代后，人们进一步认识到 SOA 可以用于实现波长转换、WDM 与 TDM 转换等功能，才又对 SOA 进行了广泛的研究和开发。本节将从光纤通信系统应用的要求出发来讨论 SOA 的放大特性。

5.4.1　放大器设计

5.1 节讨论的放大器特性是只对没有反馈的光放大器而言的。这种放大器被称为行波（TW）放大器，指的是入射信号只能单程放大。当半导体激光器偏流小于阈值时，由于端面反射率较大（反射系数约为 32%），它会在法布里-珀罗（F-P）腔体界面上产生多次反射。这种放大器被称为 F-P 放大器。由 F-P 干涉仪的理论可以求得 FP-SOA 的放大系数 $G_{FP}(v)$ 为

$$G_{FP}(v) = \frac{(1-R_1)(1-R_2)G(v)}{(1-G\sqrt{R_1R_2})^2 + 4G\sqrt{R_1R_2}\sin^2\left[\frac{\pi(v-v_m)}{\Delta v_L}\right]} \quad (5.20)$$

式中　R_1、R_2——腔体解理面反射率；

v_m——腔体谐振频率；

Δv_L——纵模间距，也是 F-P 腔的自由光谱范围。

当忽略增益饱和时，光波只传播一次的放大系数 G 对应于 TW-SOA 的 G，并由式（5.5）给出。

由式（5.20）可见，当 $R_1=R_2=0$ 时，$G_{FP}(v)=G(v)$；当入射光信号的频率 $\omega(v)$ 与腔体谐振频率中的一个 $\omega_m(v_m)$ 相等时，增益 $G_{FP}(v)$ 就达到峰值，当 $\omega(v)$ 偏离 v_m 时，$G_{FP}(v)$ 下降很快。于是，放大器带宽将由腔体谐振曲线形状所决定。人们可以由失谐时 $(v-v_m)$ 从峰值开始下降 3dB 的 G_{FP} 值来确定放大器带宽，其结果为

$$\Delta v_A = \frac{2\Delta v_L}{\pi} \arcsin\left[\frac{1-G\sqrt{R_1R_2}}{(4G\sqrt{R_1R_2})^{1/2}}\right] \quad (5.21)$$

为了得到大的放大系数，$G\sqrt{R_1R_2}$ 应该尽量接近 1，由式（5.21）可见，此时放大器带宽只是 F-P 谐振腔自由光谱范围的很小一部分（典型值为 $\Delta L \approx 100\text{GHz}$），此时 $\Delta v_A < 100\text{GHz}$。这样小的宽带使 F-P 放大器不能应用于光波系统。

假如减小端面反射反馈，就可以制出 TW-SOA。减小反射率的一个简单方法是在界面上镀上抗反射膜（增透膜）。然而，对于 TW-SOA，反射率必须相当小（小于 10^{-3}），而且最小反射率还取决于放大器增益本身。根据式（5.20），可用接近腔体谐振点的放大系数 G_{FP} 的最大值和最小值，来估算解理面反射率的允许值。很容易证明它们的比为

$$\Delta G = \frac{G_{FP}^{max}}{G_{FP}^{min}} = \left(\frac{1+G\sqrt{R_1R_2}}{1-G\sqrt{R_1R_2}}\right)^2 \quad (5.22)$$

假如 ΔG 超过 3dB，放大器带宽将由腔体谐振峰而不是增益谱所决定。保持 $\Delta G < 2$，解理面反射率应该满足以下条件，即

$$G\sqrt{R_1R_2} < 0.17 \quad (5.23)$$

当满足式（5.23）时，人们习惯把 SOA 作为 TW 放大器来描述其特性。要设计能提供 30dB 放大系数的 SOA，解理面的反射率应该满足 $\sqrt{R_1R_2} < 1.7 \times 10^{-4}$。

然而，用常规的方法很难获得反射率小于 0.1% 的抗反射膜。后来，人们通过不断努力，开发出解理面倾斜结构和窗口解理面结构，见图 5.17。解理面倾斜结构是条状有源区与正常的解理面倾斜，如图 5.17（a）所示，在解理面处的反射光束，因角度解理面的缘故已与前向光束分开。在大多数情况下，使用增透膜（反射系数小于 1%），并使有源区倾斜，可以使反射率小于 10^{-3}（理想设计可以小到 10^{-4}）。而窗口解理面结构则是在有源区端面和解理面之间插入透明区，如图 5.17（b）所示。光束在到达半导体和空气界面前在该窗口区已发散，经界面反射的光束进一步发散，只有极小部分光耦合进去薄的有源层。当与增透膜一起使用时，反射率可以小至 10^{-4}。

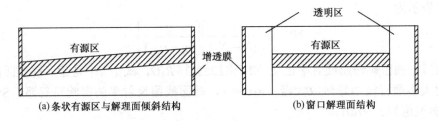

(a)条状有源区与解理面倾斜结构　　　(b)窗口解理面结构

图 5.17　近似行波的半导体激光放大器

5.4.2　放大器特性

假设峰值增益随载流子浓度 N 线性增大，并表示为

$$g = \left(\Gamma \frac{\sigma_{\mathrm{g}}}{V} \right)(N - N_0) \tag{5.24}$$

式中　Γ——限制因子；

　　σ_{g}——微分增益系数或称增益界面；

　　V——有源层体积；

　　N_0——受激辐射速率等于受激吸收率时的载流子浓度，称为透明载流子浓度。

N 对时间变化的速率方程可表示为

$$\frac{\mathrm{d}N}{\mathrm{d}t} = \frac{I}{e} - \frac{N}{\tau_{\mathrm{c}}} - \frac{\sigma_{\mathrm{g}}(N - N_0)}{\sigma_{\mathrm{m}} h v} P \tag{5.25}$$

式中　σ_{m}——波导模式截面；

　　τ_{c}——载流子寿命；

　　I——注入有源区的电流；

　　e——电子电荷；

　　h——普朗克常数；

　　v——光频。

对连续光信号或脉冲宽度远大于 τ_{c} 的脉冲光束输入时，可设 $\mathrm{d}N/\mathrm{d}t = 0$，由此可得 N 的稳态解，当满足下列条件时，光增益发生饱和，有

$$g = \frac{g_0}{1 + P/P_{\mathrm{s}}} \tag{5.26}$$

式中，g_0——小信号增益，$g_0 = (\Gamma \sigma_g / V)(I \tau_c / e - N_0)$；

　　P_{S}——饱和功率，$P_{\mathrm{S}} = h v \sigma_{\mathrm{m}} / (\sigma_{\mathrm{g}} \tau_{\mathrm{c}})$。

式（5.26）表明，半导体光放大器增益系数与均匀展宽二能级激光系统的增益系数按类似的机制产生饱和。特别是饱和输出功率 $P_{\mathrm{out}}^{\mathrm{S}}$ 仍由式（5.9）给出。通常，典型 $P_{\mathrm{out}}^{\mathrm{S}}$ 的值为 5～10mW。

下面讨论 SOA 的噪声指数（NF）。SOA 的 NF 要比最小值 3dB 大。究其原因主要有 3 个，首先，对 NF 的主要影响来自粒子数反转因子 n_{sp}；其次，SOA 腔中的自由载流子吸收和散射损耗 α_{int} 将使增益降低，也将影响 NF。考虑这些因素的影响后，噪声

指数可表示为

$$NF = 2\left[\frac{N}{(N-N_0)}\right]\left[\frac{g}{(g-\alpha_{int})}\right] \quad (5.27)$$

最后，残留解理面反射率也使 NF 增加到 $1+R_1G$，式中 R_1 是输入解理面反射系数。对大多数行波半导体放大器，$R_1G \ll 1$，端面残留反射率的影响可忽略。SOA 的 NF 的典型值为 5～7dB。

SOA 的缺点是它对偏振（即极化态）非常敏感。不同的偏振模式，具有不同的增益 G，如横电模（TE）和横磁模（TM）的增益差可达 5～8dB，这是因为其增益表达式中的两个参数 Γ 和 σ_g 均受输入光的偏振态变化影响。

克服偏振灵敏性可从两方面来考虑。一是从放大器设计着手，采用宽度和厚度可比拟的有源层设计。例如，在设计中采用宽 0.4μm、厚 0.26μm 的有源层，使 TE 和 TM 偏振光输入时增益差降至 1.3dB 以下。二是从使用上着手，将两个相同的放大器组合或使信号两次通过同一放大器，如图 5.18 所示。

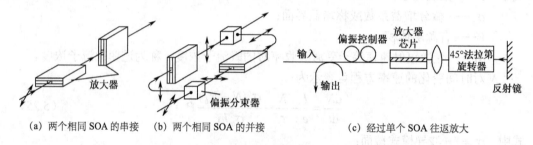

（a）两个相同 SOA 的串接　　（b）两个相同 SOA 的并接　　（c）经过单个 SOA 往返放大

图 5.18　减小 SOA 偏振敏感性的 3 种结构

其中，图 5.18（a）采用两个相同结构特性且有源层互相垂直的 SOA 串接，所得增益将与偏振态无关。图 5.18（b）则采用并接方案，在输入端口，采用偏振分束器将输入光信号分成 TE 和 TM 偏振信号，分别输入至有源层相互垂直的两只 SOA，然后将由两只 SOA 放大的 TE 和 TM 偏振信号合成，得到与输入光同偏振态的放大信号。图 5.18（c）采用输入光信号往返两次通过同一 SOA 的方案，但在反向通过前采用法拉第旋转器使返回光旋转 90°，第二次放大后，用耦合器取出输出光信号。

5.4.3　系统应用

TW-SOA 具有高增益、高输出功率、宽带宽等优点，在 WDM 系统中可以作为前置放大器、线路放大器以及功率放大器。然而在多信道放大时，SOA 容易引起交叉增益饱和、交叉相位调制和四波混频等问题，影响通信系统性能，因此目前光纤通信系统中一般不采用 SOA 作为光放大器。但是，SOA 的非线性效应在全光信号处理中却有重要应用。例如，可以利用 SOA 的上述非线性效应制作出全光网络中节点必需的全光波长转换器。

5.5　几种新型放大器

前面几节主要介绍了几种典型光放大器的基本工作原理及应用。然而近年来，随着光纤制造工艺和半导体激光器技术的不断完善与突破以及新材料的出现，光放大器的应用研究也出现了多种选项。同时，日益增长的大数据通信，要求 DWDM 系统进一步拓宽带宽，支持更高传输速率，提升单根光纤复用信道数目，导致普通的 EDFA 输出功率偏小，难以满足整体系统要求。所以，本节针对当前研究热点，主要介绍人们广泛关注的几种新型放大器，包括高功率 EDFA 和光子晶体光纤放大器。

5.5.1　高功率 EDFA

普通 EDFA 的输出功率只有几百毫瓦，偏小，已无法满足日益增长的大数据通信链路提出的功率补偿和分配要求。尽管可以通过级联 EDFA 的方式克服，但其影响了整个系统的信号质量，也增加了建设和维护成本。发展输出功率 1W 以上的高功率 EDFA，将在今后 CATV、野外通信、长距离通信市场中得到越来越广泛的应用。幸运的是，近年来，光纤及器件制作技术和半导体激光器都取得了重大突破。具体表现在以下方面。

1）纤芯泵浦的单模半导体激光器如图 5.19（a）所示，它的输出功率已从原来的百 mW 突破到约 1W。

2）低亮度多模半导体带尾纤激光器如图 5.19（b）所示，其输出功率可高达数百瓦，而功率为 10W 且波长锁定的多模半导体激光器无须温度控制电路（TEC）反馈控制，只需简单风冷，价格还不到单模 1W 价格的一半。

3）现在人们可以制备支持纤芯传输信号光、内包层支持低亮度的多模泵浦光的双包层光纤及相应如泵浦合束器等器件，如图 5.19（c）所示。

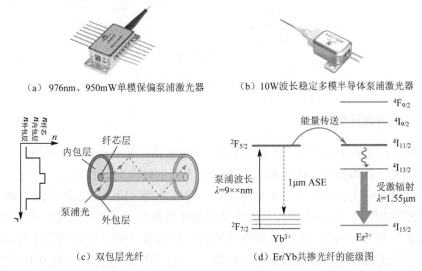

（a）976nm、950mW 单模保偏泵浦激光器　（b）10W 波长稳定多模半导体泵浦激光器

（c）双包层光纤　（d）Er/Yb 共掺光纤的能级图

图 5.19　突破普通 EDFA 的输出功率的几个要素

4）增益光纤可以多组分共掺，如铒镱共掺，通过掺入浓度大于铒离子的镱离子，可以避免铒离子的簇聚，进而提高铒离子的掺杂浓度，并通过镱离子先吸收泵浦光，然后敏化激发铒离子，形成铒波段粒子数反转，如图 5.19（d）所示。多组分共掺为实现高功率提供了一个有效途径。

这 4 个要素的出现使高功率 EDFA 的实现变得轻而易举。至此，实现瓦级石英基质的高功率 EDFA 可以通过纤芯泵浦和包层泵浦两种方式，如图 5.20 所示。图 5.20（a）是基于纤芯泵浦，考虑到 EDFA 的泵浦光转换为信号光的光转换效率及光纤接续损耗，不妨以 30%计算，则需要 4 个 950mW 的单模保偏泵浦激光器，并通过偏振合束器合束和双向泵浦保证足够的泵浦功率。图 5.20（b）是基于包层泵浦，由于泵浦光是通过内包层走的，残余的泵浦光还会留在包层，另外光纤接续时也会引起一些纤芯中的光跑到包层，因此在增益光纤输出端需要额外引入一包层光剥除器去除残余的包层光对信号光的影响。与传统低功率 EDFA 一样，不管纤芯泵浦还是包层泵浦都要在输入/输出信号部分添加光纤隔离器。

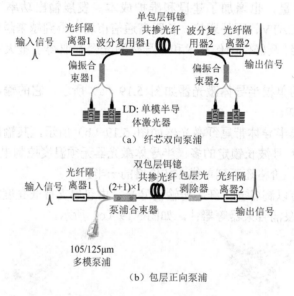

图 5.20　瓦级 EDFA 的试验装置

5.5.2　光子晶体光纤放大器

顾名思义，光子晶体光纤（PCF）具有"光子晶体"和"光纤"的特征，即在光纤端面上呈现光子晶体特征，而在第三维方向（光纤的轴向）保持不变。光子晶体是介质的周期排列而构成的一种人工微结构材料，可以分为一维、二维和三维。1992 年，英国南安普顿大学的 Russell 教授首次将光子晶体的思想引入光纤。PCF 又被称为微结构光纤或多孔光纤（HF），常见的排列通常为三角晶格结构。PCF 相比于传统光纤具有许多独特的优良特性，如无限单模传输特性、大模场面积特性、可控的色散特性、高非线性特性以及灵活自由的设计特性，可以最大限度地控制泵浦模和信号模的重叠面积。PCF 通常采用套管法（rob in tube）实现，如图 5.21 所示，主要包括 PCF 预制棒的制备和 PCF 预制棒的拉丝及盘纤后处理两个步骤。

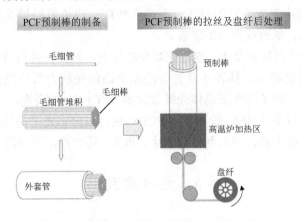

图 5.21　光子晶体光纤的制备示意图

根据 PCF 传导机理的不同，可以将其分为折射率引导型（index-guiding）光子晶体光纤和带隙波导型光子晶体光纤，如图 5.22 所示。

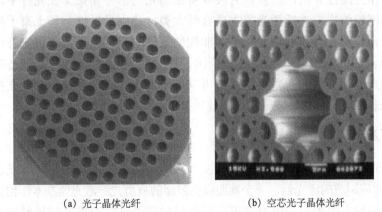

(a) 光子晶体光纤　　　　　　　　　(b) 空芯光子晶体光纤

图 5.22　光子晶体光纤的电子扫描显微图

图 5.22（a）中形成周期性结构缺陷的是熔融硅（或掺杂的熔融硅），中间的缺陷相当于纤芯，而外围的周期性区域相当于包层，两者之间形成一定的有效折射率差，从而使光可以在芯层中传播，传输机理仍然是全内反射。但由于包层含有气孔，与传统光纤的"实心"熔融硅包层不同，因而叫作改进的全内反射。

图 5.22（b）中形成周期性结构缺陷的是空气，传输机理是利用包层对一定波长的光形成光子带隙，光波只能在气芯形成的缺陷中存在和传播，叫作光子带隙效应。

PCF 具有常规光纤不具备的优点：无休止单模特性、低损耗特性、特殊的色散、非线性特性以及微结构的可设计性，自从 1996 年英国 Bath 大学的 Russell 等研制出第一根光子晶体光纤以来，它已引起了人们的广泛关注，有可能成为光纤通信历史上的又一个里程碑。

大家知道，现行的光纤通信系统中使用的 EDFA 存在信号功率大、容易产生非线性效应、RFA 存在泵浦效率低需要多个价格昂贵大功率不同波长的泵浦激光器等缺点，而且它们在解决色散问题的时候，都需要外接一段色散补偿光纤，无疑阻碍了系统进一步朝小型化、低造价方向的发展。

由于 PCF 的结构易于设计，容易控制光的行为，设计一种自身具有色散控制、非线性效应小、泵浦功率小、体积小且宽带的光子晶体光放大器是完全有可能的。近年来国内外许多学者开始了对光子晶体光纤放大器（PCFA）的研究。

一般来说，类似于 EDFA 和 RFA，PCFA 也可以分为光子晶体拉曼光纤放大器和掺铒光子晶体光纤放大器。然而到目前为止，PCFA 还处在研究阶段。

5.6 光纤激光器

光纤激光器（OFL）是在 EDFA 技术基础上发展起来的技术。20 世纪 80 年代，英国南安普顿大学的 S. B. Poole 等用改进气相沉积法制成了低损耗的 EDF，从而为光纤激光器带来了新的前景。光纤激光器可以认为是一种特殊的玻璃固体激光器，不同的是光纤不仅作为活性介质，而且作为波导将泵浦光与信号光束缚在光纤中，因而形成一个介质封闭腔结构。光纤激光器主要有两大类，分别是以掺杂稀土离子为活性离子的稀土掺杂光纤激光器和利用光纤中的非线性效应的光纤激光器。以光纤作为基质的光纤激光器，在降低阈值、振荡波长范围、波长可调谐性能等方面，已明显取得进步，是目前光通信领域的新兴技术，它可以用于现有的通信系统，使之支持更高的传输速度，是未来高码率密集波分复用系统的基础。

5.6.1 光纤激光器基本工作机理

光纤激光器是指应用以光纤为基质掺入某些激活离子作为工作物质或利用光纤本身的非线性效应制成的激光器，一个端面纵向泵浦的典型光纤激光器基本结构如图 5.23 所示。一段掺杂稀土离子的光纤被放置在两个反射率经过仔细选择的反射镜之间，这段掺有稀土离子的光纤作为增益介质，泵浦光束从反射镜 1 耦合进入光纤，激射输出光从反射镜 2 输出。可以看出，光纤激光器是一种波导型的谐振装置，光波的传输由光纤担负，这种结构实际上就是法布里-珀罗谐振腔结构。从某种意义上讲，光纤激光器实质上是一个波长转换器，即通过它将泵浦波长光转换为所需的激射波长光。它的工作原理为：当泵浦光通过光纤中的稀土离子时，稀土离子吸收泵浦光，使稀土原子的电子激励到较高激射能级，从而实现通常所说的粒子数反转，反转后的粒子以辐射形式或非辐射形式从高能级转移到基态，前者就是通常所说的受激光发射，后者为自发发射。

形成激光需要具备 3 个条件，即泵浦源、合适的激光工作物质和光学谐振腔，为了更加清楚地了解光纤激光器的工作原理，必须对下面几个问题做进一步介绍。

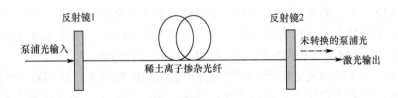

图 5.23　典型光纤激光器基本结构

1. 泵浦源

由于激射是一种放大过程，要维持受激发射的增益，首先必须保证有足够的反转粒子数，泵浦是实现粒子数反转的必要条件。泵浦由外部较高能量光源提供。光纤激光器中的泵浦光使光纤介质中的电子实现粒子数反转，电子被激发到高于激射能级的某个能级上。当在阈值功率以下进行泵浦时，输出的是非相干的自发发射光；当高于阈值功率时，即可以产生激光。如果是两个能级参与激射，要维持受激发射增益还要求泵浦能量高于较高能级的能量。由于泵浦能量高于激射能级，所以激射的光子波长应大于泵浦光子的波长，这一特点为光纤激光器的实用化提供十分有利的条件。常见掺稀土元素光纤的吸收峰一般为 800～1550nm，而此波段恰好与半导体激光器的输出光谱相吻合，另外半导体激光器相关工艺技术较为完善且制备成熟，因此，光纤激光器的泵浦源一般都采用半导体激光器。但半导体激光器有一个缺点，即激光光束质量不高、发散角较大，所以用它来泵浦光纤激光器，还需要加入光学耦合系统。

2. 增益光纤

在光纤激光器中，作为激光增益介质的是增益光纤，也称为有源光纤，是在普通的光纤中掺入稀土元素，使原来无活性的光纤变为有活性的光纤。增益光纤的特性与普通无源光纤完全不同，它与掺杂元素及其能级结构密切相关，要了解光纤激光器的特性，必须首先了解构造增益光纤的掺杂元素（即稀土或镧系元素）的能级分布和光谱等特性。

稀土元素是化学元素周期表倒数第二行的一组元素，即镧系元素，共计 15 种元素，其范围从具有原子数 57 的镧（La）到具有原子数 71 的镥（Lu）。目前研究的稀土掺杂有掺铒（Er）、掺镱（Yb）、掺钕（Nd）、掺铥（Tm）等。所有稀土原子都具有相同的外层电子结构，占据内部 4f 电子壳层的电子数的多少，主导了此类元素的光学特性，光学吸收和发射引起的跃迁均发生在 4f 层内。稀土元素的离子化通常形成 3 价离子，如 Er^{3+}、Yb^{3+}。稀土离子之所以能够成为光纤激光器的有源介质，主要原因是：稀土离子可以吸收和发射特性波长范围内的光，并且吸收和发射波长与基质材料基本无关、亚稳态寿命长、量子效率高。

掺稀土离子的光谱特性是指稀土离子的吸收和荧光特性，是分析和了解稀土掺杂光纤激光器特性的重要基础，激光器的增益谱特性、泵浦功率、泵浦波长、输出功率、功率转换效率及噪声系数等，都与这一特性有关。稀土离子的吸收和荧光特性由能级结构决定。由下能级至上能级的电子跃迁对应于光的吸收过程，由上能级至下能级的电子跃迁则对应于光的发射过程，即荧光过程。图 5.8 示出了 SiO_2-GeO_2-P_2O_5 玻璃基质中 Er^{3+} 的能级结构和发生的一些典型跃迁相应的光波长。

　　EDF 中铒离子的浓度是影响 Er^{3+} 能量转换效率的重要因素。当 EDF 中铒离子的浓度足够低时，铒离子均匀地分布在玻璃基质中，离子间距大，离子间基本没有相互作用发生，但是浓度太低又难以实现激光激射，为了提高激光器增益，缩短腔长，需要尽可能地增加掺铒离子浓度。当铒离子浓度增加到某一程度时，随着离子间距减小，这时就有可能形成铒离子对或铒离子簇，发生能量转移过程。固体中稀土元素离子能量转移过程有以下几种主要现象，即荧光猝灭、交叉弛豫和频率上转换等。这些能量转移过程将会大大降低激光器增益。此外，由于铒离子在石英玻璃中的溶解度有限，过高的掺杂浓度使铒离子在玻璃中不能充分溶解，而发生团簇现象。试验研究表明，最佳的激射结果有一个最佳的掺杂浓度，对大多数石英光纤来说，掺杂的浓度一般在百万分之几百。另外，研究发现，在玻璃光纤中掺入少量的铝（Al_2O_3）和磷（P_2O_5）能增加铒离子的溶解度，减小铒离子团簇形成，因此，对于高 EDF，铝和磷是理想的共掺元素。

3. 基质材料及其影响

　　光纤基质材料一般都是玻璃，它是由大量的共价键分子所组成，形成一个无规则矩阵，稀土金属元素在其中通常是作为这个矩阵的改善粒子存在。基质对稀土元素光谱的影响主要表现在两方面。第一是引起 Stark 分裂，由于电场的非均匀性分布，消除了原来存在的能级简并度，因此对于给定的电子跃迁，光谱上将出现精细结构。第二是使能级加宽，由于基质作用而使离子能级加宽的机制主要有两种：一种是声子加宽，当两个能级之间发生跃迁时，将发生某种形式的能量交换，包括声子的产生和湮灭，而声子的能量取决于温度，也与光子有关，在给定温度下，存在着一个声子能量的分布，将引起吸收和发射的波长扩展，降低温度会减少声子数，从而使光谱变窄；另一种是基质电场对能级的围绕，它取决于周围环境，是一种非均匀加宽，与温度无关。

　　基质材料有硅玻璃、氟化锆玻璃、ZBLAN 玻璃、光子晶体等。不同的基质材料对稀土离子的光谱特性的影响都不一样，一般可以根据不同的要求选择基质材料，以获得光纤激光器最终某种性能的优化。

4. 谐振腔

　　光纤激光器如果按照谐振腔的角度来分类，可以主要分为线形腔和环形腔激光器两大类。

　　线形腔的结构简单，基本结构为图 5.23 所示的由稀土掺杂光纤和一对平行的透射、反射镜组成法布里-珀罗结构谐振腔。当腔长等于波长的 1/2 整数倍且谐振的频率间隔是自由光谱范围（FSR）时，谐振腔发生谐振。两个反射镜中，一个是泵浦入射的反射镜，这个反射镜对泵浦光应有 100%的反射；另一个反射镜是激射输出边的反射镜，为了将激射光耦合出来，该反射镜对激射波长的反射率应小于 100%。也就是说，入射光纤端的镜面对泵浦光透射率高，对激光反射率高；出射端则反之。输出反射镜对激射波长的最佳反射率取决于激射介质的增益。在光纤激光器制作中，也会采用直接在光纤的两端分别镀上不同的多层介质膜来代替反射镜，利用多层介质膜对光的选择反射性能实现谐振腔。

光纤激光器的环形腔结构可以利用光纤定向耦合器来构成，这种结构的特点是可以消除空间烧孔效应，常见的有 Sagnac 环形镜、环形谐振腔、环形器、复合腔等结构。如图 5.24 所示，将耦合器的 1、2 两臂连接起来就构成了一个环形谐振腔，耦合器起到了介质镜的反馈作用，谐振腔的精细度与耦合器的分束比有关。如果光波在腔内传播一周后相位不变，就可以得到放大。将耦合率为 50% 的耦合器 2、4 两输出端连接起来，构成一个 Sagnac 环，泵浦光从一个输入端口进入，在环内沿两个方向都有传播，然后在耦合器中汇合。如果 50% 的耦合器没有损耗，所有光将耦合回入射端口，因此 Sagnac 环等效于一个 100% 反射器，又称为环形镜。在 Sagnac 环中加入增益光纤和隔离器，使环中的光波只能沿单方向行进，这样能够有效消除空间烧孔，如图 5.25 所示，这种带隔离器的 Sagnac 结构就等同于一个环形器。

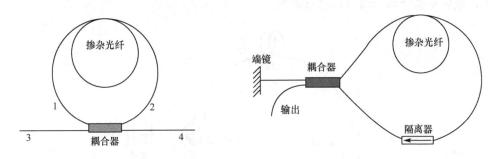

图 5.24　环形谐振腔示意图　　　　　　图 5.25　Sagnac 环形镜结构示意图

另外，近年来，随着紫外写入光纤光栅技术的日益成熟以及光纤光栅优异的波长选择特性，出现了许多基于光纤光栅的光纤激光器腔结构。其中 3 种典型的腔结构包括分布布拉格反射器光纤激光器、分布反馈光纤激光器、σ 型腔光纤激光器。分布布拉格反射镜光纤激光器结构示意图如图 5.26 所示，利用一段稀土掺杂光纤和一对布拉格波长相等的光纤光栅构成谐振腔，一般使用两个高反射率的光纤光栅来增强模式选择，可以直接把光纤光栅写入 EDF 中，也可以把光纤光栅熔接到 EDF 两端。利用光纤光栅与纵向拉力的关系，可以实现激光出射频率的连续可调。

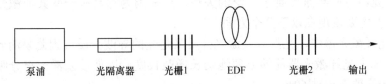

泵浦　　　光隔离器　　　光栅1　　　EDF　　　光栅2　　　输出

图 5.26　分布布拉格反射镜光纤激光器结构示意图

分布反馈光纤激光器则是利用直接在稀土掺杂光纤中写入的光纤光栅构成谐振腔，如图 5.27 所示，这种结构的有源区和反馈区同为一体，只用一个光栅来实现光反馈和波长选择，因而频率稳定性好、边模抑制比高。一般采用在布拉格光栅中引入 $\pi/2$ 相移的相移光栅来实现单频激光输出。

泵浦　　　光隔离器　　　EDF上写　　　　输出
入相移光栅

图 5.27　分布反馈光纤激光器结构示意图

在分布布拉格反射镜激光器中要采用两个波长一致的高反射率窄波长光纤光栅，制作比较困难。可以利用环形器、光纤环等构成反射镜来代替谐振腔一端的光栅，另一端仍可采用光栅选择激射波长，这样可以减少一个光栅，减小制作难度并增加稳定性。σ 型腔光纤激光器就是这种类型的光纤激光器结构，如图 5.28 所示，EDF 产生的激光输入到光环形器的端口 1，从端口 2 进入光栅，从光栅反射回来与其布拉格波长相同的光，从端口 3 经耦合器、光隔离器再进入 EDF，这样激光在环路中来回不断地被放大，最后从耦合器的输出口输出激光。

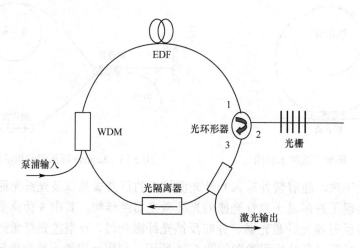

图 5.28　σ 型腔光纤激光器结构示意图

5.6.2　光纤激光器特点及分类

光纤激光器近些年来受到了广泛的关注，这是因为它具有一些其他激光器所无法比拟的优点，主要表现在以下几个方面。

1）在光纤激光器中，光纤既是激光介质又是光的导波介质，因此泵浦光的耦合效率相当高，加上光纤激光器能够方便地延长增益长度，以便使泵浦光充分吸收，而使总的光-光转换效率超过 60%。

2）光纤的几何形状具有很大的表面积/体积比，散热快，它的工作物质的热负荷相当小，能产生高亮度和高峰值功率。

3）光纤激光器体积小、结构简单，且工作物质为柔性介质，可以设计得相当小巧灵活，使用方便。

4）作为激光介质的掺杂光纤，掺杂稀土离子和承受掺杂的基质具有相当多的可调参数和选择性，光纤激光器可以在很宽的光谱范围内设计运行，加上玻璃光纤的荧光谱相当宽，插入适当的波长选择器即可得到可调谐光纤激光器。

5）光纤激光器较易于实现单模、单频运转和超短脉冲。

6）光纤激光器增益高、噪声小，且光纤到光纤的耦合技术非常成熟，连接损耗小且增益与偏振无关。

7）光纤激光器光束质量好，具有较好的单色性、方向性和温度稳定性。

8）光纤激光器所基于的硅光纤工艺目前已经非常成熟，因此可以制作出高精度、低损耗的光纤，大大降低了激光器成本。

9）光纤激光器和光纤放大器与现有的光纤器件（如耦合器、偏振器、调制器）是完全相容的，故可以制作出完全由光纤器件组成的全光纤传输系统。

按照不同的分类方法，光纤激光器分为多种不同的类型。根据谐振腔结构，可以分为线形腔和环形腔光纤激光器；根据激光输出的时域特性，可以分为连续波光纤激光器与脉冲光纤激光器；根据激光输出波长数目，可以分为单波长光纤激光器和多波长光纤激光器；根据工作机制，可以分为上转换光纤激光器和下转换光纤激光器；根据增益介质特性，可以分为稀土掺杂光纤激光器、塑料光纤激光器、基于非线性效应的光纤激光器、基于半导体光放大器的光纤激光器和利用晶体光纤作为激活介质的光纤激光器；根据光纤结构，可以分为单包层光纤激光器、多包层光纤激光器和光子晶体光纤激光器等；根据应用分类，可以分为高功率光纤激光器、锁模光纤激光器、超短脉冲光纤激光器、单纵模窄线宽光纤激光器、多波长光纤激光器等；根据掺杂元素，可以分为掺铒（Er^{3+}）、钕（Nd^{3+}）、镱（Yd^{3+}）、铥（Tm^{3+}）、钬（Ho^{3+}）等光纤激光器。

在众多类型的光纤激光器中，稀土掺杂光纤激光器特别是 EDF 激光器发展十分迅速，光纤基质包括了石英晶体、硅酸盐玻璃、磷酸盐玻璃、氟化物玻璃等，光纤激光器的输出波长覆盖了 $0.38 \sim 3.9 \mu m$ 的整个波段。这是由于以 EDF 激光器为代表的这类型激光器可以提供光纤通信低损耗窗口，即 1550nm 附近波段的可调谐多波长激光光源或者单纵模窄线宽激光光源，是未来高速大容量光纤通信系统或者光纤传感网络中光源的理想选择，同时也在如激光加工、激光遥感、光谱学、光学测量等方面有着广泛的应用前景。经过多年的研究，光纤激光器无论在机理研究还是实际应用方面都取得了长足的进展。目前的研究热点主要集中在高功率光纤激光器、锁模光纤激光器、超短脉冲光纤激光器、波长可调谐的单纵模窄线宽光纤激光器，以及可选择开关或同时输出的连续光和脉冲光多波长光纤激光器等方面。

习题与思考题

1. 假设增益系数 g 满足高斯分布，即 $g(v) = g_0 / [1 + 4(v - v_0)^2 / (\Delta v)^2]$，式中 Δv 是光带宽，v_0 是最大增益频率。证明 3dB 带宽 $2(v - v_0)$ 和光带宽 Δv 的比率为 $2(v - v_0) / \Delta v = [\log_2 (g_0 / 2)]^{-1/2}$。考虑放大器增益和光带宽的关系，此等式说明了什么问题？

2. 一光放大器能将 1μW 的信号放大到 1mW，当 1mW 信号输入至同一放大器时，输出功率有多大？假定小信号增益的饱和功率为 10mW。

3. 假设有一个 EDFA 功率放大器，波长为 1542nm 的输入信号功率为 2dBm，得到的输出功率为 $P_{s,out}$=27dBm。试求：

（1）放大器的增益；

（2）所需的最小泵浦功率。

4. RFA 为什么通常采用后向泵浦方式？提高 RFA 泵浦效率可以有哪些方法？

5. 请根据式（5.20）证明用接近腔体谐振点的放大系数 G_{FP} 的最大值和最小值的比值满足式（5.22）。

6. 掺铒光纤放大器为什么要用双波长泵浦？通常由哪些泵浦波长组合？

第6章　光纤通信主要性能测试

本章提要

在光纤通信系统中，光无源器件、光发射/接收器件、光放大器件是系统的主要组成部分。本章针对不同光通信系统器件，总结相应的主要性能指标，并给出针对性测试方法。本章内容可为从事光通信工程或光通信方向的科研工作者，提供一些实践性总结和指导。

6.1　光无源器件测试

光器件是保证光纤通信系统实现各通信信道间的自由上下与交换等功能的重要组成部件，其性能的优劣决定着系统性能的优劣（如稳定性）。因此，不论在制作设计还是选购这些光器件时，都要对其性能指标进行测试。测试中，用到的测试设备主要有光功率计（PM）、光谱分析仪（OSA）、可调激光器（TLS）、宽带光源（BBS）和偏振控制器（PC）。

1. 光功率计

光功率计的主要技术指标有以下两个。

（1）波长范围

不同的半导体材料响应的光波长范围不同，为了覆盖较大的波长范围，一个光功率计可以配备几个不同波长的探测头。

（2）光功率测试范围

主要由光功率计中光探测器的灵敏度和主机的动态范围决定。

光功率计的基本结构由两部分组成，即主机和探头。其工作原理：首先由探头中的光电探测器将微弱光信号转变为电信号；然后将电信号进行放大；最后进行信号处理。

2. 光谱分析仪

OSA 采用的技术比较多，有单光栅型、双光栅型。它的主要特点是：动态范围大，一般可达 70dB；灵敏度好，可以达到-90dBm；等效噪声带宽小，一般小于 0.1nm。但测量中心波长时精度稍差，体积较大，一般适合在实验室、机房，以及在工程开通、验收中使用。

如图 6.1 所示，OSA 的设计原理是用衍射光栅分离出不同的波长，反射镜将特定波长的光聚焦在光阑孔/探测器，再旋转衍射光栅对波长范围进行扫描。

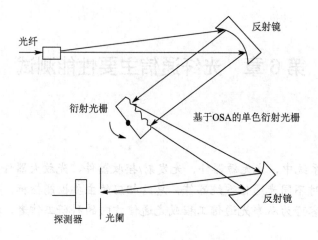

图 6.1　OSA 设计的基本原理

一般来说，对于光无源器件，需要测量的指标主要有插入损耗、回波损耗、隔离度、方向性以及偏振相关损耗等。下面介绍光器件主要指标的测试方法及具体步骤。

6.1.1　插入损耗

插入损耗包括单一波长的插入损耗和波长相关的插入损耗，它们的区别在于测试中使用的光源分别是 TLS 和 BBS。通常测量插入损耗有截断法和替代法。

1. 截断法

截断法是一种破坏性方法，其测量步骤如下。

1）按照图 6.2 所示测量并记录 P_1。

2）待 P_1 稳定后，将临时接点 TJ 与插头 CA 之间的光纤截断，截断点 J 与临时接点 TJ 的距离应不少于 30cm，如图 6.3 所示。

3）待系统稳定后，按图 6.4 所示测量并记录 P_0。

4）按公式 I.L.$=-10\lg(P_1/P_0)$ 计算出插入损耗。

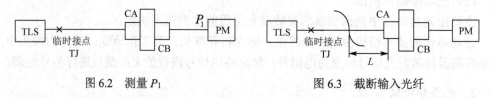

图 6.2　测量 P_1　　　　　　　　图 6.3　截断输入光纤

2. 替代法

替代法是一种非破坏性的方法，与截断法相比，精度稍低，测量步骤如下。

1）按图 6.2 所示测试并记录 P_1。

2）待 P_1 稳定后，按图 6.5（即直接将插头 CA 插入光功率计）所示测量并记录 P_0。

3）按公式 I.L.$=-10\lg(P_1/P_0)$ 计算出插入损耗。

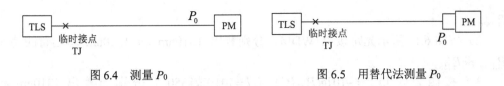

图 6.4　测量 P_0　　　　　　　　图 6.5　用替代法测量 P_0

6.1.2　回波损耗

回波损耗通常采用光耦合器测试法。下面以光隔离器为例，具体介绍它的测试步骤。

1）选择一个 2×2 插入损耗小、分光比为 1：1 带连接器端口的光耦合器，按图 6.6 所示的光路测量 P_0。

2）按图 6.7 所示的光路接上待测光隔离器（ISO），并测量回返光功率 P_1。

3）根据公式 R.L. $= -10\lg(P_1/P_0)$ 即可计算出被测隔离器的回损。

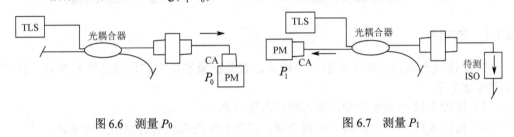

图 6.6　测量 P_0　　　　　　　　图 6.7　测量 P_1

6.1.3　隔离度

隔离度是光隔离器和 WDM 器件的重要参数。对于光隔离器，它主要指反向隔离度，而对于 WDM，则主要表示输出端口的光进入非指定输出端口光能量大小。因此，下面将分别介绍它们的测试步骤。

1. 光隔离器反向隔离度的测量

下面以偏振无关光隔离器为例，介绍测量步骤。

1）按图 6.8 所示光路记录输入端的频谱 $P_0(\lambda)$。

2）按图 6.9 所示光路反向接入光隔离器，并测出输出端的频谱 $P_1(\lambda)$。

3）根据公式 I.L.$(\lambda) = -10\lg[P_1(\lambda) / P_0(\lambda)]$ 即可计算出光隔离器的反向隔离度。

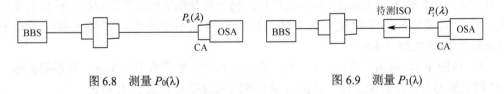

图 6.8　测量 $P_0(\lambda)$　　　　　　　图 6.9　测量 $P_1(\lambda)$

2. WDM 隔离度的测量

下面以 1×2 的 1310nm/1550nm WDM 为例，介绍该测量步骤。

1）按图 6.10 所示光路分别记录 TLS 在 1310nm 和 1550nm 的输入光功率 $P_{0,1310}$ 和

$P_{0,1550}$。

2）按图 6.11 所示光路接上 WDM，分别测出 1310nm 和 1550nm 输出臂的功率 $P_{1,1310}$ 和 $P_{1,1550}$。

3）按照公式 I.L.$_i = -10\lg(P_{1,i}/P_{0,i})$（$i = 1310$或$1550$）分别计算出 1310nm 和 1550nm 的插入损耗。

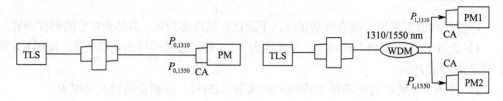

图 6.10 测量 $P_{0,1310}$ 和 $P_{0,1550}$　　　　图 6.11 测量 $P_{1,1310}$ 和 $P_{1,1550}$

6.1.4 方向性

方向性是光耦合器所特有的一个指标，它是衡量器件定向传输特性的参数。具体测量步骤如下。

1）按图 6.12 所示光路测出输入端注入功率 P_0。

2）按图 6.13 所示光路接上光耦合器，并测出非注入光端的输出光功率 P_1。

3）根据公式 D.L.$= -10\lg(P_1/P_0)$ 即可计算出上述端口的方向性。

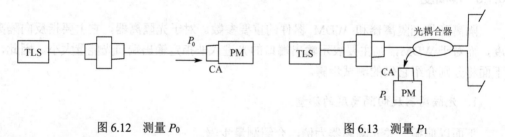

图 6.12 测量 P_0　　　　图 6.13 测量 P_1

6.1.5 偏振相关损耗

偏振相关损耗是光隔离器、波分复用器、光开关等器件的重要参数。偏振相关有两种方法：一种是基于 Mueller 矩阵法原理；另一种是用价格昂贵的偏振分析仪直接测量。由于用偏振分析仪测量方法十分简单，这里就不予介绍，下面主要介绍基于 Mueller 矩阵法的测试步骤。

1）按图 6.14 所示光路，调整 PC，使输入光分别处于水平偏振态、垂直偏振态、45°线偏振态及右旋圆偏振态，并测得相应的输入功率 P_a、P_b、P_c 和 P_d。

2）按图 6.15 所示光路，接入待测元件（DUT），同样调整偏振控制器，使输出光分别处于水平偏振态、垂直偏振态、45°线偏振态及右旋圆偏振态，并测得相应的输出功率 P_A、P_B、P_C 和 P_D。

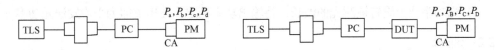

图 6.14 测量 P_a、P_b、P_c 和 P_d 图 6.15 测量 P_A、P_B、P_C 和 P_D

3）根据 Mueller 矩阵法，将测出的 P_a、P_b、P_c、P_d、P_A、P_B、P_C 和 P_D 代入下面式子求出 PDL。

$$m_{11} = \frac{\dfrac{P_A}{P_a} + \dfrac{P_B}{P_b}}{2} \tag{6.1}$$

$$m_{12} = \frac{\dfrac{P_A}{P_a} - \dfrac{P_B}{P_b}}{2} \tag{6.2}$$

$$m_{13} = \frac{P_C}{P_c} - m_{11} \tag{6.3}$$

$$m_{14} = \frac{P_D}{P_d} - m_{11} \tag{6.4}$$

$$T_{max} = m_{11} + \sqrt{m_{12}{}^2 + m_{13}{}^2 + m_{14}{}^2} \tag{6.5}$$

$$T_{min} = m_{11} - \sqrt{m_{12}{}^2 + m_{13}{}^2 + m_{14}{}^2} \tag{6.6}$$

$$\text{PDL} = 10\lg\left(\frac{T_{max}}{T_{min}}\right) \tag{6.7}$$

6.2 光发射端口测试

6.2.1 平均发送光功率

平均发送光功率是光发射机最重要的技术指标，光发射机的发射光功率和所发送的数据信号中"1"占的比例有关，"1"越多，光功率也就越大。当发送伪随机信号时，"1"和"0"大致各占一半，这时测试得到的功率就是平均发送光功率，单位为 dBm。

平均发送光功率的测试框图如图 6.16 所示。

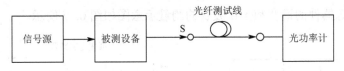

图 6.16 平均发送光功率的测试框图

测试步骤如下。

1）按图 6.16 所示接好电路。

2）对于光通信设备一般输入口不需要送信号；如需要送则可送入伪随机码。

3）光功率计上设置被测光的波长，待输出功率稳定，读出值即为平均发送光功率。

6.2.2　消光比

从理想状态讲，当数字电信号为"0"时，光发射机应该不发光；只有当数字电信号为"1"时光发射机才发出一个传号光脉冲。但实际上在数字电信号为"0"的情况下，光发射机也会发出极微弱的光。当然这种发光越小越好，于是就引出了消光比的概念。按照前文的内容，消光比定义为

$$EX = \frac{A}{B} \tag{6.8}$$

式中　A——光端机调制数据全部为"1"时的平均光功率；
　　　B——光端机调制数据全部为"0"时的平均光功率。

光发射机的消光比一般要求大于 8.2dB，即"0"码光脉冲功率是"1"码光脉冲功率的 1/7。通常希望光发射机的消光比大一些为好，但对于有些情况却并非如此。例如，对于码速率很高的光发射机如在 2.5Gb/s 以上，若使用的是单纵模激光器会出现"啁啾"声。"啁啾"声是指单纵模激光器谐振腔的光通路长度会因注入电流的变化而变化，导致其发光波长发生偏移。当使用 DFB 单纵模激光器时，增大偏流会降低"啁啾"声的影响，而增大偏流则会减小消光比，因此消光比并非越大越好。

一般光通信设备端口的消光比测试也如图 6.16 所示，分别调制全"1"码和全"0"码输入光发射机，并测得各自的平均光功率。

在消光比测试时，一般还要考虑在光功率计前加入光电变换器和示波器。示波器的作用是为了监测光发射机波形是否稳定。

6.2.3　谱宽和工作波长

谱宽和工作波长都是光源激光器的重要指标。众所周知，光源器件的谱宽越窄越好，因为谱宽越窄，由它引起的光纤色散就越小，就越有利于进行大容量的传输。目前，关于谱宽的提法有 3 种，即常用的根均方谱宽 $\delta\lambda_{rms}$ 和半值满谱宽 $\delta\lambda_{1/2}$，它们适用于多纵模激光器。同时，ITU-T 还定义-20dB 谱宽 $\delta\lambda_{-20dB}$，它主要用于单纵模激光器，意思是指从中心波长的最大幅度下降到 1%(-20dB)时两点间的宽度。激光器的工作波长是指它的主纵模中心波长。

对于光源器件的谱宽和工作波长，ITU-T 都有非常具体的规定。两者的测试方法基本相同，光源器件的谱宽和工作波长的测量示意图如图 6.17 所示。

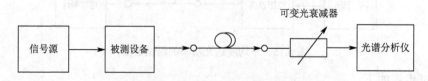

图 6.17　谱宽和工作波长的测量示意图

图 6.17 中可变光衰减器的作用是使输出光功率在光谱分析仪要求的范围内。测试光

源的工作波长时，只需调整光谱分析仪，找到并记录主模中心波长。测试 $\delta\lambda_{-20dB}$ 时，先记录光功率下降到-20dB 时谱线对应的波长 λ_1 和 λ_2，并由计算得到 $\delta\lambda_{-20dB} = \lambda_1 - \lambda_2$。

6.3 光接收端口测试

6.3.1 光接收机灵敏度

光接收机灵敏度的测量示意图如图 6.18 所示。

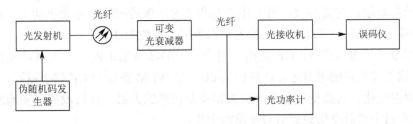

图 6.18 光接收机灵敏度的测量示意图

图 6.18 中的伪随机码发生器按不同的码率输出不同序列的伪随机码（如 140Mb/s 时为 $2^{23}-1$）驱动光发射机，光发射机发出的光脉冲信号经光纤与可变光衰减器传输后到达接收端，调节 APD 的增益（改变其反向偏压）与判决门限，使误码率达到规定要求为 $BER=1\times10^{-10}$（通过误码仪的读数），然后增大光衰减器的衰减值，则误码率增大。当误码率达到规定值（一般为 $BER=10^{-10}$），并保持较长时间的稳定后，用光功率计测量出光接收机输入端的光功率值，即为灵敏度。

6.3.2 过载光功率和动态范围

按照前文的定义，光接收动态范围可以表示为

$$D = 10\lg\frac{P_0}{P_r}\ (dB) \tag{6.9}$$

式中　　P_0——光接收机过载光功率；
　　　　P_r——光接收机灵敏度。

光接收机过载光功率是指，在保证一定误码率要求的条件下，光接收机所允许的最大光功率值。因为光接收机的输入光功率达到一定数值时，其前置放大器进入非线性工作区，继而会出现饱和或过载现象，使脉冲波形发生畸变，导致码间干扰增大、误码率增加，为此对其进行了规范。

光接收机过载光功率的测试过程与灵敏度测试唯一不同的是减小光衰减器的衰减值。当减小到一定程度时，误码率也会达到规定值（一般为 $BER=10^{-10}$）。这时，光功率计测量出光接收机输入端的光功率值，即为光接收机过载光功率。

再通过式（6.9）就可以得到光接收机的动态范围。需要注意的是，动态范围的测量同光接收机其他性能测量一样，需要考虑测量时间的长短，只有在长时间内系统处

于误码要求以内的条件下测得的功率值才是实际值。

6.4　光放大器的测试

OA 作为 DWDM 系统中的重要组件，其性能的优异对整个通信系统的质量及其性价比的影响是很大的。熟悉 OA 的常用性能指标对于分析设计高性能的 OA 是十分必要的。OA 常用的指标除了前面介绍的增益、噪声指数、饱和输出功率、增益带宽、功率转换效率外，还有以下几个参数。

1）动态范围。定义为放大器工作于饱和区时，保持恒定信号输出功率（±0.5dB）所对应的输入信号功率变化范围，称为动态范围，单位为 dB。

2）增益平坦度（GF）。GF 是指在整个可用的增益通带内，最大增益波长点的增益与最小增益波长点的增益之差，单位为 dB。在 WDM 系统中 GF 越小越好。

3）增益变化。增益变化是指光放大器增益在光放大器工作波段内（多通路）的变化，最大和最小增益变化的数值与通路数无关。

动态增益斜率（DGT）表示不同波长信道的增益随输入光功率变化而产生的动态变化的差异，可表示为

$$DGT = \frac{G'(\lambda) - G(\lambda)}{G'(\lambda_0) - G(\lambda_0)}\qquad(6.10)$$

式中　λ_0——参考波长；

　　　λ——定义的波长；

　　　G——标称增益；

　　　G'——不同输入光功率下的增益。

DGT 的定义如图 6.19 所示。

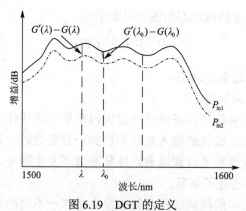

图 6.19　DGT 的定义

动态增益变化（DGV）定义为最大动态增益斜率（DGT_{max}）与最小动态增益斜率（DGT_{max}）之比，即

$$DGV = \frac{DGT_{max}}{DGT_{min}}\qquad(6.11)$$

通常，WDM 系统要求 DGV 越接近 1（0 dB）越好。

从上面的讨论可以看出，增益和噪声指数是最基本的，只要测出了它们，其他指标就可以依据定义计算出。因此，本节主要介绍目前常用的 EDFA 增益和噪声指数光学测试法、RFA 的增益谱测试法以及 SOA 的增益和噪声测量方法。

6.4.1　EDFA

1. 增益的测量

按图 6.20 所示使用 OSA 先测得未接入 EDFA 时的光谱（图 6.21 中曲线 1）；接着测量接入 EDFA 时的光谱；最后将图中两条曲线相减所得差值就是 EDFA 的增益。

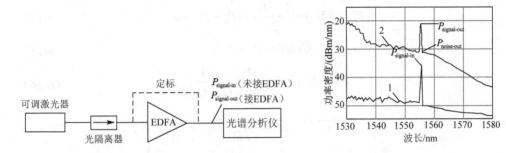

图 6.20　测量 EDFA 增益的基本装置　　　图 6.21　OSA 得到的输入信号光放大前、后谱

2. 噪声指数的测量

测量噪声指数的方法很多，既有电学方法也有光学方法。光学方法又可以分为时域消光法、减少光源法、偏振消光法、信号替代法及折合光源法等多种方法，其目的都是将放大自发辐射功率与信号或其他噪声功率分开。

通常，在没有输入信号光时，P_{ASE} 可以很容易地用 OSA 测量得到，但随着输入信号光功率的增加，ASE 功率会因自饱和而受到压制，此时的 P_{ASE} 就难以直接测量到，这里推荐采用偏振消光法来测量 EDFA 的噪声指数，如图 6.22 所示。由于放大器的输出信号有固定的偏振方向，而 ASE 则是任意偏振方向，可以通过调整偏振控制器来改变信号的偏振方向，再配合偏振分束器来消除信号成分，从而达到测量 ASE 噪声功率电平的目的。为了保护光谱仪，通常会加上光衰减器以防止输出光功率过大。

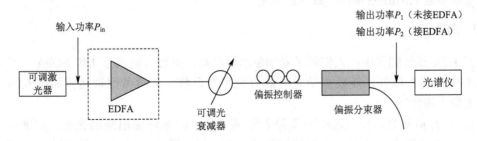

图 6.22　偏振消光法测量噪声指数的装置

具体测量噪声指数的步骤如下。

1）使用光功率计测量输入光功率 P_{in}。

2）在未接入 EDFA 时，调整偏振控制器使光波只通过偏振分束器的其中一条路径有最大的输出，用光谱分析仪测量此时信号的峰值功率 P_1。

3）接入 EDFA，调整偏振控制器，使光谱仪测量到最大的信号峰值功率 P_2。

4）调整偏振控制器，使信号峰值达到最小，只剩下 ASE 功率电平。如图 6.23 所示，采用线性插值方法，即在信号波长前后约 0.2nm 间隔处测量 ASE 电平 P_L、P_R，然后求和取平均值，认为这个平均值就是信号波长的 ASE 电平。

5）将所得的数据代入式（6.12）至式（6.14），即可计算出信号的 ASE 功率 P_{ASE}、放大器增益 G 和噪声指数 NF，即

$$P_{ASE}(dBm) = \frac{P_R + P_L}{2} + (P_{in} - P_1) + 3 \tag{6.12}$$

$$G(dB) = P_2 - P_1 \tag{6.13}$$

$$NF(dB) = 10\lg\left(\frac{P_{ASE}}{h\nu B_0 G} + \frac{1}{G}\right) \tag{6.14}$$

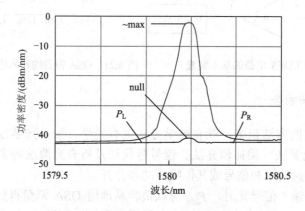

图 6.23 偏振消光法测量 ASE 功率示意图

使用上述方法测量得到的噪声指数精确度取决于偏振分束器能否完全分离输出光的信号成分。此外，信号光光源本身也存在光源自发辐射（SSE）成分，SSE 具有任意偏振态，因此其无法用极化偏振分光器滤除，如 SSE 功率为-50dBm/nm 的 DFB 激光器会造成将近 0.6 dB 的噪声指数测量误差。

6.4.2 RFA

在 RFA 设计制作中，人们除了要测量增益和噪声指数（测试方法和 EDFA 一样，这里不再赘述）以外，还要测量光纤的拉曼增益系数，其测量原理装置如图 6.24 所示，测量步骤如下。

1）打开信号光，用 OSA 分别测量泵浦开和关时光纤输出端的光谱。泵浦关时 OSA 测量出的光谱 A 是经过光纤衰减的信号光。泵浦开时 OSA 测量的光谱 B 除了被

放大的信号光之外，还包含泵浦光的反向 ASE 和瑞利散射。

2）关闭信号光，只输入泵浦光时在光纤输出端测得泵浦光的反向 ASE 和瑞利散射的光谱 C。

3）在 OSA 里把光谱 B 和光谱 C 对数相减得到纯的放大后的信号光谱 D。

4）将纯信号光谱 D 和泵浦关闭时的光谱 A 对数相减，便得到以对数形式表示的信号光的开关增益谱。

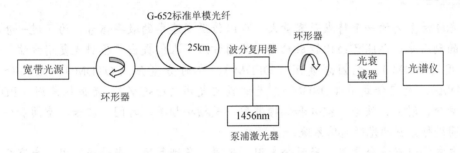

图 6.24 测量拉曼光纤增益系数的装置

6.4.3 半导体光放大器

由于半导体对偏振敏感，因此，在测试其增益和噪声指数时需要在图 6.20 和图 6.22 的基础上添加一个偏振控制器控制其偏振态，如图 6.25 所示。首先调整偏振控制器，使输入信号光分别以水平偏振态（TM 模）和垂直偏振态（TE 模）输入 SOA，接着按照 EDFA 测试增益和噪声指数的步骤就可以测得 SOA 的 TE 模（TM 模）状态下的增益与噪声指数。

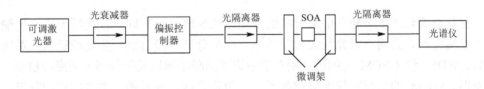

图 6.25 半导体光放大器测试系统框图

习题与思考题

在光通信设备的端口测试中，必须使用光功率计的有哪些指标？

第 7 章　光纤通信复用技术

◦●◦本章提要

　　光纤最重要的一个特点是容量大，可以传送高速率的数字信号。为了进一步提高光纤的利用率，参照已经比较成熟的电复用方法，人们提出了各种光复用方法，如波分复用（WDM）、光频分复用（OFDM）、光时分复用（OTDM）、光码分复用（OCDM）、光空分复用（OSDM）、光副载波复用（OSCM）、光偏振复用（PDM）等。频分、时分、波分、空分和偏振复用，是指按频率、时间、波长、空间和偏振态的不同进行分割的光纤通信系统。

　　本章将对光波分复用、光时分复用、光码分多址复用、光偏振复用、光空分复用技术的基本结构和工作原理进行介绍，着重讨论光波分复用技术，包括它的概念、结构、涉及的关键技术等。

7.1　光纤通信复用的基本概念

7.1.1　复用的概念及意义

1. WDM/OFDM

　　在发送端允许多个独立信息对应的传输波长能够组合到同一根光纤上进行传输，在接收端将组合到同一根光纤上传输的独立信息分开，经过进一步处理后送入对应的终端。WDM 和 OFDM 之间的区别在于信道的间隔不同以及接收端所采用的检测技术有差别。WDM 的出现不仅充分挖掘了光纤带宽资源，并且拥有更大的传输容量，能够利用 WDM 技术在同一根光纤中传输不同波长的信号。

2. OTDM

　　OTDM 将同光频不同信道的信息按时隙划分复用到同一光纤上进行传输。OTDM 提高了传输的速率，并且该技术让多路光脉冲信道用一个光载波就能调制利用，从而很大程度上提高了系统的容量。该技术所呈现出的两种形式分别是信元间插和比特间插。

3. OCDM

　　OCDM 对每个信道分配一个相互正交的地址码，把需要传输的信息用相对应的调制方式进行调制，经编码器转变成光编码信号后复用到同一根光纤中传输，在接收端通过原来标记好的地址码进行光解码，从而获得原光信号。OCDM 技术通过标记好的地址码实现了精准的点到点的光通信，同时提高了传输信息的安全性。

4. OSDM

OSDM 利用并行空间路径来增强光波系统容量，利用空间分割来提高同一频段内的不同空间的利用率，如在一根光纤中融入多根纤芯使其变为多信道进行传输。

5. OSCM

OSCM 将多信道中的信号经过不同的载波调制耦合到同一根光纤中进行传输，接收端及发送端都要分别进行电调制加光调制才能实现信号的调制及解调。

6. PDM

PDM 的前身称为极化 WDM 技术，两路信号以两个相互正交且互不相关的偏振态在同一信道中传输，这种复用技术在光纤通信中是一种新的复用方式，该技术的出现在很大程度上使光纤传输容量得到提高，主要是因为这种技术在不需要额外带宽的前提下，利用光的偏振使光纤传输信息的能力多提高了整整 1 倍。所以，对这种技术的深入研究在光纤的高速传输方面是很有意义的。

7.1.2　复用的分类

光纤通信复用包括光波分复用、光频分复用、光时分复用、光码分复用、光空分复用、光偏振复用及光副载波复用等，如图 7.1 所示。

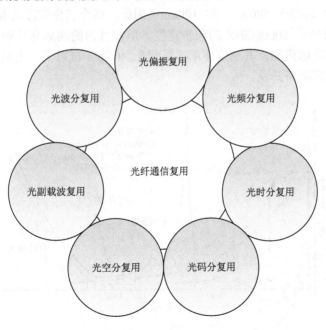

图 7.1　复用的分类

7.2 光波分复用

7.2.1 基本概念

WDM 是光纤通信中的一种传输技术，它利用一根光纤可以同时传输多个不同波长光载波的特点，把光纤可能应用的波长范围划分成若干波段，每个波段作为一个独立的通道传输一种预定波长的光信号。

与通用的单信道系统相比，WDM 技术不仅极大提高了网络系统的通信容量，充分利用了光纤的带宽，而且它具有扩容简单、性能可靠等诸多优点，特别是它可以直接接入多种业务。

WDM 的实质是在光纤上进行 OFDM，只是因为光波通常采用波长而不是频率来描述、监测与控制，在 WDM 技术高度发展、每个光载波占用的频段极窄、光源发光频率极其精确的前提下，或许使用 OFDM 来描述更恰当些。在 WDM 传输系统的发送端，需要采用波分复用器将待传输的多个光载波信号进行复接，而在接收端采用去复用器分离出不同波长的光信号。

要想在一根光纤上同时传输多个波长信号，光纤必须要有足够的带宽资源。目前，单模光纤的适用工作区有两个，即 1310nm 和 1550nm 波段两个低损耗区域。光纤损耗谱特性及单模光纤的带宽资源如图 7.2 所示。

由图 7.2 可见，1310nm 波段的低损耗区为 1260~1360nm，共 100nm。1550nm 波段的低损耗区为 1480~1580nm，共 100nm。因此，两个工作波段共有约 200nm 低损耗区可用，这相当于 30000GHz 的频带宽度。但在目前的实际光纤通信系统中由于光纤色散和调制速率的限制，其通信速率被限制在 40Gb/s 或以下，所以单模光纤还有绝大部分的带宽资源有待开发。

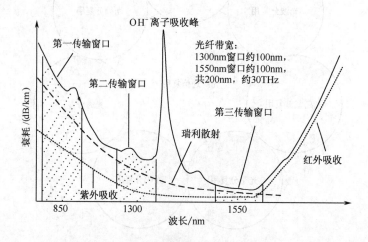

图 7.2 光纤损耗谱特性及单模光纤的带宽资源

WDM 技术对网络的扩容升级、发展宽带业务[如 CATV，高清晰数字电视（HDTV），宽带、智能和个性化综合业务数字网络（BIP-ISDN）等]、充分发掘光纤带宽潜力、实现高速通信等具有十分重要的意义，尤其是应用 EDFA 的 WDM 系统对现代信息网络具有更大的吸引力。应用 NZDSF 加 EDFA 加光子集成的 DWDM 系统正在成为高速光纤通信系统发展的主要技术方向。

就发展而言，如果某区域内所有的光纤通信传输链路都升级为 WDM 传输，就可以在这些 WDM 链路的交叉处设置以波长为单位对光信号进行交叉连接的 OXC 设备，或进行光上/下路的 OADM。这样在原来由光纤链路组成的物理层上就会形成一个新的光层。在这个光层中，相邻光链路中的波长通道可以连接起来，形成一个跨越多个 OXC 和 OADM 的光通路，完成端到端的信息传送。如果可以根据需要灵活地动态建立和释放这种以波长为单位的光通路，就是一个全新的、新一代的 WDM 全光网。

图 7.3 所示为 WDM 技术近年来的发展趋势，从早期 1310nm 和 1550nm 两波长信号的简单复用，已发展到贯穿光纤介质 1260～1625nm 通信波段范围的数百波长的复用。其复用的密集与稀疏程度按通道间隔来区别，一般的看法是光载波复用数小于 8 波、信道间隔大于 3.2nm 的系统称为 WDM。光载波复用数大于 8 波、信道间隔小于 3.2nm 的系统称为 DWDM。WDM 的密集程度与其他电通信的频分复用密集程度相当时，就称为 OFDM。

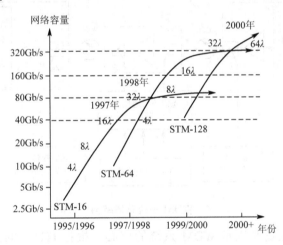

图 7.3　WDM 技术的发展趋势

以相对信道间隔（即信道间隔/中心频率）来比较，目前 DWDM 的实用窄信道间隔为 50GHz，相对信道间隔为 50GHz/193.4THz = $2.6×10^{-4}$，而移动通信为 25kHz/960MHz= $2.6×10^{-5}$。也就是说，WDM 的信道间隔还要减小一个数量级，减小到大约 5GHz 才算得上 OFDM，信道间隔 5GHz 相当于波长间隔为 0.04nm。

近年来，城域网的发展日益受到人们的高度关注，而城域网的特点是传输距离短（通常在 20～30km 范围内）、通信容量大，为经济、有效扩展带宽的需要人们提出了粗波分复用技术（CWDM）。

目前 DWDM 的带宽范围为 1530～1625nm，带宽仅为 95nm，通常采用 200GHz（1.6nm）、100GHz（0.8nm）或者 50GHz（0.4nm）的波长间隔。CWDM 传输距离小于

DWDM，一般应用的距离小于 100km，可以考虑不用光纤放大器，也就不受限于 EDFA 的带宽，则光纤可使用的带宽从 95nm 扩展到 345nm，也就是波长为 1280～ 1625nm。如果设定的波长间隔为 20nm，则在光纤中可有 16 个频道可用。因频道间隔变大，设备中诸如滤波器等其他器件由于技术要求低就放宽了要求，而且 CWDM 系统使用的激光器是不需要制冷的。CWDM 系统的结构基本上和 DWDM 系统相类似，但在城域网和接入网的应用中，同样可提供多种业务的透明传输，可以充分发挥其优势，即更低的硬件成本、功耗和更小的体积。

7.2.2　WDM 系统的工作原理

1.　WDM 系统总体结构及各部分功能

　WDM 系统主要由以下 6 个部分组成，即光发射机、光中继放大、光接收机、光合波/分波器（复用/解复用器）、光监控信道和网络管理系统。WDM 系统总体结构示意图如图 7.4 所示。

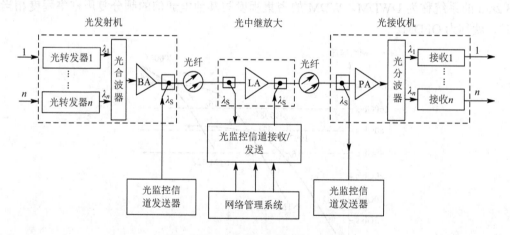

图 7.4　WDM 系统总体结构示意图

　在图 7.4 中，光发射机是 WDM 系统的核心，根据 ITU-T 的建议和标准除了对 WDM 系统中发送激光器的中心波长有特殊要求外，还要根据 WDM 系统的不同应用（主要是传输光纤的类型和无中继传输的距离）来选择具有一定色散容量的发送机。在发送端首先将来自终端设备（如 SDH 端机）输出的光信号，利用光转发器（OTU）把符合 ITU-T G.957 建议的非特定波长的光信号转换成稳定的特定波长的光信号；利用合波器合成多通路光信号，通过光功率放大器（BA）放大输出多通路光信号。

　经过长距离传送后（与传输速率和光纤介质等有关），需要对光信号进行光中继放大。目前使用的光放大器多为 EDFA，在 WDM 系统中必须采用增益平坦技术，使 EDFA 对不同波长的光信号具有相同的放大增益。同时，还需要考虑到不同数量的光信道同时工作的各种情况，能够保证光信道的增益竞争不影响传输性能。在应用时，可根据具体情况，将 EDFA 用作线路放大器（LA）、BA 和前置放大器（PA）。

在接收端，光前置放大器放大经传输而衰减的主信道光信号，采用分波器从主信道光信号中分出特定波长的光信号。接收机不但要满足一般光接收机对光信号灵敏度、过载功率等参数的要求，还要能承受有一定噪声的信号，要有足够的电带宽性能。

波分复用器分为发端的合波器和收端的分波器。合波器又称复用器，其功能是将满足 G.692 规范的多个单通路光信号合成为一路合波信号，然后耦合进同一根光纤传输。分波器又称解复用器，其作用是在收端将一根光纤传输的合波信号还原成单路波长光信号，然后分别耦合进不同的光纤。大多数波分复用器都是可逆器件，即合波器反方向使用就成了分波器。

光监控信道的主要功能是监控系统内的各信道的传输情况。在发送端，插入本节点产生的波长为 λ_s（1510nm）的光监控信号，与主信道的光信号合波输出；在接收端，将接收到的光信号分波，分别输出 λ_s（1510nm）波长的光监控信号和业务信道信号。帧同步字节、公务字节和网管所用的开销字节等都是通过光监控信道来传递的。

网络管理系统通过光监控信道传送开销字节到其他节点或接收来自其他节点的开销字节对 WDM 系统进行管理。实现配置管理、故障管理、性能管理、安全管理等功能，并与上层管理系统［如电信管理网络（TMN）］互联。

2. 光波长区的分配

目前在 SiO$_2$ 光纤上，光信号的传输都在光纤的两个低损耗区段，即 1310nm 和 1550nm。但由于目前常用的 EDFA 的工作波长范围为 1530～1565nm。因此，WDM 系统的工作波长主要为 1530～1565nm。在这有限的波长区内如何有效进行通路分配，关系到提高带宽资源的利用率及减少相邻通路间的非线性影响等。

（1）标称中心频率和最小通路间隔

为了保证不同 WDM 系统之间的横向兼容性，必须对各个通路的中心频率进行规范。所谓标称中心频率是指 WDM 系统中每个通路对应的中心波长。目前，国际上规定的通路频率是基于参考频率为 193.1THz、最小间隔为 100GHz 的频率间隔系列。

对于频率间隔系列的选择应该满足以下要求。

1）至少应提供 16 个波长，因为当单通路速率为 2.5Gb/s 时，一根光纤上的 16 个通路就可提供 40Gb/s。

2）波长数量不能太多，因为对这些波长的监控是一个比较复杂的问题。

3）所有波长都应位于光放大器增益曲线相对比较平坦的部分，可使光放大器在整个波长范围内提供相对较为均匀的增益。对于 EDFA，它的增益曲线相对较平坦的区域是 1540～1560nm。

4）这些波长应与系统中光放大器使用的泵浦波长无关。

5）所有通路在这个范围内均应保持均匀间隔。

WDM 信道的标准波长分等间隔和不等间隔两种配置方案。不等间隔配置是为了避免四波混频效应的影响。鉴于使用 G.652 和 G.655 光纤的 WDM 系统中没有观察到四波混频效应的明显影响，因此 ITU-T 对使用 G.652 和 G.655 光纤的 WDM 系统推荐使用的标准波长按等间隔配置。四波混频引起的信道间的串扰发生在采用 G.653 光纤的 WDM 系统中，因此用 G.653 光纤的 WDM 系统采用不等间隔中心波长配置。

（2）通路分配表

16 通路 WDM 系统的 16 个光通路的中心波长应满足表 7.1 的要求，表中标有*的波长为 8 通路 WDM 系统中心波长。

表 7.1　16 通路和 8 通路 WDM 系统中心频率

序号	标称中心频率/THz	标称中心波长/nm	序号	标称中心频率/THz	标称中心波长/nm
1	192.10	1560.61*	9	192.90	1554.13*
2	192.20	1559.79	10	193.00	1553.33
3	192.30	1557.98*	11	193.10	1552.52*
4	192.40	1557.17	12	193.20	1551.72
5	192.50	1557.36*	13	193.30	1550.92
6	192.60	1556.55	14	193.40	1550.12*
7	192.70	1555.75*	15	193.50	1549.32
8	192.80	1554.94	16	193.60	1547.51*

（3）中心频率偏差

中心频率偏差定义为标称中心频率与实际中心频率之差。对于 16 通路 WDM 系统，通道间隔为 100GHz（约 0.8nm），最大中心频率偏移为±20GHz（约 0.16nm）；对于 8 通路 WDM 系统，通道间隔为 200GHz（约 1.6nm）。为了未来向 16 通道系统升级，也规定对应的最大中心频率偏差为±20GHz。对于信道不等间隔情况，中心频率偏差要求更为严格，其规范值如表 7.2 所示。

表 7.2　不等信道间隔在寿命终结时允许的中心频率偏差

频率间缝/GHz	25	50	100
最大中心频率偏差/GHz	4～5	11	23

注：频率间缝（frequency slot）不同于频率间隔，其定义为 FWM 光功率和光信号之间的最小频差。

7.2.3　WDM 系统的基本结构

WDM 系统的基本构成主要有以下 3 种基本形式，即双纤单向传输、单纤双向传输和光分路插入传输。

1. 双纤单向传输

单向 WDM 是指所有光通路同时在一根光纤上沿同一方向传送，即在发送端将载有各种信息、具有不同波长的已调光信号通过光复用器组合在一起，并在一根光纤中单向传输。由于各信号是通过不同波长携带的，所以彼此之间不会混淆。在接收端通过光解复用器将不同光波长的信号分开，完成多路光信号传输的任务。反方向通过另一根光纤传输，原理相同。双纤单向传输示意图如图 7.5 所示。

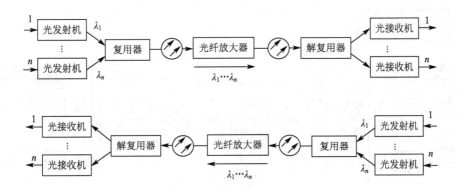

图 7.5　双纤单向传输示意图

2. 单纤双向传输

双向 WDM 是指光通路在一根光纤上同时向两个不同方向传送，所有波长相互分开，以实现彼此双方全双工的通信联络。单纤双向传输示意图如图 7.6 所示。

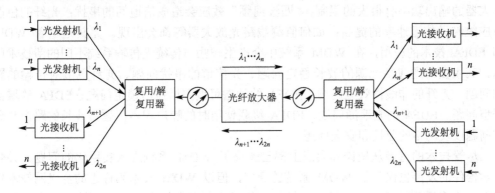

图 7.6　单纤双向传输示意图

单向 WDM 系统在开发和应用方面都比较广泛。双向 WDM 系统的开发和应用相对来说技术要求更高些。双向 WDM 系统在设计和应用时要考虑到几个关键因素。例如，为了抑制多通道的干扰，必须要注意到光反射的影响、双向通路之间的隔离、串扰的类型和数值、两个方向传输的功率电平和相互间的依赖性及自动功率关断等问题，同时还必须使用双向放大器。但与单向 WDM 系统相比，双向 WDM 系统可以减少使用光纤和线路放大器的数量。

3. 光分路插入传输

光分路插入传输示意图如图 7.7 所示。在图 7.7 中，通过解复用器将光信号 λ_i 从线路中分出来，利用复用器将光信号 λ_i' 插入线路中进行传输。通过线路中间设置的分插复用器或光交叉连接器，可使各波长的光信号进行合流或分流，实现光信号的上/下通路与路由分配。这样就可以根据光纤通信线路沿线的业务量分布情况和光网的业务量分布情况合理安排插入或分出信号。

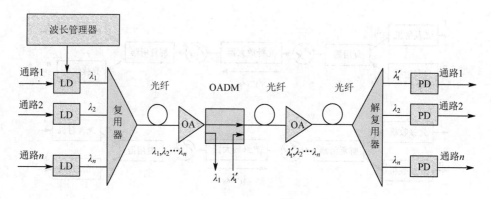

图 7.7　光分路插入传输

7.2.4　WDM 系统关键器件

WDM 系统的应用对增加通信容量、信息网络的建设有重大意义。但是目前还存在一些技术问题。例如，对于激光器的波长及其稳定性要求较高；光纤的非线性对光放大器的输出功率有很大的限制；"四波混频"效应会造成信道间的串扰；光纤的色散效应限制了信道速率的提高；如何监测线路光放大器等都会出现。尤其是随着 WDM 和 EDFA 技术的应用，在 WDM 系统中会产生一些与传统光传输系统不同的新技术问题，其主要问题包括光源的波长稳定问题、光信道的串扰问题、光纤色散对传输的影响问题、光纤的非线性效应问题、EDFA 的动态可调整增益与锁定问题、EDFA 的增益平坦问题、EDFA 的光浪涌问题、EDFA 级联使用时的噪声积累问题、波长的路由和分配问题以及网络的监控和安全问题。

尽管技术的进步从理论和实践上都已解决了 WDM 系统进入实用化的问题，并且光学器件的发展也保证了 WDM 系统的商用，但以 WDM 技术为标志的全光网技术仍然面临许多需要解决的新问题和一批与之相适应的配套技术，如光源技术、光波分复用与解复用技术、光纤技术、光放大技术、监控技术等。其中光信号放大技术（主要是 EDFA）在第 4 章已有详细叙述。

WDM 具有很大的技术优势和良好的经济性，既能满足爆炸性增长的市场需求，又有广阔的发展前景。但是，要实现 WDM 传输，需要许多与其作用相适应的高新技术和器件，其中包括光源、光合波分波器、光放大器、光线路技术及监控技术等。

1．WDM 传输系统用的光源

在 WDM 系统中，必须对光源的波长进行精确设定和控制，采用的主要方法有温度反馈控制法和波长反馈控制法，用来达到控制与稳定波长的目的。目前，用于 WDM 系统的光源有多波长光源、绝对波长光源、分布反馈型激光器和超级周期结构衍射光栅分布反馈型激光器等波长可变半导体激光器以及多波长光纤环形激光器等。

（1）常用光源

在 WDM 系统中，一般采用 DFB 激光器和 DBR 激光器作为光源，它们与一般 F-P

激光器相比具有两个优点。

① 动态单纵模窄线宽振荡。由于 DFB 激光器中光栅的栅距很小,形成了一个微型的谐振腔,对波长具有良好的选择性,使主模和边模的阈值增益相对较大。因此,光波谱线宽度比 F-P 激光器窄很多,并能在高速调制下也能保持单纵模振荡。

② 波长稳定性好。由于 DFB 激光器内的光栅有助于锁定在给定的波长上,其温度漂移约为 $0.8\,\text{Å}/\text{℃}$。

量子阱(QW)半导体激光器是一种窄带隙有源区夹在宽带隙半导体材料中间或交替重叠生长的半导体激光器,是一种很有发展前途的激光器,可用于 WDM 系统。它的结构与一般的双异质结激光器相似,只是有源区的厚度很薄。QW 激光器与一般的双异质结激光器相比,具有以下优点。

① 阈值电流低。其阈值电流密度可降至双异质结激光器的 1/3 和 1/5。

② 谱线宽度变窄,与双异质结激光器相比,可缩小 1 倍。

③ 频率啁啾小,动态单纵模特性好。

(2)光源调制类型

目前,在 WDM 系统中主要采用外调制器。激光器产生稳定的大功率激光,外调制器以低啁啾对光进行调制,以使激光器工作在连续波形式,能更有效地克服频率啁啾,从而获得大于直接调制的色散受限距离。目前,应用的光外调制器有 M-Z 调制器,它的主要特性是啁啾数值很低,色散受限距离很长,但插入损耗较大,需要较高的调制电压。

(3)半导体激光器的波长调谐

一般半导体激光器的光谱线较宽,传输性能不好。为了得到单色性能良好的光源,目前采用了 DFB、DBR 等多种结构的单波长激光器,获得了单色性能良好的单波长振荡,但其振荡波长是由制造器件时衍射栅的周期决定的。虽然能通过改变注入电流等方法,使其折射率发生变化,从而改变波长(可控制的波长范围为 10nm 左右),但都无法实现较大范围波长的控制和调谐。

为了实现能在宽范围内选择波长,超结构光栅(SSG)激光器应运而生。衍射栅具有周期随位置变化的特点,且具有多个波长的反射峰,利用这种衍射栅可制成DBR激光器的发射镜。由于产生的光波长是与栅周期相对应的,因此,根据这种随位置而变的周期性,即可反射各种波长的光。目前,按照这种原理制作的SSG-DBR激光器,已能实现在1550nm波长段波长可变范围超过100nm。

另外,外腔可调的半导体激光器、双极DFB激光器、晶体DFB激光器、多波长光纤环形激光器均可以调谐激射的光波长。

2. 波长可调谐滤光器技术

只允许特定波长的光顺利通过的器件称为滤光器或光滤波器。如果所通过的光的波长可以改变,则称为波长可调谐滤光器。这种滤光器在 WDM 系统、全光交换系统中具有广泛的应用。

（1）F-P 腔型滤光器

F-P 腔型滤光器的主体是 F-P 谐振腔，其结构是一对高度平行的高反射率镜面构成的腔体，如图 7.8 所示。设光波入射腔体的角度为 θ_1，谐振腔长为 L，材料折射率为 n_0。凡满足下面相位条件的光波，可形成稳定振荡并输出等间隔的梳状波形。相位条件为：在两个反射镜之间一次往返传输后的相位变化量 δ 是 2π 的整数倍，即

$$\delta = \frac{4\pi nL\cos\theta_1}{\lambda} = 2m\pi \tag{7.1}$$

式中　m——正整数。

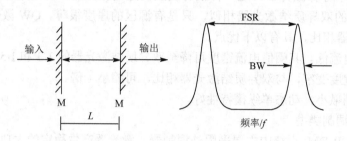

图 7.8　F-P 谐振腔与光传输特性示意图

一般情况下，当 m 取定后，确定满足相位条件具有峰值透过率波长的因素是 n、L 和 θ_1，所以通过设计和调谐这 3 个参数，即可实现波长可调谐的目的。

目前，世界上已研制出多种结构的波长可调谐滤光器，其基本原理都是通过改变腔长、材料折射率或入射角度来达到可调谐的目的。

（2）M-Z 型光滤光器

M-Z 型光滤波器如图 7.9 所示，一个输入信号通过耦合器分成两束光到 M-Z 光滤波器的两个支路，通过引进不同的折射率产生不同的相移差，重新回合后的光信号会因相移变化满足一定的相位条件而发生相长干涉或者相消干涉。

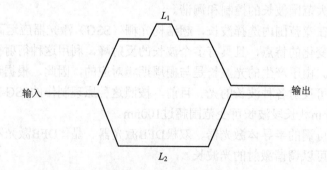

图 7.9　M-Z 型光滤波器

图 7.9 中，L_1 支路中可通过施加电压到光电效应晶体试样来改变折射率，通过对该晶体试样加热可以改变其长度，要求该滤波器两支路长度 L_1 不等于 L_2，使得光支路重新组合后达到相干条件。

3. 光分波合波技术

光波分复用/解复用器是 WDM 系统的关键器件，其功能是将多个波长不同的光信号复合后送入同一根光纤中传送（波分复用器，即合波器），或将在一根光纤中传送的多个不同波长的光信号分解后送入不同的接收机（解复用器，即分波器）。

光波分复用/解复用器在超高速、大容量 WDM 系统中起着关键作用，其性能的优劣对于 WDM 系统的传输质量有决定性的影响，其性能指标有插入损耗和串扰。WDM 系统对光波分复用器/解复用器的特性要求是损耗及其偏差要小，信道间的串扰要小，通带损耗要平坦，通路间的隔离度要高、偏振相关性要小、温度稳定性要好。常用的光波分复用/解复用器件有光栅型、干涉滤波器型、集成光波导型等多种类型，图 7.10 所示为一种光分波合波器的结构示意图。

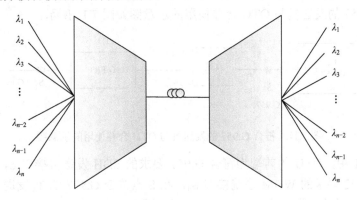

图 7.10　光分波合波器

4. 光放大器

WDM 光信号在光纤中传输时，由于波分复用器件的加入和随距离的延伸不可避免地存在着一定的损耗，每隔一段距离就需要设置一个放大器或中继器，以便对信号进行放大或再生。此外，作为大容量密集波分复用系统，一般来说，每个信道的传输速率都很高（2.5Gb/s、10Gb/s），系统的最大无再生跨距受到光纤线路色散的限制。为了减小色散的影响，可以进行色散补偿，在加了色散补偿光纤（或器件）之后，插入损耗显著加大，对该插入损耗也必须用光放大器来进行补偿。根据放大器在网络中的位置，光放大器主要有 3 种不同的用途：在发射机侧用作功率放大器，用以提高发射机的功率；在接收机之前作预放大器，以提高接收机的灵敏度；在线路中作线路放大器。现行的 WDM 系统多使用光纤最低损耗窗口 1550nm 处的 C 波段和 L 波段，采用具有多信道同时具有放大能力的 EDFA 作为放大器能使再生长度明显增加。在成本上，用一个 EDFA 可以替代几个、几十个传统的放大器，在线路放大中甚至可以代替上百个再生中继器。对 EDFA 的基本要求是高增益且在通带内增益平坦、高输出、宽频带、低噪声、增益特性与偏振不相关等。有关 EDFA 的工作原理和结构特征参见前文。

5. 光转发器技术

（1）光转发器的基本结构

WDM 系统在发送端采用 OTU，主要作用是把非标准的波长转化为 ITU-T 规定的标准波长，以满足系统的波长兼容性。

OTU 器件目前使用的还是光/电/光的变换形式。先由光电二极管 PIN 或者 APD 把接收到的光信号转换为电信号，经过定时再生后，产生再生的电信号和时钟信号，再用该信号对标准波长的激光器重新进行调制，从而得到新的合乎要求的标准光波长信号（G.692 要求的标准波长）。至于采用光/光（O/O）变换方式的波长转换器，主要有基于半导体光放大器的交叉增益调制（XGM）、SPM、FWM 和基于半导体激光器的布拉格反射器、双稳型 LD 等方法构成的全光波长变换器，但目前尚未商用。

符合 G.957 的发送机与 OTU 合并使用的示意图如图 7.11 所示。

图 7.11　符合 G.957 的发送机与 OTU 合并使用的示意图

在图 7.11 中，OTU 的前端为符合 G.957 要求的 SDH 发送机接口 S，OTU 的输出端为符合 G.692 要求的 WDM 系统接口 S_n，在 S 点符合 G.957 的 T_x 发送功率有时会超过 OTU 的输入过载功率，这时需要在 S 点插入固定的光衰减器。

（2）OTU 在发送端的使用

图 7.12 所示为发送端使用 OTU 的示意图。在发送端 OTU 的位置位于具有 G.957 接口的 SDH 设备与波分复用器之间。图中 S_1、S_2、…、S_n 是符合 WDM 系统要求的 SDH 接口。当把符合 G.957 的发送机和 OTU 结合起来作为 G.692 光发射机时，参考点 S_n 位于 OTU 输出光连接器后面。

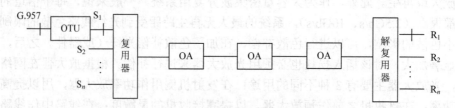

图 7.12　发送端使用 OTU 的示意图

（3）OTU 在中继器中使用

图 7.13 所示为如何使用 OTU 作为再生中继器的示意图。其中，S_1、S_2、…、S_n 是符合 WDM 系统要求的 SDH 接口，而作为再生中继器使用的 OTU 除执行光/电/光转换、定时再生功能外，还需要具有对某些再生段开销字节进行监控的功能。

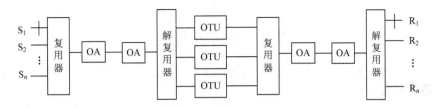

图 7.13 有再生中继功能的 OTU 的应用示意图

（4）OTU 在接收端的使用

图 7.14 所示为在接收端使用 OTU 的示意图，其位置位于具有 G.957 接口的 SDH 接收机前面。图中 S_1、S_2、$\cdots$、S_n 是符合 WDM 系统要求的 SDH 接口。OTU 输出符合 G.957 输出特性的光信号，G.957 接收机参考点位于 OTU 输出光连接器后面。

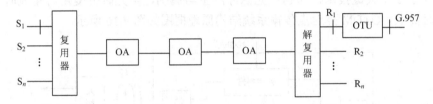

图 7.14 接收端 OTU 的应用示意图

6. OADM

"分插"代表光下路和光上路，意思分别为去掉信号的某部分波长段、增加一种或多种波长段到传输的信号中。多波长光信号进入 OADM 后，可以选择性地挑选出所需的波长段信号，即对应光下路；多波长光信号离开 OADM 前，同样可以选择性地加入所需的波长段信号，即对应光上路。对 OADM 性能指标的衡量可以简单地从两方面入手，即系统波长调度管理能力以及容量大小。调度能力具体为是否可动态配置光上、下两路的比例，能否实现动态灵活调整；而容量大小主要从上、下两路加入或去掉波长的数量以及收发端的波长数量来衡量，如图 7.15 所示。

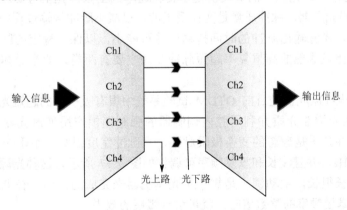

图 7.15 OADM

7.3　光时分复用

7.3.1　基本概念

TDM 的概念就是将通信时间等价分成一系列间隙，每一间隙只传播特定信号，各信号按时间顺序轮流传播，TDM 技术是目前一种比较常用的扩容方式，传统 PDH 的一次群至多次群的复用以及 SDH 的 STM-N 的复用都采用 TDM 技术。

OTDM 的实质就是将多个高速电调制信号分别转换为等速率光信号，然后在光层上利用超窄光脉冲进行时域复用，将其调制为更高速率的光信号。目前，解决 OTDM 的关键在于 3 个关键技术，即超窄光脉冲产生与调制、全光时分复用、全光时分解复用和定时提取。OTDM 点对点传输系统结构原理框图如图 7.16 所示。

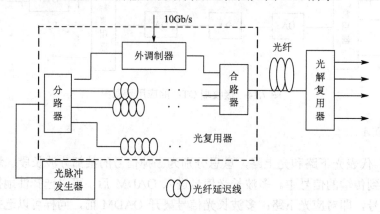

图 7.16　OTDM 点对点传输系统结构原理框图

7.3.2　超短脉冲光源

OTDM 传输中，光脉冲的宽度决定了传输速率的上限，光信号源还要求脉冲宽度至少小于 1/3 码元周期，脉冲质量是变换受限的，以减小脉冲传输过程中的脉冲展宽，降低码间干扰。光源输出脉冲的时间抖动应尽可能小，以保证稳定的脉冲序列和时钟同步。目前，比较成熟的高重复率超短脉冲光源主要有两类，即半导体类激光器与锁模光纤激光器。

主动锁模光纤激光器是目前 OTDM 试验系统中很有吸引力的超短光脉冲源，它利用 EDF 作为激光增益介质并利用腔内调制器的强制锁模作用使激光器工作在锁模状态，其输出脉冲几乎是理想的变换极限脉冲，且脉冲宽度很窄（小于 3ps），重复频率可以高达 40GHz，并且波长和重复频率可调。如图 7.17 所示，这种光源的谐振腔由光纤环组成，腔长很长，主动锁模是靠一个光调制器来完成的，当加在调制器上信号的频率为谐振腔基模频率的整数倍时，就可达到锁模的效果。

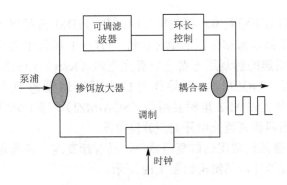

图 7.17　锁模环形激光器工作原理

半导体锁模激光器具有体积小、结构紧凑的特点，它通过锁定基模的方法来达到锁模的效果，可以达到数十吉赫兹的重复频率。半导体锁模激光器产生的脉冲质量没有锁模光纤激光器好，其频宽和脉冲之积（为 0.4～0.5）较锁模光纤激光器（约 0.32）大。

7.3.3　通道复用

OTDM 在光域上进行时间分割复用，一般有两种复用方式，即比特间插（bit-interleaved）和信元间插（cell-interleaved），比特间插是目前广泛使用的方式，信元间插也称为光分组（optical packet）复用。

传统的复用器由耦合器和光纤延时线组成，如图 7.18 所示，各支路信号被调制到各束超短光脉冲上后，通过光纤延迟线阵列。该延迟线阵列的第一路延迟时间为 0，第二路延迟时间为 T，第三路延迟时间为 $2T$，……，依此类推，第 n 路延迟时间为 $(n-1)T$，从而使各支路光脉冲精确地按预定要求在时间上错开，再经过光耦合器将这些支路光脉冲串复用在一起，即完成在时域上的比特间插复用。这种方法很简单，但很难保证产生的码元间隔精确相等，而且温度的改变将影响光纤延时线的长度，使得码元间隔随温度产生波动。目前较好的方法是采用全光调制和光时钟相结合的方案或采用集成的方法。

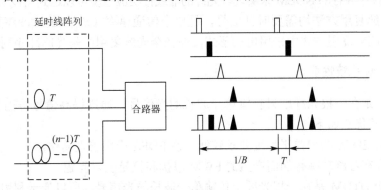

图 7.18　光纤延迟线和耦合器构成的比特间插光时分复用

7.3.4　通道解复用

光解复用器是 OTDM 网络系统中最关键的部分，主要用来从高速的 OTDM 数据流中把目标解复用信道下路到本地接收机处理；在 OTDM 分组网中，光解复用器还用在地址识别中，用于提取数据分组的地址比特。OTDM 解复用器实质上就是一个高速光开关。目前比较成熟的解复用方案主要有光克尔（Kerr）开关解复用器、非线性光纤环镜型解复用器（NOLM）、半导体光放大器环镜型解复用器（SLALOM 或 TOAD）、半导体光放大器 M-Z 型解复用器（SOA-MZI）、基于光纤或半导体光放大器中四波混频的解复用器和高速光电开关型解复用器。

NOLM 解复用器是最常用的解复用器件，具有超高速、高稳定及低功耗等特点，是全光解复用的优良器件，其结构如图 7.19 所示。

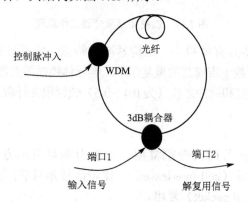

图 7.19　非线性光纤环镜型解复用示意图

NOLM 的工作原理基于 XPM，由单个信道速率构成的光时钟信号序列被注入环中且沿顺时针方向传播。在图 7.19 中，OTDM 信号通过 3dB 耦合器后被均匀分成两路沿相反方向传播，控制脉冲和其中的顺时针信号同向传输。对于特定信道时钟信号可加入控制脉冲，通过交叉相位调制产生相对于该信道的 π 相移，这样绕环一周后输入信号从端口 2 输出，不加控制脉冲时两路信号相位差为 0，导致输入信号完全从端口 1 反射回去。多个信道可以通过几个并行的 NOLM 来实现。光纤的非线性响应速度可以达到飞秒（fs）级。

所有的解复用方法均需要时钟信号，是单个信通速率（B^{-1}）的脉冲序列。时钟信号在电光效应解复用方式中采用电的形式，但在全光解复用中是光脉冲序列。

7.3.5　OTDM 系统性能

OTDM 是在一根光纤中只传输单一波长的光信号，通过提高信号传输速率来提高传输容量，其优点如下。

1）它对 EDFA 的增益平坦度要求较低，使 EDFA 应用管理简化。

2）不存在各路功率叠加而产生的 FWM 串扰和拉曼散射问题。

3）由于 OTDM 是在一根光纤上传输单一波长的光信号，所以便于利用 OXC 技术进行上/下话路。

4）采用的归零码完全适合于比特级的全光信号处理，从而使超高速帧头处理成为可能。

OTDM 是在相对较高的速率上利用窄脉冲（ps 级）来实现，在实际使用中信号的

传输距离 L 受到光纤色散的限制。实际上，由于一个 OTDM 信号是 N 个速率为 B 的不同信号等价于复合速率为 NB 的单个信号，则速率和传输距离的乘积（NBL）受到色散的限制，其性能分析方法也类同单个信号。因此，OTDM 系统的实现不仅需要采用色散位移光纤，而且需要采用色散补偿技术来减小高阶色散的影响。

　　未来 OTDM 技术不仅仅是作为提高系统容量的一种手段，还将在全光网络的交换节点或路由器方面扮演更重要的角色。将来的 Tb/s 级传输可能采用 DWDM/OTDM 混合方案，并可在两个层面上处理光信号。WDM 系统通过光无源器件在较粗的层面上交换大颗粒业务流量，OTDM 通过包交换技术和归零码的比特级光处理技术在较细的层面上交换小颗粒业务流量。

7.4　光码分复用

7.4.1　基本概念

　　OCDM 和 OCDMA 是一种扩频通信技术，不同用户的信号用互成正交的不同码序列来填充，这样经过填充的用户信号可调制在同一光载波上在光纤信道中传输，接收时只要用与发送方向相同的码序列进行相关接收，即可恢复原用户信息。由于各用户采用的是正交码，因此相关接收时不会构成干扰。这里的关键之处在于选择适合光纤信道的不同的扩频码序列对码元进行填充，形成不同的码分信道，即以不同的互成正交的码序列来区分用户，实现多址。

　　典型 OCDM 通信系统如图 7.20 所示。首先给每个用户分配一个地址码，用来标记这个用户的身份，不同的用户有不同的地址码，并且它们互相正交（或准正交）。在发射端，要传输的数据信号首先经过适当的调制方式，转换成相应的光域上的信号，然后再经过一个编码器进行扩频处理，标记上这个用户的地址信息，成为伪随机信号。编码器是在光域上进行工作的，它是 OCDM 技术的核心内容之一。扩频信号（伪随机信号）通过光纤网络到达接收端之后，通过解码器进行解码处理，恢复出期望的光信号，再经过光电转换设备，得到电域上的数据信号。

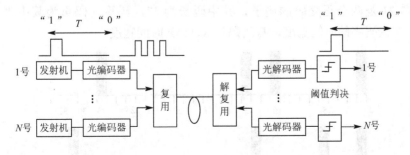

图 7.20　典型 OCDM 通信系统

　　OCDM 通信具体实现可以是各种各样的，它们的分类也没有统一的标准。可以根据其采用的是单极性正交码还是双极件正交码分为单极性 OCDM 通信和双极性 OCDM

通信；根据光纤通信的接收机是直接检测还是相干检测分为非相干 OCDM 通信和相干 OCDM 通信；根据编解码器是扩时、扩频还是扩空编码分为扩时 OCDM、扩频 OCDM 和扩空 OCDM 通信；根据编解码器是采用电信号处理还是采用光信号处理分为电处理 OCDM 通信、光电混合处理 OCDM 通信和全光 OCDM 通信；等等。当然这些分类方法间是有联系的且还有其他的分类方式。这里根据是否采用双极性码和电信号处理来对 OCDM 通信系统进行分类。这种分类方法对实际的系统设计和应用极方便，也符合 OCDM 通信的产生和发展方向，而不拘泥于各种不同的具体实现方法的细节。

7.4.2 扩频码技术

对于 OCDM 通信扩频码的选择至关重要，扩频编码的类型、长度和速率直接影响编码的实现难度、变址能力、系统的抗干扰能力、系统的容量等，因此为了提高 OCDM 系统的性能就必须选择合适的扩频码。由于光纤通信有强度调制直接检测和相干检测，即所谓的正系统和正负系统之分，因此 OCDM 采用的扩频码必须适应光纤通信的特点，正系统采用的扩频码称为单极性扩频码，正负系统采用的扩频码称为双极性扩频码。双极性扩频码可以直接采用传统的码分多址（CDMA）所使用过的扩频码。下面重点介绍单极性扩频码序列中的光正交码（OOC）。

OOC 是 OCDM 系统最直接的正交码型，其命名包含两层意义，"光"表示非负性，"正交"表示其弱的互相关性，它是具有良好的自、互相关特性的一族（0，1）序列。在分析设计扩频序列时最主要考虑的是与地址序列码密切相关的两个特性，即自相关特性与互相关特性。前者使每个序列能容易地从它本身时间偏移不为零的不同偏移序列中区分开来；后者能使每个序列容易地从其他用户的地址序列码中区分出来。

光正交码是一组取值于（0，1）域并且具有良好的自、互相关特性的准正交序列。它具有尖锐的自相关峰值、较低的自相关旁瓣和互相关值。光正交码尖锐的自相关峰值使有用信号的检测更为方便，提高了抑制其他干扰信号的能力。较低的自相关旁瓣值使系统可以按异步方式进行工作，所有的用户可以随时接入网络，发送数批信息而不必进行同步，这样就简化了网络的结构和设备，降低了网络的造价。较低的互相关值使用户尽可能地降低对其他用户的干扰。这三点是设计码字时所要考虑的基本要素。图 7.21 是两个正交码的例子，其中码长为 32，码重（码重为其中"1"的个数）为 4，T 为码字的时间宽度，T_c 为码片（chip）时间宽度。

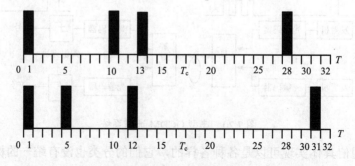

图 7.21 两个光正交码的例子（码长为 32，码重为 4）

图 7.22（a）所示为图 7.21 中第一个光正交码的自相关曲线，图 7.22（b）所示为图 7.21 中两个光正交码的互相关曲线。从图 7.22 中可以看出，本例中自相关旁瓣值和互相关值都不超过"1"。采用这样码字的系统多址干扰比较小。另外，在图 7.22 中，自相关峰和互相关峰都呈三角形，原因是在进行自相关和互相关运算时，把码片视为理想的矩形脉冲。

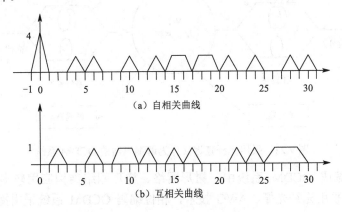

图 7.22　自相关曲线和互相关曲线

7.4.3　编解码技术

OCDM 又被称为脉冲时间编码，它传递信息的脉冲宽度远小于比特周期（也就是占空比很小的归零码）。在发送端一个代表信息"1"的脉冲通过不同的延时（相位延迟）被编成一串特定的脉冲序列，而在接收端则通过相反的延时（相位延迟）再把脉冲序列做相关处理，不同的延时（相位延迟）顺序对应不同的正交码。不匹配的解码则把收到的脉冲序列进一步分割。这样实现的处理增益一般等于码重。

图 7.23 所示为采用光纤延迟线作为编解码器的单极性扩时 OCDM 系统。此系统采用光正交码作为地址码。在发射端，当数据是"0"时，光源不发光，编码器也没有任何输出；当发送数据"1"时，光源发射一个短脉冲，进入编码器后，根据码重的大小被分成若干小脉冲，每个小脉冲经历长短不同的光纤延时线，每个小脉冲所经历时延大小完全由地址码决定。编码器的输出是一个小脉冲串，这就是直接扩时信号。直接扩时信号通过光纤网络（图 7.22 中的星型网络）到达接收端。在接收端，解码器对该扩时信号进行解扩处理后，输出到判决设备进行判决。在期望用户发"1"的情况下，如果解码器与编码器完全匹配，那么输出一个尖锐的自相关峰值，判决器判定为"1"；否则输出一系列低功率的伪随机噪声信号，判决器判定为"0"。这样，所传输的信息比特就被恢复出来了。通常，判决器的域值需要精心设置，它会明显地影响系统的性能。

光编/解码器是 OCDM 系统的核心部件，OCDM 的发展实质上就是光解码器和编码器的发展。光编/解码器的结构和特性直接影响着系统的功率损耗、用户容量、误码率、成本以及整个系统的灵活性。可以说，每一种伪随机地址码序列都可以设计出相应的编/解码器。

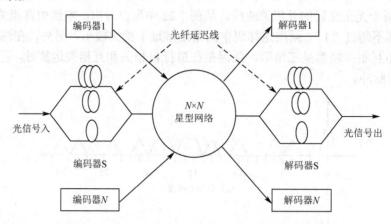

图 7.23　采用光纤延迟线作为解编码器的 OCDM 系统

在光振幅编码 OCDM 系统中，树形网络、梯形网络结构应用较多，光波长编码 OCDM 系统中采用光纤光栅、AWG 技术，相位编码 OCDM 系统采用掩模板、光纤延时线加移相器和光纤光栅等技术。下面介绍一种光波长编码 OCDM 系统和采用 AWG 技术的编/解码器。

光波长编码 OCDM 系统的特点在于对宽带光源的波长进行选择，不同的用户根据预先设计好的伪随机地址码而采用不同的波长组合，用户间的区分由地址码的正交性来完成。既可以是简单的等间隔频率分割，也可以是图 7.24 所示的跳频图案的选择。其中等间隔频谱分割技术分配给每个用户的频谱为等间隔梳状谱，利用等间隔梳状谱的不同 FSR 来区分不同的用户。

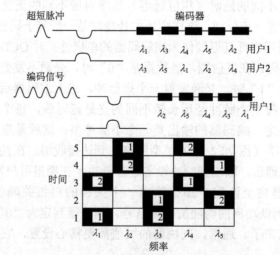

图 7.24　光波长编码 OCDM 系统编/解码器原理和跳频图案

在图 7.25 所示的 OCDM 系统编/解码器中，用户的比特信息由于在时间和波长上同时被标记，即在不同的时间片上传输不同波长的光脉冲，因此这种系统又称为跳频扩时 OCDM 系统。发送端光脉冲经编码器后，成为按跳频图案设计的时间波长组合的光脉冲序列，接收端解码器与发送端编码器的结构类似，只有匹配的用户才能恢复初始脉冲，完成阈值判决，而其他用户经解码器后，仍旧是低功率的光信号。

光波长编码 OCDM 系统中可采用 AWG 技术。图 7.25 所示为自反馈 AWG 编码器，在发送端，宽带光脉冲经过 AWG 后，首先在波长上分离，不同波长的光脉冲按编码方案经历不同的光纤时延，然后再反馈回至 AWG 相应输入端口，从输出端口输出的则是时间和波长上分离的跳频扩时序列。接收端的光解码器与发送端的编码器结构类似，只是光纤延时线的分布与发送端编码器互补。

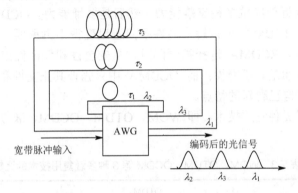

图 7.25　基于 AWG 的自反馈光波长编码 OCDM 系统编解码器

图 7.26 所示为利用 AWG 的对称性构成的编/解码器。在该方案中，巧妙地利用了 AWG 的对称性和光纤延时线的互补性，实现了编/解码器的合一。编码时，按照跳频图案设计好光纤延时线和光反射器、吸收器的位置，同时也就完成了解码器的设计。

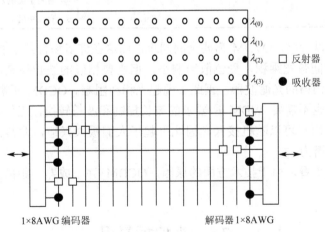

图 7.26　利用 AWG 的对称性构成的编/解码器

利用 AWG 来实现 OCDM 系统的优点在于光信号处理灵活，可充分利用光波长。例如，同一个时间片位置可以传输相同的波长信息，而这一点在光纤光栅编/解码方案中很难实现；难点在于 AWG 的制造技术、成本以及编/解码器的可调谐性，特别是 AWG 的端门数直接限制了可用码长的长度。

7.4.4　OCDM 系统性能

CDMA 技术不是一项新技术，作为一种多址方案已经成功地应用于卫星通信和蜂窝电话领域，并且显示出许多优于其他技术的特点。但是，由于卫星通信和移动通信中带宽的限制，因此 CDMA 技术尚未充分发挥其优点。光纤具有丰富的带宽，能够很好地弥补这个缺陷。

OCDMA 与无线通信中的 CDMA（RCDMA）相比，无论是在适用范围、目的还是在实现技术上都有显著的不同。首先，RCDMA 工作于无线信道，因此强调抗噪声干扰能力，克服远近效应抗多径衰落能力，然后是多址能力。OCDMA 工作于传输质量很高的光纤中，RCDMA 所需解决的许多问题已变得不再重要，人们更关心的是它的多址功能。其次，RCDMA 选择扩频码时，从安全性和保密性出发要考虑其似噪声的频谱形状，然后才是其正交性；而 OCDMA 中只强调其正交性和容纳用户能力。总之，OCDMA 具有自己崭新的特点。

前面共介绍了 3 种复用技术，即 WDM、OTDM、OCDM，表 7.3 对 3 种多址复用技术进行比较。

表 7.3　WDM、OTDM、OCDM 等 3 种多址复用技术的比较

WDM	OTDM	OCDM
① 需要精确的波长控制	① 采用超短脉冲激光器	① 采用超短脉冲激光器
② 需要多波长之间转换	② 需要全网同步	② 在零色散附近工作
③ 需要精确调谐的光滤波器	③ 需时间带宽积（TBP）大	③ 需 TBP 大
④ 允许的地址数少	④ 地址分配不灵活	④ 地址分配灵活
⑤ 受色散影响小		⑤ 有利于实现无源全光编解码
		⑥ 有保密机制

从表 7.3 可以看出，OTDM 需要全网同步，而这在许多场合是不能做到的。WDM 不需要很大的时间带宽乘积，受色散影响小，但需要精确的波长控制，多波长之间的转换还需要精确调谐的光滤波器，因此实现起来相当困难。OCDM 不需要 OTDM 所要求的全网同步，也不需要 WDM 所要求的波长控制和波长转换，工作在低色散窗口，地址分配灵活，用户可以随机接入，因此引起了人们极大兴趣，尤其在高速光纤局域网中的应用更具潜力。

从目前情况来看，由于技术方面的原因，OCDM 并不成熟，距离实用化还有一段路要走。

7.5　光偏振复用

7.5.1　基本概念

英国著名物理学家牛顿在 1704～1706 年间首次将光的偏振引入了光学领域。在 19

世纪初期由法国物理学家及军事工程师马吕斯提出了偏振光的概念，并且通过试验观察到偏振光的现象。从 19 世纪 60 年代末到 70 年代初，在经过多年的研究后，英国物理学家、数学家麦克斯韦初步建立了光电磁的基本理论，这一理论本质上解释了光的偏振现象。

　　当光进行传输时，在垂直于传播方向的平面上，存在任意方向的振动矢量，这种振动向量的振幅是一样的，如果横波振动的方向与传播方向是对称的，这种光叫作自然光。如果振动时这种特性变得不对称，就把这种光叫作偏振光。图 7.27 所示的椭圆单模光纤中可以同时传输两个正交的偏振光模式，其中 HE_{11}^{x} 只在 X 方向上有分量，而 HE_{11}^{y} 只在 Y 方向上有分量。由于这两种模式是正交独立的，因此可以相互独立地传输信息。

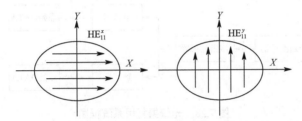

图 7.27　椭圆单模光纤中的正交偏振光

　　光的电磁理论可以解释光也是一种电磁波，这种电磁波的传播方向不仅垂直于磁场振动矢量，而且也垂直于电振动矢量，说明了光的横波特性。除了光的衍射外，光的干涉也同样能证明光的波动性。但是，能证明光具有横波特性的是偏振，也就是说，偏振是区别横波与纵波的重要标志。

　　在过去很长一段时间里，作为光特征信息的偏振光并没有受到人们太多的关注，大多数情况下，偏振光被认为是有害的干扰，因此，在实际应用中经常被消除。随着信息技术和光检测技术的发展，偏振可以作为信息传递的载体才被人们逐渐了解，对偏振的相关研究逐渐发展起来，光偏振复用也因此得到快速发展，并在近些年获得了相应的研究成果。

　　偏振复用技术的前身被称为极化波分复用技术，是一种早期用于无线通信和卫星通信的复用技术。在无线和卫星通信系统中，接收器可以接收线极化波和圆极化波两种方式的波。随着光纤通信技术的不断创新，出现了 TMD 和 WDM 等多种多样的复用技术。根据光在光纤中传输的原理，研究人员把无线通信系统的极化波应用到光纤通信系统中的技术称为光偏振复用。

　　图 7.28 所示的是光偏振复用光纤通信系统结构框图，整个偏振复用系统分为 3 个部分，即发送部分、传输链路、接收部分。

　　发送部分功能主要分为两部分：一部分是对信号进行调制；另一部分为产生偏振复用所需的一对正交偏振光以及实现这一对正交偏振光的偏振复用过程。复用后的信号脉冲输入功率放大器 EDFA，经由 EDFA 补偿发射部分的功率损耗后输入传输链路。

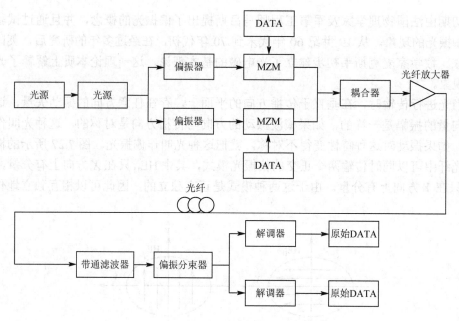

图 7.28　光偏振复用系统框图

传输链路部分主要由光纤及 EDFA 组成，主要负责将发送端的数据尽可能无差错地传输到接收端，这要求在传输链路上对光纤功率有足够的补偿，防止色散或其他因素随光纤产生影响。

接收部分的主要功能也分为两部分：一部分是偏振解复用，即将发射端中的两个偏振态分开；另一部分是对传输码进行解调，即将调制码元解调成判决电路接收的数字信号。两路正交偏振复用信号的解复用通过偏振分束器实现。这是目前偏振解复用的主流方法，因为其结构简单且易于实现。

7.5.2　关键技术

偏振复用技术将两束相同波长或不同波长的光同时在一根光纤中相互独立地传输，在不增加额外带宽资源的情况下，可以使光纤的信息传输能力提高 1 倍，这对高速信息传输系统的建设是非常有意义的。目前，在高速光纤通信系统中应用偏振复用技术时，会考虑到的关键技术问题主要集中在调制码型选用和解复用方式上。

1. 调制码型

码型的选择对于光纤通信系统的传输容量和信号受光纤信道中各种色散以及非线性效应的影响程度来说至关重要。云计算、5G 和物联网的兴起，使人们对带宽的需求日益增加，在对传输速率和传输容量两方面需求的追求下，研究人员对一系列的多进制调制技术进行了广泛的研究和应用，如正交相移键控（QPSK）、差分正交相移键控（DQPSK）和 m 进制正交振幅调制（mQAM）。

两个偏振态在使用不同调制格式的情况下表现出系统性能不同，是将偏振复用技术与新型调制格式进行融合的研究重点。在使用上述调制码型的情况下，偏振复用系统的传输容量得到了很大改善。

合适的码型选择，除了给偏振复用系统的传输容量带来提升外，还会提高高速偏振复用光纤通信系统的抗干扰性能，来抵抗各种因素，如偏振模色散、偏振不稳定性、偏振相关损耗和非线性偏振旋转等，给通信系统带来各种不利影响。

2. 解复用技术

偏振复用光纤传输系统的接收端主要通过两种方式来进行解复用，即直接检测和相干检测。直接检测的方式较为简单，直接用光电探测器对光强进行探测，因此只能对信号幅度进行检测，无法得到相位、频率等信息。相干检测则通过接收端将接收到的信号与本振光进行相乘，得到的信号中包含幅度、频率、相位等信息，因此，对于不同的调制方式，相干检测方式都有很强的适应性。而且相干检测技术可以结合高速的数字信号处理技术，对检测到的不同信息进行处理，从而抑制偏振模色散、非线性损伤等对传输信号的影响。

但是由于目前高速数字信号处理芯片研究的困难，以及接收机成本较高等因素的影响，相干检测技术应用在长距离光纤通信系统中较多。直接检测由于其结构简单、成本较低、易于操作，在现在使用的短距离光纤通信系统中有较为广泛的应用。

早期的偏振复用系统大多从物理的角度，采用直接检测的方法进行偏振解复用。大致可以分为 3 种方案：第一种方案是通过手动调节，使得两个处于不同偏振态的光信号具有一定的时钟频率差，同时利用这个时钟频率差在接收端实现偏振解复用；第二种方案是通过检测串扰的方式实现两路混合信号的分离，在接收端，偏振复用信号通过偏振分束器分成两路信号后分别通过自动偏振控制器和检偏器，之后经过光电检测器，将两路光信号转换成电信号再进行自相关和互相关运算，然后将经过相关运算的信号反馈给自动偏振控制器；第三种方案是对两路信号的功率进行分别设置，使其不相同，在接收端检测两路信号的功率差而进行解复用。

利用相干检测的方式来对偏振复用系统进行解复用时，通常会结合各种 DSP 技术，自适应地补偿信号在传输过程中因光信道和光器件的各种非理想特性引起的损伤，如色度色散、偏振模色散、光纤非线性效应等。除了采用恒模算法（CMA）、独立分量分析（ICA）等盲偏振解复用算法外，基于斯托克斯空间的数字信号处理解复用算法也被广泛应用。

7.5.3　光偏振复用系统性能

随着通信的不断发展，光纤通信系统的无中继传输距离和比特率也在不断增加。原来偏振模色散（PMD）和偏振相关损耗（PDL）等损耗系统性能较小的偏振效应对系统影响也越来越大。PMD 随时间和环境的变化而随机变化，它的随机性给 PMD 的研究和补偿带来很大困难。同时，系统中的 PDL 又将进一步恶化系统的性能。因此，对这两项性能进行研究十分必要。

1. PMD 的影响

一束线偏振光通过单模光纤时，其波矢（大小和方向）随着光的偏振方向变化的现象称为双折射现象。由于存在双折射现象效应，会导致 PMD 的产生，光纤的 PMD 可以用两偏振模 LP_x 和 LP_y 在单位光纤长度上的传输时延差表示。将两个偏振模之间的时延差定义为差分群时延（DGD）$\Delta\tau$，当 $\Delta\tau$ 不等于 0 时，就会产生 PMD。差分群时延 $\Delta\tau$ 的值越大，表示 PMD 的影响越大；反之则越小。具体来说，就是如果单模光纤呈理想圆形、均匀、各向同性的结构，LP_x 和 LP_y 这两个偏振模式完全重合，两路信号在传输过程中不会受到任何影响。但是，如果光纤在制造或者使用过程中受到应力作用，就会使这两个偏振模的重合性能遭到破坏，从而使这两个偏振模具有不同的传输特性和不同的平均传输速度，进而在两个偏振态之间产生相对时延，即差分群时延，在这种情形下，会导致两个偏振态携带的两路信号分别以不同的时间到达光纤输出端，从而造成脉冲展宽，严重影响系统的传输性能。

2. PDL 的影响

上面介绍了偏振模色散的产生原理及其对光纤通信系统的影响。除了 PMD 对系统的不利影响外，在实际光纤传输链路中，由于耦合器、偏振合成器、偏振分束器等不同光器件在不同偏振状态下的插入损耗不同，它也会对偏振复用系统产生串扰。与光纤的双折射效应类似，光纤链路中的光学器件具有两个本征轴。当光载波信号沿这两个轴传输时，会出现最大损耗和最小损耗，从而引入 PDL。由于器件的插入损耗随着偏振状态改变，PDL 也会随着链路复杂度的增加而增加，严重影响偏振复用系统的传输质量。PDL 的产生有多种物理原因，其中一个原因是光学器件在制造过程中的不对称。在一个简单的光纤通信系统中，PDL 很小，通常不考虑。然而，在复杂的长距离光纤通信系统中，通常需要更多的光器件，如波分复用器、耦合器等。使用这些复杂仪器时很容易引入 PDL，当两种偏振态所携带的两路信号不沿光学器件的偏振轴入射时，两种偏振态之间的正交性就会被破坏，导致两种信号相互串扰和耦合，严重影响系统的传输性能。

经过一系列相关研究表明，如果在传输过程中出现 PMD，则可能改变光功率和信噪比。同时 PMD 和 PDL 两种效应还会重叠，它们的相互作用会增大系统的功率，并且使一些 PMD 补偿无效，这对系统的可靠性提出了严峻的挑战。所以，研究 PMD 和 PDL 的联合作用对系统的不利影响以及在高速光纤通信系统中对 PDL 进行补偿是十分必要的。

7.6 光空分复用

7.6.1 基本概念

空分复用（SDM）是光纤通信中的一种传输技术，它利用空间分割来提高同一频段内的不同空间的利用率。就好像在高速公路上看到的行车一样：很多车在同一车道，但是它们两两互不影响。SDM 就像在不去扩建公路（通信网络），也不改变车辆情况（移动终端）的前提下达到提升流量的目的。

光空分复用（OSDM）技术的实质就是一种利用并行空间路径来增强光波系统容量的技术。目前，OSDM 技术有 3 种增加通信容量的实现方案，即多芯光纤（MCF）、少模光纤（FMF）/多模光纤（MMF）和少模多芯光纤（FM-MCF）。SDM 系统的原理框图如图 7.29 所示，展示了如何使用空间多路复用器组合多个波分复用信号，在同一光纤链路上传输，并在接收端使用空间解复用器分离信号。

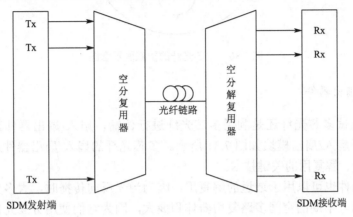

图 7.29 SDM 系统的原理框图

7.6.2 关键技术

OSDM 具有很大的技术优势和良好的经济性，既能满足爆炸性增长的市场需求，又有广阔的发展前景。但是，要实现 OSDM 传输，需要许多与其作用相适应的关键技术，其中包括多芯光纤参数及性能的设置、扇入/扇出模块的选择、光放大技术及光纤形状传感技术等。

1. 多芯光纤

光空分复用的应用和发展离不开多芯光纤（MCF）技术的设计，MCF 包含多个芯，核心通常被设计为支持单一模式。MCF 纤芯结构分布主要有阵列型、单环型和中心对称六边密排等。图 7.30 所示为一个具有七芯的多芯光纤的横截面示意图。

多芯可以通过利用时间、相位、波长、振幅、空间和偏振这 6 个维度来突破通信信道的容量限制问题。例如，可以通过新颖的 MCF 结构设计，在合理的情况下增加纤芯的复用数量。目前，MCF 的最多纤芯数量为 30～50 芯。值得一提的是，MCF 的性能参数会受 MCF 的折射率差、直径和沟道内径设计的影响，各个纤芯之间的芯区模场面积、芯间串扰和截止波长之间是相互制约的，没有办法同时达到最佳，所以在 MCF 设计中要根据情况进行折中处理。因此，要怎样在有限的空间里容下尽可能多的纤芯并且保证较低的芯间串扰仍是一个难题。

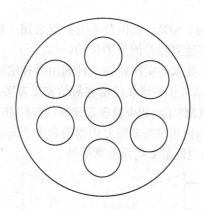

图 7.30　七芯光纤的横截面示意图

2. 扇入/扇出器件

无论是测试多芯光纤还是利用多芯光纤进行传输，扇入/扇出器件都是必不可少的。多芯光纤扇入/扇出模块如图 7.31 所示。多芯光纤的扇入/扇出器件是将各个光束信号进行复用、解复用的关键技术。

复用的器件也可以用于通道的解复用，因为当光反向传播时，大多数光学器件的功能是相同的。早期的空间多路复用器体积庞大，因为它们使用分立元件，如镜子、棱镜、透镜和光束分配器。后来，使用光纤和集成光子芯片开发了更紧凑的设备。在 SDM 系统中，需要在 MCF 输入端口和输出端口实现多根单模光纤尾纤的扇入/扇出接口连接。目前，普遍的制作多芯光纤的扇入/扇出器件的技术包括光纤束集成耦合技术、自由空间透镜耦合方法、消逝芯拉锥耦合技术、聚合物波导刻蚀方法及三维波导耦合技术。各种制作方法各有优、缺点。例如，利用由空间透镜耦合的方法能实现较低的耦合损耗和串扰，但是体积较大、纤芯数量较多时，各个光通道器件排布的难度就上升。因此，如何设计出高效的扇入/扇出器件仍是需要探索的问题。

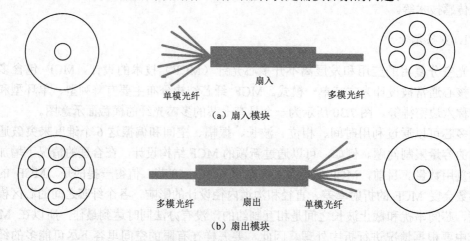

（a）扇入模块

（b）扇出模块

图 7.31　多芯光纤扇入/扇出模块

3. 放大器

(1) 掺铒光纤放大器 (EDFA)

正如波分复用内容所讨论的, 大多数长距离波分复用系统在光纤上使用光放大器来补偿光纤的损耗。在单模光纤下, EDFA 通常能解决损耗问题, 因此在 SDM 系统中, 能够同时放大所有信道的多芯 EDFA 就显得非常重要。多芯 EDFA 有两种泵浦方案：一种是芯区泵浦, 其泵浦光束在每个纤芯中传播；另一种是包层泵浦, 即一束多模泵浦光在纤芯和包层中传播。在采取芯区泵浦方案中, 2011 年开发的多芯 EDFA 能够将 7 芯光纤内的 1550nm 信号放大 30dB, 而在采取包层泵浦的方案中, 2012 年的一个试验中将多模激光器的泵浦光注入 7 芯 EDFA, 实现了纤芯信号的增益放大。这两种方案相比较, 包层泵浦的 EDFA 效率较低, 噪声系数较高。但是包层泵浦的优点是可以使用多模激光器, 与单模泵浦激光器相比, 能以更低的成本获得高输出功率, 并且包层泵浦的多模激光器具有更高的电光功率转换效率, 能够提高能源效率。

(2) 分布式拉曼放大器

分布式拉曼放大器为 SDM 信号的放大提供了另一种方案, 同时还减少了添加到信号中的噪声。该方案在 2012 年就已用于 7 芯多芯光纤上, 在 1000km 以上的多芯光纤上, 每个纤芯传输 10 个波分复用信道, 并在泵浦功率为 1.1W 时实现 10dB 以上的放大。后面研究人员把分布式拉曼放大与包层泵浦多芯 EDFA 相结合, EDFA 放大每个纤芯中的信号, 通过拉曼泵浦来均衡每个纤芯中的功率。

7.6.3　SDM 的性能

1. 芯间串扰

在 SDM 中, 关键性能指标是芯间串扰。从直观上可以知道, 抑制芯间串扰的方法之一是对光纤进行设计, 破坏各芯间的谐振条件, 即它们的相位匹配条件, 从而实现串扰的抑制。其中异质多芯光纤 (hetero-MCF) 就是通过改变纤芯的直径或改变其折射率从而减少纤芯间的线性耦合, 实现芯间串扰的抑制。但是在试验中会看到许多异质多芯光纤的串扰水平会高于理论预测, 而同质 MCF 的串扰水平低于理论预测。其原因是, 当异质 MCF 完全是直线时, 串扰是最低的, 但当多芯光纤弯曲时, 可能会提升芯间的相位匹配程度, 从而导致串扰的提升。同质多芯光纤 (homo-MCF) 中恰恰相反, 弯曲会破坏其相位匹配条件, 实现串扰的抑制。由于在现实中弯曲是不可避免的, 所以并不能单纯通过使用异质纤芯来抑制串扰。第二种抑制芯间串扰的方法就是通过在纤芯周围设计低折射率的辅助结构来抑制相邻纤芯的能量交叠, 从而减少芯间串扰。例如, 通过设计低折射率的沟槽辅助结构或空气孔辅助结构来加强对光的束缚能力, 实现串扰的抑制, 如图 7.32 所示。

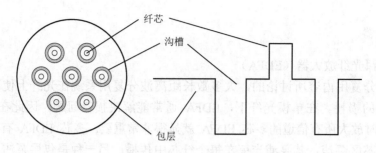

图 7.32   沟槽辅助式光纤截面和纤芯折射率分布

2. 传输容量与传输距离

传输容量与传输距离也是 SDM 的重要指标，图 7.33 反映了采用不同技术的光纤传输距离与 SDM 信道数的关系。从图中可以看到，当采用多芯单模光纤时，空间信道数限制在 20 附近，若设计一个超过 1000km 的 SDM 系统，空间信道数会进一步减少。为了进一步增加信道的容量，研究人员对于光纤的单个纤芯进行多模传输，这样就可以实现更多的空间模式数。在 2014 年，有试验通过使用 12 芯 3 模光纤即 36 个信道在 527km 的传输距离上应用 MIMO 技术实现 SDM 系统的传输。在 2017 年，有试验实现了 19 芯 6 模光纤的传输，并且传输容量能达到 10.16Pb/s，在该试验中采用密集波分复用技术，波长范围从 1520nm 到 1610nm（覆盖了 C 波段和 L 波段），不过其传输距离只有 11.3km。在 2019 年，有试验实现利用 MIMO 技术在 12 芯光纤实现 3000km 的传输。

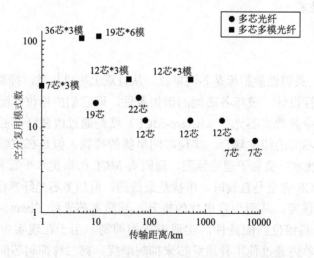

图 7.33   不同技术的光纤对应的信道数与传输距离

3. 差分群时延

传输距离的主要限制原因是 DGD，它使不同模式的信号产生较大的时延。因此，多芯光纤的设计不仅要抑制芯间串扰，而且还要实现较低的 DGD。在 2016 年，研究人员使用包层直径为 250μm 的 19 芯光纤，其纤芯间隔为 43μm 实现低于 30dB 的芯间串扰，每条纤芯支持 6 模传输，差分群时延最大时为 0.33ns/km。在 2020 年，研究人员制作出包层直径为 219μm 的 12 芯 10 模，实现差分群时延大约为 1ns/km。

从以上可知，SDM 技术在未来有很大提高传输容量的潜力，但当前受限于 DGD 及 MIMO，多芯多模光纤还只能应用于短距离传输。

习题与思考题

1. 一个光传输系统的信道间隔限制在 500GHz，在 1536～1556nm 频带内可用波长信道数为多少？

2. 简述 WDM 的分类。

3. 试画出 WDM 系统的工作原理图，其基本结构有哪些？

4. 光波分复用技术的关键技术有哪些？

5. 不采用波长变换器，但假定波长可由网络的不同端口重用。

（1）试证明一个 WDM 网有 N 个节点，其所需的最少波长数 n 如下：

① 对于星型网络，$n = N-1$。

② 对于总线网络，当 N 为偶数时，$n = (N/2)^2$；当 N 为奇数时，$n = (N^2-1)/4$。

③ 对于环型网，$n = N(N-1)/2$。

（2）对 $N=3$、4 画出网络示意图及其波长分配。

（3）绘出波长数随节点数变化的曲线，要求针对星型、总线和环型拓扑，且 $2<N<20$。

6. 试对比分析 5 种复用技术（波分、码分、时分、偏振、空分）的特点。

第8章 光纤通信系统性能与设计

本章提要

本书在前面的章节中讨论了光纤传输系统的组成部分，如光纤、光源、检测器、放大器等的原理和相关知识。本章将在此基础上讨论光纤通信系统的性能与设计方面有关的问题，首先介绍光纤通信系统的结构和特点，然后介绍光纤通信系统性能分析，最后分析单通道、多通道数字光纤通信系统的结构与设计。

8.1 光纤通信系统的概念

将一个用户的信息传送给另一个用户的全部设备及线路通称为通信系统，其中包括把信源信号转换成可在信道中传送信号的发送部分、信号传送的线路及附属设备把信号转换成用户信息的接收部分。最基本的光纤通信系统是由光发射机、光接收机、光纤传输线路、光中继器和各种无源光器件组成的信息传输系统。要实现通信，电信号还必须经过电端机对信号进行处理后送到光纤传输系统完成通信过程。根据所使用的光波长、传输信号形式、传输光纤类型、信号的调制方式、光接收方式的不同，光纤通信系统可分成不同的类型。表8.1给出了系统的不同分类及各自的特点。

表 8.1 光纤通信系统的分类和特点

分类方式	类别	特点
按信号类型	数字光纤通信	抗干扰能力强，传输质量好
	模拟光纤通信	对系统要求高，适用于图像传输
按光波长（通道)个数	单波长（通道）	技术难度小，应用成熟
	多波长（WDM）	传输容量大，距离远
按调制方式	直接强度调制（IM）	技术成熟，成本低
	外调制	高速传输，成本较高
按接收方式	直接检测（DD）	技术成熟，成本低，效率高
	相干检测（CD）	灵敏度高，传输容量大，距离远
按光纤特性	多模光纤（MMF）	采用850nm波长，距离短
	单模光纤（SMF）	采用1310/1550nm波长，传输容量大，距离远

由表8.1可见，按照不同的方式，光纤通信系统有多种分类方法。本章从目前应用的角度，阐述两类典型的光纤通信系统，即单通道 IM-DD（强度调制-直接检测）系统和多通道 WDM 系统。从系统的结构组成、主要性能分析方面力争给读者一个简单、明晰的光纤通信应用系统的概念。同时，在前几章已经讨论了光纤通信系统中所采用的器件，如光收/发器、光耦合器、光解复用/复用器、光纤放大器等器件的结构和工作

原理，在此基础上本章将讨论有关整个光纤通信系统设计方面的问题。

8.1.1　基本光纤通信系统结构

一个光纤通信系统结构如图 8.1 所示，它主要包括光发送、光传输和光接收 3 个部分。图 8.1 只给出了单向传输的示意，实际的系统绝大多数都是双向的。这个系统模型可以是单通道的 IM-DD 系统，也可以是 WDM 系统，区别在于如果是 WDM 系统，则在系统模型中需要增加 WDM 器件，对多个波长光发射机的光信号进行复用和解复用。在图 8.1 所示的系统模型中，光放大器可以置于光发射机后作为系统的功率放大，还可以置于光纤线路上作为线路放大，也可以作为一个光前置放大器。下面对图 8.1 所示的 3 个部分加以简单介绍。

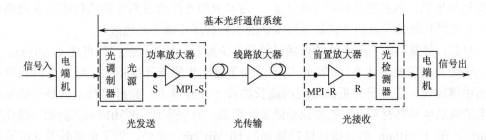

图 8.1　现代光纤通信系统结构（单向传输）

1. 光发送部分

光发送部分主要由光源、驱动器和调制器组成。光源是发送部分的关键器件，光纤通信系统要求光源有一定的输出光功率、尽可能小的谱线宽度、工作稳定可靠、寿命长（一般要求在 10 万小时以上）。在光纤通信系统中，广泛使用半导体注入式激光器 LD 和 LED。在短波段（800～900nm），常使用镓铝砷（GaAlAs）激光器和 LED，此类光源已经很成熟，各方面都能满足系统的要求。在长波段（1000～1600nm），常用铟镓砷磷（InGaAsP）材料制成的激光器和 LED，此类光源也相当成熟。

由光源发出的光波在调制器中受到电信号的调制，成为已调光波。目前有两种主要的调制方式。

一种是半导体光源的直接强度调制，即用电信号对光源（如 LED 或 LD）的注入电流进行调制，使其输出光波的强度随调制信号发生变化，从而实现直接强度调制。这种调制方式不要求单独的调制器，光源和调制器成为一体，即光波的产生和调制在同一半导体激光器或 LED 内完成。直接调制的设备简单、成本低、容易实现，它是目前实际光纤通信系统广泛采用的调制方式，对直接调制产生限制的主要因素是调制速度。在直流工作条件下，半导体注入式激光器比较容易做到单纵模输出，但用电信号对其注入电流进行调制后，激光器容易变成多纵模输出，已调光波的光谱宽度显著增加，从而限制了光纤通信系统的通信容量和通信距离。为了解决这个问题，人们已研制成功一种 DFB 激光器，它在直接调制情况下可以得到单纵模输出。这是目前最大容量、长距离光纤通信系统的优选光源。

另一种调制方法是间接调制，此种调制方式的主要特点是光源和调制器分开。如前文所述，它有多种间接调制方式，如电光调制、声光调制和磁光调制，目前技术上较为成熟的是电光调制。电光调制可以实现强度调制、相位调制或偏振调制。间接调制的优点是调制速度高，调制对光源的工作不产生影响，但设备较为复杂，仅在要求很高的调制特性的情况下使用，如在大容量、长距离的光纤通信系统中使用。

2. 光传输部分

光传输部分主要由光纤和线路放大器（或光中继器）组成。光纤是光纤通信系统中的主要组成部分，它的特性好坏，将对光纤通信系统产生很大影响。光纤传输特性主要包括损耗、色散和非线性 3 个方面。为了增加光纤通信系统的通信距离和通信容量，对光纤传输特性总的要求是尽可能低的损耗和尽可能小的色散。

目前，最常用的石英光纤的损耗已接近理论极限，短波段的损耗可达 2.1dB/km 以下，长波段的损耗可达 0.18dB/km 以下。为了进一步降低光纤损耗，增加光纤通信系统的中继距离，正在研究更低损耗的超长波长（$2\mu m$ 以上）光纤材料。这是一些非石英系的玻璃或单晶材料，它的理论极限损耗很低，有些可达 10^{-9}dB/km。例如，硼化钍（TnB），在 $1\sim10\mu m$ 的低损耗窗口损耗为 10^{-3}dB/km。此外，为了适应外差光纤通信系统的特殊要求，正在研制各种偏振保持光纤。它对将来发展长距离、大容量的光纤通信系统有着重要意义。光传输线路的损耗还包括光纤接头和连接器的损耗；由于光纤线路由许多光纤连接而成，光纤接头和连接器的损耗将对系统产生不小的影响。

由于光纤的损耗和带宽限制了光波的传输距离，当光纤通信线路很长时，则要求每隔一定的距离加入一个光纤放大器（光中继器）。在早期的光纤通信系统中通常采用光电转换型的中继器来增加光波的传输距离。它由光接收机和光发射机组成，光接收机首先接收从光纤中传来的被衰减的光信号，并将它变为电信号，然后对电信号进行放大，再用电信号直接调制发送机中的光源产生已调光波，再耦合进入光纤，达到光信号放大的目的。此种中继器设备比较复杂，而且由于反复的光—电、电—光变换增加了信号的失真。

目前研制成功各种类型的光纤放大器，它可作为光直接放大中继器，通过光纤传输后衰减的光信号可用光纤放大器直接放大继续向前传输，以达到长距离通信的目的。其中 FDFA 已在实用的光纤通信系统中被广泛使用。

光纤放大器的普遍使用克服了光纤的损耗对系统性能（如中继距离）的影响，但带来另外的影响，即光纤的色散和非线性特性成为限制系统性能的主要因素，尤其是在高速光纤通信系统中必须考虑光纤色散的影响。

图 8.1 中，按照光放大器的位置，把功率放大器和前置放大器分别纳入光发送和接收部分，此外对于线路放大器，可以是单个放大器独立使用，也可以是多个放大器的级联，关于光纤放大器在系统中的应用已在第 5 章介绍。

3. 光接收部分

光电检测（波）器是光接收的主要部件。从光纤中传输来的已调光波信号入射到光电检波器的光敏面上，光电检波器将光信号解调成电信号，然后进行电放大处理，还原成原来的信息。因为光纤输出的光信号很微弱，所以为了有效地将光信号转换为电信号，要求光电检波器有高的响应度、低噪声和快的响应速度。

目前，实用光纤通信系统使用的半导体光电检波器有 PIN 光电二极管和 APD 两种，前者是无增益的，后者是有增益的。由于半导体材料对不同波长有不同的响应度，因此，在短波长段广泛使用硅 APD，在长波长段广泛使用锗 APD、铟镓砷磷 APD和 PIN 光电二极管，为了提高光接收机的灵敏度，在长波长段广泛使用 PIN-FET 接收组件，它是用 PIN 光电二极管作光电检波器，FET 作前置放大器的组合器件。

正在研究新型的光电晶体管光电检波器，如量子阱器件，此种器件既有较大的增益，又有较小的噪声，现已有试制性产品，预计不久将在实用光纤通信系统中应用。

光纤通信系统有两种接收方式。一种是直接检波，即单独使用光电检波器直接将光信号变换为电信号。此种接收方式的优点是设备简单、经济，是当前实用光纤通信系统普遍采用的接收方式。另一种是相干检测，即光接收机产生一个本地振荡光波，与光纤输出的光波信号在光混频器中差拍产生中频光信号，经光电检波器变换为中频电信号。此种方式的优点是能大幅度提高光接收机的灵敏度，但设备比较复杂，对光源的频率稳定度和光谱宽度要求很高，目前还处于试验阶段。但大量的理论和实际工作已充分证明它是一种很有发展前途的光纤通信系统，随着光纤和光电器件制造技术的进一步提高，将显示出它更大的优越性。

8.1.2 光纤传输特性对系统的影响

1. 损耗

光纤的损耗对系统的影响主要是功率限制。信号光在光纤中传输一定距离后，由于损耗效应，信号光强度大大减弱，低于接收探测器的灵敏度后系统就不能正常工作。

对于损耗，可以通过光放大技术进行补偿。信号光在光纤中传输一定距离后，加入光纤放大器，使信号光的功率得到提升。在接收机之前，可以加入放大器提升功率，提高接收灵敏度。

损耗与信号光的调制速率无关。对 155Mb/s 与 10Gb/s 的调制速率，损耗都是一样的。同时放大器对调制速率也透明。因此，不同传输速率的系统，光纤损耗的影响及补偿方法基本一样。

2. 色散

通常提到光纤的色散是指色度色散，它是光纤的固有特性之一，对系统的影响与信号光的调制速率紧密相关。对于低速率系统，由于从时域上看脉冲的调制周期大，光源（激光器+调制器）的色散受限距离很长，比如一般 2.5Gb/s 调制速率的光源的色散容限是 12800ps/nm，可以保证在 G.652 光纤中无补偿传输 640km。对于 155Mb/s、622Mb/s 系统的色散受限距离则更长。所以，对于速率是 2.5Gb/s 及以下的系统，可以不考虑色散的影响。

但是，对于 10Gb/s 及以上速率的系统，必须考虑色散的影响。10Gb/s 速率的信号光在 G.652 光纤中无色散补偿的理论传输距离只有 60km 左右；对光源采用预啁啾技术处理后，可以将色散受限距离延长到 90km 左右（1500ps/nm）。因此，对于 10Gb/s 及以上速率的系统要实现长距离传输，必须采用色散补偿技术。目前，比较成熟的色散补偿技术有色散补偿光纤（DCF）补偿法、色散补偿光栅（DCG）补偿法等。前者可以同时补偿 DWDM 系统的各个信道，在 10Gb/s 速率 DWDM 系统中得到广泛的应用。DCG 由于其带宽较窄，一般在单信道系统中具有较大竞争力。

除色度色散外，光纤还存在 PMD，PMD 是由于光纤光缆不是理想的圆柱对称结构而引起传输过程中的两个偏振态（LP_{01}^x 和 LP_{01}^y）的群时延不同，是波长、时间的随机函数，一般用统计的平均值来表示。新生产的光纤 PMD 系数通常小于 $0.1ps/km^{1/2}$。在传输 10Gb/s 以上信号时需考虑 PMD 的影响。另外，光通路中使用的各种光器件，如光隔离器、光环行器、光滤波器、光放大器、光波长转换器以及光波复用/解复用器等，这些光器件一般都采用扁长方形截面的光波导，而且波导结构和结构转换形式都是复杂的，它们的 PMD 系数可能会很大。好在这些器件的 PMD 不存在传输距离的积累问题，如果链路中光器件不是太多，系统设计时可以忽略不计，而只需通过规范各个器件的 PMD 指标来予以限制。

3. 非线性效应

光纤传输的损耗和色散与光纤长度是呈线性变化的，表现出线性效应，而带宽系数与光纤长度表现出非线性效应。光纤的非线性效应从产生机制上可以分为受激散射与折射率效应两大类。受激散射主要包括 SBS 与 SRS 两种；折射率效应包括 FWM、SPM、XPM 等多种。其中，FWM、XPM 只有多信道系统才能产生，在单信道系统不会产生。SRS 在单信道系统中阈值功率太高，影响可以忽略，而在多信道系统中的影响不容忽视。SBS、SPM 在单信道、多信道系统中都会存在。

非线性效应一旦产生，就无法消除或补偿。因此，必须尽量防止非线性效应的产生。在第 2 章曾提到，使用模场直径（或有效面积）大的光纤，可以降低通过光纤的功率密度，可以抑制非线性效应的产生。此外，多种非线性效应与光纤的色散系数相关，如四波混频，如果光纤的色散系数太小，很容易满足四波混频产生的相位匹配条件，使系统性能大大降低，甚至不能正常工作。

8.2 单通道数字光纤通信系统结构与设计

在数字光纤通信系统中，IM-DD 系统是最常用、最主要的方式。本节以 IM-DD 系统为例介绍单通道数字光纤通信系统的结构和设计问题。在论述数字光纤通信系统设计时，先给出总体设计中应该综合考虑的因素，然后给出单通道系统中继距离设计，并举例说明。

8.2.1　系统结构

IM-DD 系统就是发送端信号调制光载波的强度，接收端用检测器直接检测光信号的一种光纤通信系统。常见的 PDH、SDH 系统大都采用光强直接调制方式，这是因为半导体光源的直接强度调制原本是光纤通信特有的优点，它的实施非常简单，调制效率高，只需要 $1\sim 2V$ 的低电平（毫瓦级功率）调制信号便可以实现接近 100% 的调制深度。

图 8.2 是一个 IM-DD 系统的基本结构，它包括 PCM 端机、输入/输出接口、光发送/接收端机、光纤线路及光中继器等。

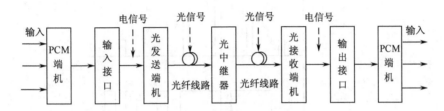

图 8.2　IM-DD 系统的组成原理

1. PCM 端机和输入/输出接口

通信中传送的许多信号（如语音、图像信号等）都是模拟信号。在输入侧，PCM 端机的任务就是把模拟信号转换为数字信号（A/D 变换），完成 PCM 编码，并且按照时分复用的方式把多路复接、合路，从而输出高比特的数字信号。在输出侧，PCM 端机将光信号变换为电信号，再进行放大、再生，恢复出原来传输的信号并输出用户端。它的任务是将高速数字信号时分复用，然后再还原成模拟信号。光发送/接收端机与 PCM 端机之间通过输入/输出接口实现码型、电平和阻抗的匹配。

PCM 编码包括抽样、量化、编码 3 个步骤，如图 8.3 所示。抽样过程就是以一定的抽样频率 f 或时间间隔 T 对模拟信号进行取样，把源信号的瞬时值变成一系列等距离的不连续脉冲。根据奈奎斯特（Nyquist）抽样定理，只要抽样频率 f 大于传输信号的最高频率 f_s 的 2 倍，即 $f>2f_s$，在接收端就完全感觉不到信号的失真。

量化过程就是用一种标准幅度量出抽样脉冲的幅度值，并用四舍五入的方法把它分配到有限个不同的幅度电平上。如图 8.3 中把幅度值分为 8 种，所以每个范围的幅度值对应一个量化值，显然这样的量化会带来失真，称为量化失真，量化等级分得越细，失真越小。

编码过程就是用一组组合方式不同的二进制脉冲代替量化信号。如果把信号电平分为 m 个等级，就可以用 $N=\log_2 m$ 个二进制脉冲来表示一个取样值。这样原来的连续模拟信号就变成了离散的数字信号 0 和 1。在图 8.3 中，$m=8$，则可以用 3 个二进制数表示一个取样值。例如，0 对应于 000，1 对应于 001，2 对应于 010，3 对应于 011，4

对应于 100，5 对应于 101，6 对应于 110，7 对应于 111，这种信号经过信道传输，在接收端经过解码、滤波后就可以恢复出原来的信号。

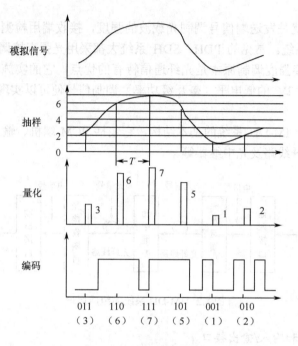

图 8.3　PCM 编码过程

例如，电话、语音信号的最高频率为 4kHz，取抽样频率为 f=8kHz，即图 8.3 所示的抽样周期 T=125μs。如果每个量化信号用 8bit 二进制代码替代，一个 PCM 语音信号的速率为 8×8=64Kb/s。在实际的 PDH 数字通信系统中，一个基群包括速率为 2.048Mb/s（32×64Kb/s），4 个基群时分复用为一个二次群（8.448Mb/s），4 个二次群又时分复用为一个三次群（34.368Mb/s），依此类推。

经过脉冲编码的单极性的二进制码还不适合在线路上传输，因为其中的连 "0" 和连 "1" 太多，因此在 PCM 输出之前，还要将它们变成适合线路传输的码型。根据 ITU-T 建议，一、二、三次群采用 HDB$_3$ 码，而四次群采用信号反转码（CMI）码。

从 PCM 端机输入/输出的 HDB$_3$ 或 CMI 码仍然不适合光发射/接收端机的要求，所以要通过接口电路把它们变成适合光端机要求的单极性码。接口电路还要保证电、光端机之间的信号幅度、阻抗匹配。单极性码由于具有随信息随机起伏的直流和低频分量，在接收端对判决不利，所以还要进行线路编码以适应光纤线路传输的要求。常用的光纤线路码型有扰码二进制、分组码（mBnB）、插入型码（mB1H/1C）等。经过编码的脉冲按系统设计要求整形、变换以后，以 NRZ 或 RZ 去调制光源。

2. 系统基本组成部分

图 8.2 中的光发送端机、光纤线路、光中继器和光接收端机是系统的基本组成部分，它对应于图 8.1 的光发送、光传输和光接收部分。关于光发射机、光接收机和光放

大器的工作原理和技术指标已分别在前面的章节中介绍过，这里仅对各部分在 IM-DD 系统中的应用情况进行总结。

　　光发送端机包括光源、驱动器、调制器和功率放大器等。这里电信号通过调制器转换成光信号（E-O 转换）。现在的光纤通信系统一般采用直接强度调制的方式，即通过改变注入电流的大小直接改变输出光功率大小的方式来调制光源。参照图 8.1，光发送部分 S 点为光发射机与光放大器连接处的参考点，MPI 为主通道接口，定义为终端设备与长距离光纤传输设备的接口。光发送功率是指从光发送端机耦合到光纤线路上的光功率，即 S 点的平均光功率，它是光发射机的一个重要参数，大小决定了允许的光纤线路损耗，从而决定了通信距离。光放大器在发送机后作为功率放大器，可根据实际系统的需要设定。平均输出光功率、消光比、光谱特性及 OSNR 都是系统设计的主要参数。

　　光接收端机包括光检测器、前置放大、整形放大、定时恢复、判决再生器等。在这里，从光纤线路上检测到的光信号被转换成电信号（O-E）。一般对应于强度调制，采用直接检测方案，即根据电流的振幅大小来判决收到的信号是"1"还是"0"。判决电路的精确度取决于检测器输出电信号的信噪比。接收机的一个重要参数是接收机的灵敏度。其定义为接收机在满足所需误码率的情况下所要求的最小接收光功率。与发送部分一样，光接收机部分 R 点为光接收机与前置放大器连接处的参考点。在系统中，接收灵敏度和过载光功率是两个主要的设计参数。

　　由于光纤本身具有损耗和色散特性，它会使信号的幅度衰减、波形失真，因此对于长距离的干线传输，每隔 50～70km 就需要在中间增加光中继器。光中继器有全光（OOO）方式的，如图 8.1 采用 EDFA 的线路放大器；也有采用光电光（OEO）方式的，如图 8.4 中的光中继器即为 OEO 方式。它实际上由一个接收机（Rx）和一个发送机（Tx）组成，Rx 将需要进行中继的光信号接收下来，转换成电信号，然后对此电信号进行放大、整形、再生，最后把再生的电信号调制到光源上，转换成光信号，由 Tx 发送到光纤线路上。

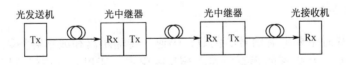

图 8.4　采用 OEO 方式的光中继器

8.2.2　光纤通信系统设计的总体考虑

　　任何复杂的光纤通信系统，它的基本单元都是点对点传输链路，点对点系统主要由三部分构成，即光发送端机、光纤线路和光接收端机。每部分又由许多光及电的元件组成，且各种元件之间的组合又非常多。考虑在实际应用中对系统的要求又极为广泛，因此笼统地讨论光纤系统的设计是非常困难的，这里只对一些原则性的设计问题加以介绍。

在设计一个光纤通信系统时，必须满足以下基本要求。

1）达到预期的传输距离。

2）满足光纤传输容量。

3）满足系统的传输性能要求。

4）系统的安全性、可靠性。

5）价格、经济因素。

在掌握系统基本要求的同时，还应该考虑到系统的结构、规模、容量能否满足未来若干年发展的趋势，即可持续性问题。上述这些要求能否全部满足或首先应保证哪些指标，还取决于实际情况，在设计中具体考虑的因素主要包括以下几个方面。

1. 系统的制式、速率

在系统中选择 PDH 还是 SDH 制式的设备，目前已不存在争议，如接入网采用的低速率 STM-1 设备、长途干线网和大中型城域网采用的 10~40Gb/s 的超高速 SDH 设备等。这主要是由 SDH 设备的兼容性、安全性和良好的性能所决定。同时考虑到系统传输容量需求的飞速增长，如使传输容量达到太比特率的速率等级，选择 WDM+SDH 组合方式也是目前光纤通信系统必然的选择。

2. 光纤选型

光纤的种类繁多，其中多模光纤主要用于短距离传输，而长距离、长波长传输一般使用单模光纤。目前，应用于通信领域的光纤类型有 G.652 光纤、G.653 光纤、G.654 光纤和 G.655 光纤。G.652 光纤目前已大量敷设，在 1.3μm 波段性能最佳，但这种光纤工作在 1.55μm 波段时，色散较为严重，限制了高速率系统的传输距离。G.653 光纤在 1.5μm 波段性能最佳，是 TDM 方式的最佳选择。但因出现 FWM 效应，限制了它在 WDM 方面的应用。G.655 光纤同时克服了 G.652 光纤在 1550nm 处色散受限和 G.653 光纤在 1550nm 处出现 FWM 效应的问题，故最适合于 WDM 系统。

3. 光源的选择

在光源选择时主要考虑信号的色散、码速、传输距离和成本等参数。由于 LD 具有发光谱线狭窄、与光纤的耦合效率高等显著优点，所以它被广泛应用在大容量、长距离的数字光纤通信中。尽管 LD 也有一些不足，如线性度与温度特性欠佳。但数字光纤通信对光源器件的线性度并没有很严格的要求；而温度特性欠佳可以通过一些有效的措施来补偿，因此 LD 成为数字光纤通信最重要的光源器件。LED 的谱线较宽，所以它难以用于大容量的光纤通信。但因为其具有使用简单、价格低廉、工作寿命长等优点，所以广泛应用在较小容量、较短距离的光纤通信中；而且由于其线性度甚佳，所以也常常应用于对线性变化要求较高的模拟光纤通信中。

4. 光检测器的选择

给定的 PIN 和 APD 接收机接收灵敏度与码速有关，究竟选用 PIN 还是 APD，可根据系统的码速及传输距离来决定。此外，还得考虑它们的可靠性、稳定性、使用方便及价格上的差别。PIN 光电二极管具有噪声小、温度特性稳定、价格便宜等优点，但其接收灵敏度不高。因此，PIN 光电二极管只能用于较短距离的光纤通信。但若要检测极其弱小的信号时，还需要灵敏度较高的 APD。

5. 工作波长的选择

工作波长可通过通信距离和容量来确定，短距离、小容量的系统一般选择 850nm 及 1300nm 的波长；反之则选择 1300nm 和 1550nm 的波长。同时由前面的分析可见，工作波长的选择与光纤和光源的选择是息息相关的。

WDM 系统中，在选择了工作波长后，还要考虑波长分配和通道间隔。一般的 WDM 系统，ITU-T G.692 给出了以 193.1THz 为标准频率、间隔为 100GHz 的 41 个标准波长（192.1～196.1THz）可供选择。但在实际系统中，考虑到系统扩容的需求，同时采用了级联的 EDFA 引起的增益不平坦，可选用的增益区很小。目前实用化 WDM 系统通常选择 1548～1560nm 波长区的 16 个波长。

6. 中继段距离确定

中继段距离确定是保证系统工作在良好状态下所必需的，尤其是对长途光纤系统，中继段距离设计是否合理，对系统的性能和经济效益影响很大。具体设计方法在下面予以介绍。

8.2.3　单通道系统中继距离设计

光纤通信的最大中继距离可能会受光纤损耗的限制，此所谓损耗受限系统；也可能会受到传输色散的限制，此所谓色散受限系统。在 PDH 通信中，由于其码速率不高（一般最高为 140Mb/s），所以传输色散引起的影响并不大，故大多数为损耗受限系统。而在 SDH 通信中，伴随技术的不断发展和人们对通信越来越高的需求，光纤通信的容量越来越大，码速率也越来越高，已从 155Mb/s 发展到 10Gb/s，而且正向 40Gb/s 的方向发展，所以光纤色散的影响越来越大。因此，系统可能是损耗受限系统，也可能是色散受限系统。在进行计算中继距离时，两种情况都要计算，取其中较小者为最大中继距离。

中继距离的设计有 3 种方法，即最坏情况法（参数完全已知）、统计法（所有参数都是统计定义）和半统计法（只有某些参数是统计定义）。这里采用最坏情况法，用这种方法得到的结果，设计的可靠性为 100%，但要牺牲可能达到的最大长度。

1. 损耗受限系统

损耗受限系统是指光纤通信的中继距离受诸如传输损耗参数的限制，如光发射机的平均发光功率、光缆的损耗系数、光接收机灵敏度等。

系统传输距离主要受损耗的限制，即决定于下列因素。

1）发送端耦合入光纤的平均功率 P_t (dBm)。

2）光接收机的接收灵敏度 P_r (dBm)。

3）光纤线路的总损耗 A_T (dB)。

因为发送平均功率与接收灵敏度之差就是光通道允许的最大损耗，故系统的功率预算可用以下公式计算，即

$$P_t - P_r = A_T + M + P_p \tag{8.1}$$

式中　A_T——光纤线路上所有损耗之和，可表示为

$$A_T = 2A_c + L(a + a_s)$$

A_c——活动连接器的损耗，因在光发射机与光接收机上各有一个活接头，一般取值 A_c=0.5dB。

a_s——平均每公里熔接损耗，一般可取 a_s=0.025dB/km。

a——光纤的损耗系数，它的取值由所供应的光缆参数给定，dB/km，其典型值为在 1310nm 波长，0.3～0.4dB/km；在 1550nm 波长，0.15～0.25dB/km。

M——系统富余度，主要包括设备富余度 M_E，考虑光终端设备在长期使用过程中会出现性能老化；光缆富余度 M_C，考虑光缆在长期使用中性能会发生老化，尤其是随环境温度的变化（主要是低温），其损耗系数会增加，设计中一般取 M=6dB。

P_p——光通道功率代价，包括由于反射和由码间干扰、模分配噪声、激光器的啁啾声引起的总色散代价。ITU-T 规定一般取 P_p=1dB 以下。

综合以上分析，在已知发送机、接收机参数及光纤线路损耗各参数后，根据式（8.1）就可以计算出系统损耗受限中继距离 L_1 为

$$L_1 = \frac{P_t - P_r - P_p - 2A_c - M}{a + a_s} \tag{8.2}$$

例如，某 140Mb/s 光纤通信系统的参数如下：光发射机最大发光功率为 P_{max}=-2dBm；光接收机灵敏度为 P_r=-43dBm；光纤损耗系数为 a=0.4dB/km。求其最大中继距离。

除上述参数外，其他参数可有以下取值：系统富余度 M=6dB；活接头损耗 A_c=0.5dB；因码率较低，可以不考虑光通道功率代价，故 P_p=0；每公里接续损耗 a_s=0.025dB/km。

如果采用 NRZ 码调制，则光发射机平均发送光功率应该是最大发光功率的一半，即 P_t=-2-3=-5dBm。

把上述数据代入式（8.2），得到系统最大中继距离为

$$L_1 = \frac{-5 - (-43) - 2 \times 0.5 - 6}{0.4 + 0.025} = 72.9 \text{(km)}$$

2. 色散受限系统

色散受限系统是指由于系统中光纤的色散、光源的谱宽等因素的影响，限制了光纤通信的中继距离。在光纤通信系统中存在着两大类色散，即模式色散和模内色散。

模式色散又称模间色散，是由多模光纤引起的。因为光波在多模光纤中传输时，

由于光纤的几何尺寸等因素的影响存在着许多种传播模式，每种传播模式皆具有不同的传播速度与相位，这样在接收端会造成严重的脉冲展宽，降低了光接收机的灵敏度。

模式色散的数值较大，会严重影响光纤通信的中继距离。对于单模光纤通信系统而言，由于在单模光纤中实现了单模传输，所以不存在模式色散的问题，故单模光纤的色散主要表现为材料色散与波导色散的影响，通常用色散系数 $D(\lambda)$ 来综合描述单模光纤的色散。

对于色散受限系统的中继距离计算，可分以下两种情况予以考虑。

1）光源器件为 MLM 激光器或 LED 时，其中继距离为

$$L_{\mathrm{d}} = \frac{10^6 \varepsilon}{\sigma D(\lambda)B} \tag{8.3}$$

式中　ε——光脉冲的相对展宽值。当光源为 MLM 激光器时，ε =0.115；当光源为
　　　　LED 时，ε =0.306。

　　　σ——光源的均方根谱宽，nm。

　　　$D(\lambda)$——所用光纤的色散系数，ps/km·nm。

　　　B——系统的码率，Mb/s。

2）当光源器件为单纵模激光器时，假设光脉冲为高斯性，同时假设允许的脉冲展宽不超过发送脉宽的 10%，则可以得到适用于工程近似计算的公式，即

$$L_{\mathrm{c}} = \frac{71400}{\alpha D(\lambda)\lambda^2 B^2} \tag{8.4}$$

式中　α——啁啾声系数，对 DFB 型单纵模激光器而言，α=4～6ps/nm；对量子阱激
　　　　光器而言，α=2～4ps/nm；

　　　$D(\lambda)$、B 定义与式（8.3）相同。

例如，有一个 622Mb/s 的单模光纤通信系统，系统工作波长为 1310nm，其光发射机平均发光功率 $P_{\mathrm{t}} \geq$ 1dBm，光源采用 MLM 激光器，其谱宽 σ =1.2nm。光纤采用色散系数 $D(\lambda) \leq$ 3.0ps/km·nm、损耗系数 $\alpha \leq$ 0.3dB/km 的单模光纤。光接收机采用 InGaAs APD 光电二极管，其灵敏度为 $P_{\mathrm{r}} \leq$ −30dBm。试求其最大中继距离。

先按损耗受限求其中继距离，由式（8.2）可求其中继距离为

$$L_1 = \frac{P_{\mathrm{t}} - P_{\mathrm{r}} - 2A_{\mathrm{c}} - M - P_{\mathrm{p}}}{a + a_{\mathrm{s}}} = \frac{1-(-30)-2\times0.5-6-1}{0.3+0.05/2} = 76(\mathrm{km})$$

再按色散受限求其中继距离，因为光源为 MLM 激光器，所以取 ε =0.115，于是由式（8.3）得

$$L_{\mathrm{d}} = \frac{10^6 \varepsilon}{\sigma D(\lambda)B} = \frac{10^6 \times 0.115}{1.2 \times 3.0 \times 622.08} = 51(\mathrm{km})$$

比较 L_1 和 L_{d} 可知，该系统的损耗受限中继距离大于色散受限中继距离，按照最坏情况法，系统的最大中继距离为 51km，此系统为色散受限系统。

8.3 多通道数字光纤通信系统设计

多通道数字光纤通信系统，即 WDM 系统的基本结构与工作原理前文已经阐述，本节主要考虑采用 EDFA 的 WDM 系统的应用情况，以及多通道数字光纤通信系统设计中出现的新问题。

8.3.1 系统设计中应注意的问题

1. 色散与信道串扰

随着光纤通信系统中传输速率的不断提高和由于光放大器极大地延长了无线中继的光传输距离，因而整个传输链路的总色散及其相应色散代价将可能变得很大而必须认真对待，色散限制已经成为目前许多系统再生中继距离的决定因素。在单模光纤中，色散以材料色散和波导色散为主，它使信号中不同频率分量经光纤传输后到达光接收机的时延不同。光纤色散在时域上造成光脉冲的展宽，引起光脉冲相互间的串扰，使得沿途恶化，最终导致系统误码性能下降。

在 WDM 系统设计中，信道串扰是一个最主要的问题，当串扰导致功率从一个信道转移到另一个信道时也将导致系统性能下降。产生串扰的原因主要有两类，一类是线性串扰，线性串扰通常发生在解复用过程中，它与信道间隔、解复用方式及器件的性能有关，在 WDM 系统中，串扰量的大小取决于选择信道的光滤波器的特性；另一类是非线性串扰，当光纤处于非线性工作状态时，光纤中的几种非线性效应均可能在信道间构成串扰，信道串扰量的计算可参考 7.3 节。

2. 功率

光信号的长距离传输要求信号功率足以抵消光纤的损耗，G.652 光纤在 1550nm 窗口的损耗系数一般为 0.25dB/km 左右，考虑到光接头、光纤富余度等因素，综合的光纤损耗系数一般小于 0.275dB/km。

具体计算时，一般只对传输网络中相邻的两个设备作功率预算，而不是对整个网络进行统一的功率预算。将传输网络中相邻的两个设备间的距离（损耗）称为中继距离（损耗）。

如图 8.5 所示，A 站点发送参考点为 S，B 站点接收参考点为 R，S 点与 R 点间传输距离为 L，则

$$中继距离 = \frac{P_{out} - P_{in}}{\alpha} \tag{8.5}$$

式中 P_{out}——S 点单信道的输出功率，dBm，S 点的光功率与 A 站点的配置相关；

P_{in}——R 点的单信道最小允许输入功率，dBm；

α——光缆每公里损耗，dB/km，它包含接头、富余度等各种因素的影响，取 α =0.275dB/km。

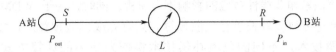

图 8.5　中继损耗计算原理

3. 光信噪比

（1）噪声产生原理

光放大器围绕着信号波长产生光，即所谓放大自发辐射（ASE）。在具有若干级联 EDFA 的传输系统中，光放大器的 ASE 噪声将同信号光一样重复一个衰减和放大周期。因为进来的 ASE 噪声在每个光放大器中均经过放大，并且叠加在光放大器所产生的 ASE 上，所以总 ASE 噪声功率就随光放大器数目的增多大致按比例增大，而信号功率则随之减小。噪声功率可能超过信号功率。OSNR 定义为

$$OSNR = \frac{每信道的信号光功率}{每信道的噪声光功率}$$

（2）传输限制

ASE 噪声积累对系统的 OSNR 有影响，因为接收信号 OSNR 劣化主要是与 ASE 有关的差拍噪声有关。这种差拍噪声随光放大器数目的增加而线性增加。因此，误码率随光放大器数目的增加而劣化。此外，噪声是随放大器的增益幅度以指数形式积累的。

作为光放大器增益的一个结果，积累了许多个光放大器之后的 ASE 噪声频谱会有一个自发射效应导致的波长尖峰。特别要指出的是，如果考虑采用全光环网结构，那么若级联数目无限的光放大器，则 ASE 噪声就会无限积累起来。虽然有滤波器的系统中的 ASE 积累会因有滤波器而明显减小，但带内 ASE 仍会随光放大器的增多而增大。因此，OSNR 会随光放大器的增多而劣化。

目前通常认为系统寿命开始时，应保证 OSNR>20dB。

4. 非线性效应

由前面分析可知，非线性效应一旦产生，就无法消除或补偿。因此，必须尽量防止非线性效应的产生。使用模场直径（或有效面积）大的光纤，可以降低通过光纤的功率密度，可以抑制非线性效应的产生。此外，多种非线性效应与光纤的色散系数相关，如 FWM，如果光纤的色散系数太小，很容易满足 FWM 产生的相位匹配条件，使系统性能大大降低，甚至不能正常工作。对于 DWDM 系统，使用色散系数太小的光纤是不利的。因此，通过对色散与非线性效应的统一管理，可以抑制一些非线性效应的产生。

8.3.2　多通道系统中继距离设计

8.2 节介绍的单通道光纤通信系统设计的总体考虑以及中继距离的设计同样适用于 WDM 系统。但由于 WDM 系统的传输速率较高，EDFA 和波分复用器的引入，带来的

串扰、ASE 噪声积累和非线性效应的影响不可忽视。同时，由于 WDM 系统中途没有 O/E/O 转换，因此必须按总长进行色散预算。只有完成色散预算后，才能明确是否需要采用色散补偿技术，不同的色散补偿技术将使光功率的计算方式不同。因此，WDM 系统设计的顺序是先做色散预算，确定是否需要色散补偿，并求出色散受限系统最大中继距离；再做功率预算，得到损耗受限系统最大中继距离；最后根据实际目标确定是否需要光放大器进行增益。

1. 色散预算

对于光纤通信系统，色散对系统性能的影响主要表现在以下 4 个方面。

（1）码间干扰（ISI）

单模光纤通信中所用的光源器件的谱宽是非常狭窄的，往往只有几个纳米，但它毕竟有一定的宽度。也就是说，它所发出的光具有多根谱线。每根谱线皆各自受光纤的色散作用，会在接收端造成脉冲展宽现象，从而产生码间干扰。码间干扰的功率代价的核算公式为

$$P_{\text{ISI}} = 5\lg(1 + 2\pi\varepsilon^2) \tag{8.6}$$

式中　ε——光脉冲的现对展宽因子，可表示为

$$\varepsilon = BDL\sigma \times 10^{-6} \tag{8.7}$$

其中　B——信号的比特率，Mb/s，满足 $B = (T_0\sqrt{2\pi})^{-1}$，$T_0$ 为信号半宽时间。

　　　D——光纤色散系数，ps/(nm·km)。

　　　L——光纤长度，km。

　　　σ——光源谱宽的均方根值，nm。

以上均为与色散有关的参数。观察式（8.7）可以发现，它与式（8.3）表示的意义是相同的。

（2）模分配噪声（MPN）

多模激光器的发光功率是恒定的，即各谱线的功率之和是一个常数。但在高码速率脉冲的激励下，各谱线的功率会出现起伏现象（此时仍保持功率之和恒定），这种功率随机变化与光纤的色散相互作用，就会产生一种特殊的噪声，即所谓的模分配噪声，也会导致脉冲展宽。

模分配噪声功率代价的核算公式为

$$P_{\text{MPN}} = -10\lg\left\{1 - 0.5[KQ(1 - e^{-\pi^2\varepsilon^2})^2]\right\} \tag{8.8}$$

式中，系数 K 与激光器的类型有关。MLM 激光器的 K 值范围为 0.3～0.6，典型值为 0.5；而 DFB 激光器的 K 值小于 0.015，质量好的单纵模激光器的 K 值几乎为零，因此使用单纵模激光器的系统通常不做 MPN 核算；Q 为接收灵敏度高斯近似计算的积分参数，两者关系为

$$\text{BER} = \frac{1}{Q\sqrt{2\pi}}\left(1 - \frac{0.7}{Q^2}\right)\exp\left(-\frac{Q^2}{2}\right) \tag{8.9}$$

具体推导过程参见第 4 章相关内容，当 BER=1×10^{-10} 时，Q=6.35；当 BER=1×10^{-9}

时，$Q=6$。

（3）啁啾声

此类影响仅对光源器件为单纵模激光器时才出现。当高速率脉冲激励单纵模激光器时，会使其谐振腔的光通路长度发生变化，致使其输出波长发生偏移，即所谓啁啾声。啁啾声也会导致脉冲展宽。频率啁啾产生功率代价的核算公式为

$$P_c = -10\frac{\chi+2}{\chi+1}\lg(1-2.5t_c DL\Delta\lambda B^2) \qquad (8.10)$$

式中　χ——检测器 APD 的过剩噪声指数；

　　　t_c——激光器张弛振荡周期的 $1/2$，ps；

　　　$\Delta\lambda$——频率啁啾偏移量，nm。

其他参数含义同式 (8.8)。

（4）偏振模色散（PMD）

从理论上说，传输光信号的单模光纤应该是均匀圆柱形光波导载体，从光纤横截面上看到的应是一组同心圆。然而，实际光纤生产过程受生产环境、工艺、精度、控制流程等因素的制约，生产出来的光纤具有椭圆性征，在传输速度上形成快轴与慢轴。结果光信号中两个相互正交的主偏振模到达光纤对端时，两正交偏振模产生不同群时延，从而形成偏振模色散。在数字光纤通信系统中 PMD 引起脉冲展宽，对高速系统容易产生误码，限制了光纤波长带宽使用和光信号的传输距离。

PMD 的功率核算目前还没有简单的核算公式可供使用，主要通过分析 PMD 系数和由 DGD 的关系来进行判断。PMD 系数是由 DGD 引起得到光脉冲展宽，两者的关系可表示为 $DGD = PMD_c \times L^{1/2}$。把 DGD 值换算成 UI 单位：$DGD(UI) = DGD \times D$，$D$ 仍为光纤色散系数。最后通过查 P_{PMD}-DGD(UI) 曲线，可得偏振模色散功率代价。

一般认为，对于低色散系统，可以容忍的最大色散代价为 1dB；对于高色散系统，允许 2dB 的色散功率代价。

2. 实例分析

设计一个点对点的 WDM+EDFA 系统，光纤传输速率达到 20Gb/s，传输距离为 100km，系统基本结构如图 8.6 所示。

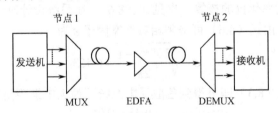

图 8.6　点对点的 WDM+EDFA 系统基本结构

（1）复用路数和工作波长的选择

考虑到现有的波分复用都是 1550nm 的工作波长，因此系统的工作波长选择在中心波长为 1550nm 的 C 波段。波长安排建议如表 8.2 所示，系统中共使用了其中 8 个通

道，通道间隔为 0.8nm。由于光纤总的传输速率为 20Gb/s，故设计后的单波长传输速率为 2.5Gb/s，可选取 STM-16 设备作为系统的发送机和接收机。

表8.2　设计系统波长的安排

通道	频率/THz	波长/nm	通道	频率/THz	波长/nm
1	192.9	1554.134	5	193.3	1550.918
2	193.0	1553.329	6	193.4	1550.116
3	193.1	1552.524	7	193.5	1549.315
4	193.2	1551.721	8	193.6	1548.515

（2）光纤的选择

原则上 G.652、G.653 和 G.655 都可以用于 WDM 系统。G.652 光纤是最早使用的单模光纤，目前 95%路由铺设此类光纤，其优点是价格低，产品稳定性好，但在 1550nm 波段其色散系数过大，限制了在高速长距离传输中的应用。在本系统中由于设计的单通道信号速率不高（不大于 2.5Gb/s），仍选择 G.652 光纤。具体参数如下：衰减为 0.193dB/km；色散为 16.72ps/nm·km；零色散斜率为 0.0858ps/nm² ·km。

（3）主要器件的选择

WDM 系统基本的器件包括光源、接收机、波分复用器、EDFA 等。前面提到系统需求的传输容量为 20Gb/s，共 8 个通道，故每个通道对应的发送和接收部分选用 2.5Gb/s 设备，设定其输出功率为-0.26dBm，接收灵敏度为-32.5dBm；波分复用器件选用与工作波长对应的器件。主要参数：信道间隔为 100GHz；插入损耗不大于 8.0dB；信道的串扰量不大于 30dB。EFDA 的选取与否需要在色散和功率预算完成后确定。

（4）色散预算

WDM 由于采用了外调制技术，频率啁啾效应的影响一般都不再讨论，光通道的色散距离积累功率代价只需核算 PMD 和 ISI 的功率代价。

对单模光纤偏振模色散系数的规范值为 PMD_c=0.5ps/km$^{1/2}$，由 DGD=PMD_c×$L^{1/2}$ 可得到 DGD 值为 DGD=0.5×100$^{1/2}$=5ps。

换算成 UI 单位，DGD(UI)=5×10^{-12}×2.5×10^9=0.0125UI，最后通过查 P_{PMD}-DGD(UI) 曲线，可得偏振模色散功率代价小于 0.1dB，因此在设计中可忽略不计。

对码间干扰的功率代价的核算，参见式（8.6）。在系统设计时一般希望留有余地，按 P_{ISI}=1.8dB 考虑，由式（8.6）可得到相对展宽因子 ε 为

$$\varepsilon = \sqrt{\frac{10^{P_{ISI}/5}-1}{2\pi}} = 0.453 \qquad (8.11)$$

再把 ε 值代入式（8.3）即可得到色散受限系统下最大中继距离为

$$L_d = \frac{\varepsilon \times 10^6}{BD\sigma} = \frac{0.453 \times 10^6}{2500 \times 16.72 \times 0.086} = 126.17(km) \qquad (8.12)$$

式（8.12）即为色散受限系统最大中继距离计算公式，式中 σ 为光源谱宽的均方根值，它与信号的 3dB 带宽关系为 $\Delta\lambda_{3dB} = 2.335\sigma$，对于 100GHz 信道间隔，取 $\Delta\lambda_{3dB} = 0.2$nm，$\sigma$ =0.086nm；D 为光纤色散系数，取 D=16.7ps/nm·km。

（5）功率预算

由上面 WDM 系统元器件选择中已知，光发送端输出功率 P_t 为-0.26dBm，光接收端的接收灵敏度 P_r 为-32.5dBm，代入式（8.2）得到损耗受限最大中继距离为

$$L_1 = \frac{P_t - P_r - P_p - 2A_c - M}{a + a_s} = \frac{-0.26 + 32.5 - 1 - 2 \times 0.5 - 6}{0.25} = 96.96(\text{km}) \qquad (8.13)$$

式中，a、a_s 可根据实际线路的测试经验，一般取 $a+a_s$=0.23～0.26dB/km，本设计按典型值 0.25dB/km 选取。

（6）放大器增益

由色散和功率预算可知，本系统为损耗受限系统，在无放大器增益时，系统最大中继距离为 96.96km，小于设计值 100km，故需要在系统中进行放大增益。增益值计算公式为

$$P_r = P_t + G - A_t \qquad (8.14)$$

式中，A_t 为线路总损耗，可由式（8.1）和式（8.2）得到 $A_t = P_p + A_s + A_r + 2A_c + M = 33\text{dB}$，故系统所需放大器的增益值 G=0.76dB。

上述的设计只是作为一个简单的范例，使读者了解点对点的 WDM 系统设计时需要考虑的关键因素和主要步骤。在实践中，WDM 系统的设计是一个庞大而复杂的工程项目，许多实际细节在实例中并没有涉及，需要了解的读者可以参照相关光纤通信工程设计方面的资料。

习题与思考题

1. 试画出 IM-DD 光纤通信系统结构框图。

2. 数字光纤通信系统的主要性能指标有哪些？

3. 一个光纤通信系统，它的码速率为 622Mb/s，光纤损耗为 0.1dB/km，有 5 个接头，平均每个接头损耗为 0.2dB，光源的入纤功率为-3dBm，接收机灵敏度为-56dBm(BER=10^{-10})，试估算最大中继距离。

4. 一个光纤通信系统，具有如表 8.3 所示参数。

表 8.3　光纤通信系统参数

系统	光发射机	光接收机	单模光纤
BER=10^{-10}	λ=1550nm	APD 二极管	损耗 0.2dB/km
系统富余度 6dB	P_t=5mW	P_r=1000 个光子/bit	色散 15ps/(nm·km)
	σ=2nm		

求：

（1）数据速率为 10Mb/s 和 100Mb/s 时，损耗受限最大中继距离；

（2）数据速率为 10Mb/s 和 100Mb/s 时，色散受限最大中继距离；

（3）对这个系统，用图表示最大中继距离与速率的关系。

第9章　光纤通信网络

○°° **本章提要**

本书前面章节已经介绍了光纤通信的"点"——光纤、有源无源器件、放大器等，以及光纤通信的"线"——点对点光纤通信系统，本章将讨论光纤通信的"面"——多点对多点光纤通信网络。首先介绍（全）光网络的概念；然后介绍光网络的关键技术——光交换技术；最后重点分析几种应用中的光纤通信网络，包括光传送网、自动交换光网络和光接入网（OAN）。

9.1　光网络技术综述

9.1.1　光网络的概念

光网络是光纤通信网络的简称，它指一种以光纤为基础传输链路的通信体系结构，它兼顾"光"和"网络"两层含义，既可通过光纤提供大容量、长距离、高可靠的链路传输手段，同时结合光网络组成关键光/电子器件和网络控制和管理机制，还可实现多节点间的联网、基于资源和业务需求的灵活配置以及网络路由保护等功能。光网络是当今世界实现信息传输与交换最主要的基础通信设施。

一般来说，光网络构成包括光传输系统以及在光域内进行交换/选路的光节点，其中光传输系统的传输容量和光节点的处理能力非常大，电层面的处理通常是在边缘网络中进行的，边缘节点通过光通道实现与光网络的直接连通。构成光网络的常用设备有 OTM（光终端复用器）、OADM 和 OXC 设备。

9.1.2　光网络的发展趋势

随着各种多媒体业务的不断涌现，对光纤通信而言，超高速度、超大容量和超长距离传输一直是人们追求的目标，光网络的发展经历了由 SDH、WDM 系统到光传送网（OTN）、自动交换光网络（ASON）、分组传送网（PTN）再到 AON 的演进过程。

1. SDH

SDH 是一种光纤传输的通用技术体系，1988 年由国际电话电报咨询委员会（CCITT）公布。SDH 技术体系通过标准化数字信号结构等级，统一规范了信息传输的光接口标准，并定义了光信号的质量监控、故障定位和远程配置等网络管理功能。SDH 系统可实现网络有效管理、实时业务监控、动态网络维护、不同厂商设备间的互通等多项功能，能大大提高网络资源利用率，降低管理及维护费用，实现灵活可靠和高效的网络运行与维护。由 SDH 网元设备通过光纤互连可以构成 SDH 网络，构成链型、星型、环型及网格型网络拓扑。但 SDH 设备的信息处理都是在电域内完成的，需要大量的光/电、电/光转换设备，且信息处理速度受到"电子瓶颈"限制，难以满足 40Gb/s 以上的高速率传输需求。

2. WDM 系统

1995 年，为了解决 SDH 受限于电子器件的响应速度问题，人们研制出 WDM 技术。WDM 技术利用光波长合/分波器，以简单且低成本的方式，挖掘光纤巨大带宽资源，极大地增加了光纤的传输容量，同时也为光层联网奠定了基础。WDM 技术不仅具有 SDH 一样灵活的保护和恢复方式，而且也能够使光纤的传输容量几倍、几十倍地增加。同时光放大器技术的成熟使 WDM 具备了相对更高的性能价格比，最终推动了 WDM 的大规模部署和应用。此阶段，光网络组网主要表现为 SDH 网络+WDM 系统形式。

3. OTN

随着可用波长数的不断增加、光放大和光交换等技术的发展和越来越多的光传输系统升级为 WDM 或 DWDM 系统，光传输网不断向多功能型、可重构、灵活性、高性价比和支持多种多样保护恢复能力等方面发展。同时，在 DWDM 技术逐渐从骨干网向城域网和接入网渗透的过程中，人们发现 WDM 技术不仅可以充分利用光纤中的带宽，而且其多波长特性还具有无可比拟的光通道直接联网的优势，可实现以光子交换为基础的多波长光纤网络，在此背景下波分复用系统由传统的点到点传输系统向光传送联网的方向发展，1998 年，ITU-T 提出了多波长 WDM 光网络，即 OTN。

4. ASON

针对波分复用提供的大容量和 OTN 具有的灵活组网特点，光网络的服务质量（QoS）和流量工程日益受到重视，人们对光网络自动化需求的呼声日益高涨。2000 年，ITU-T 提出了 ASON。ASON 是将网络的控制功能和管理功能分离，通过控制平面的路由和信令机制，实现邻居发现和业务的自动发现，实现连接的自动建立和删除，支持带宽按照需要分配和动态的流量工程。

5. PTN

2005 年，为了应对数据业务迅速发展的需求，人们提出了 PTN。PTN 是基于分组交换方式、面向连接的多业务统一传送技术，是 IP/多协议标记交换、以太网和传送网这 3 种技术相结合的产物。PTN 能够承载电信级以太网业务，同时兼顾传统的电话业务。PTN 还可以应用在 3G/4G 无线回传、集团客户专线、IPTV 等高品质业务承载。PTN 融合了数据网和传送网的优势，既具有分组交换、统计复用的灵活性和高效率，又具有电信网络的强大网络管理功能、快速保护倒换能力和良好的质量保证等核心技术优势。

9.1.3 AON 技术

1. AON 的概念及特点

人类社会已迈入信息时代，Internet 等数据业务对通信容量和带宽的需求呈现指数级增长。在通信的传输领域，WDM 技术的成熟应用给通信系统以足够的带宽支持。业务需求和系统容量的飞速增长带来了对通信网的另一主要组成部分，即交换系统巨大的压力和动力。目前的电子交换和信息处理网络的发展已接近电子速率的极限，在交换领域引入光子技术实现"纯光"通信成为必然。总体来说，未来光网络的发展由以 OTN 为骨干的网络结构逐步发展成为以 ASON 为主体的网络结构，以光节点代替电节点，以全光的形式进行网络传输与交换，同时网络逐渐向 SDN 演进，逐步形成 AON 通信。

全光网指光信息流在通信网络中的传输及交换时始终以光的形式存在，即信息从源节点到目的节点的整个过程中都处在光域内，电/光转换与光/电转换仅仅存在于信源端（发送端）和接收端。从全光网的定义可知其优点有以下几个。

1）带宽不再受制于电子器件的"瓶颈"极限，能提供更为巨大的带宽容量。

2）所有信息处理都在光域进行，去掉了庞大的光/电/光设备及工作量，不仅节省成本，而且提高了系统的可靠性和运行速度。

3）具有业务和协议透明性，即对信号形式无限制，允许采用不同的速率和协议，网络灵活性高、可扩展性好。

全光网络是光纤通信技术发展的最高阶段，也是理想阶段，其终极目标是在核心网和接入网实现全光纤传输及全光信号处理，光纤到户（FTTH）可看作其一种体现。全光网络分两个阶段发展：一是建成全光传送网，即任一用户地点与其他用户地点之间实现全光传输；二是在完成上述用户间全程光传送网后，实现信号处理、储存、交换及多路复用/分接、进网/出网等功能的电子化向光子化的转变，建成完整的全光网。

全光网络的透明性、可扩展性、可重构性等特点要靠器件来实现，而目前全光网络的器件技术也还没有定型，尚处于探索、研究和验证之中。

2. 全光网分类及结构

通过在光纤信道上采用光复用技术（如 DWDM、OTDM 和 OCDM），在节点上采用 OADM、OXC、高速路由交换机等设备，可以构成全光网络。

根据光纤信道上采用的光复用技术的不同，全光网络可以分为 DWDM 全光网络、OTDM 全光网络和 OCDM 全光网络。OTDM 全光网络将时间划分成若干时隙，不同信道占有不同的时隙进行复用和组网。OCDM 全光网络通过给不同的信道用户分配不同的地址码来实现多路信道复用和组网。由于 OCDM 技术具有抗干扰能力强、保密性好、实现多址连接灵活方便、动态分配带宽、可实现异步信息接入、网络易于扩展，并直接进行光编码和光解码，被认为是全光局域网最有前景的组网技术之一。DWDM 全光网络利用信道光载频的不同，实现多路信道复用和组网，是目前全光网络中研究最活跃，也是最有应用前景的全光网络。图 9.1 所示为基于 WDM 技术的全光网络结构。

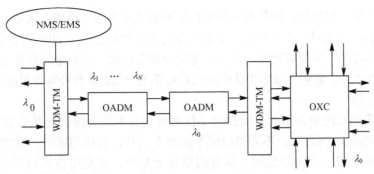

NMS—网络管理系统；EMS—网元管理系统；TM—终端复用。

图 9.1　基于 WDM 技术的全光网络结构

图 9.1 中的全光通信网将采用三级体系结构。最低一级（0 级）是众多单位各自拥有的局域网（LAN），它们各自连接若干用户的光终端（OT）。每个 0 级网的内部使用一套波长，但各个 0 级网多数也可使用同一套波长，即波长或频率再用。全光网的中间一级（1 级）可看作许多城域网（MAN），它们各自设置波长路由器连接若干个 0 级网。最高一级（2 级）可以看作全国或国际的骨干网，它们利用波长转换器或交换机连接所有的 1 级网。图 9.2 所示为一个利用 WDM 技术组建的全光网示意图。

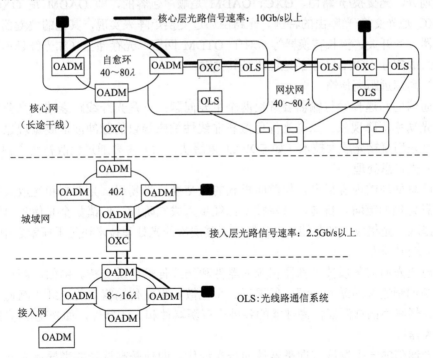

图 9.2　基于 WDM 技术的全光网

3. 全光通信的关键技术

全光通信中采用了光复用、光交换和其他光处理技术，从而实现任何点与点之间的全程光信号的交互和传输。通信网主要由传输和交换两大部分组成，通信系统性能又多以速率距离之积来表示，将来的业务要求具有动态可扩展性等，因而全光网络关键技术可从上述方面考虑，主要有光复用技术、光交换和路由技术、高速远距离光传输技术、光信息处理技术等。要实现技术和功能必须有高性能的光器件和传输介质的支持。

（1）光复用

在全光通信系统中采用光复用技术不仅可以充分利用光纤的传输带宽资源，而且通过传送不同波长（频率）、不同类型或不同速率信号，完成局域网、城域网及全国的骨干网之间的分路、合路与组网。从复用原理来划分，光复用方式可采用 DWDM、OTDM 和 OCDM 等方式，其中使用 EDFA 的 DWDM 系统被广泛认为是挖掘利用光纤通信潜在容量的最好方式。

（2）光交换和光路由

光交换和光路由属于全光网络中关键光节点技术，主要完成光节点处任意光纤端口之间的光信号交换及选路。光交换技术将在 9.2 节中进行详细的介绍。对于 WDM 全光网络来说光交换和路由完成的最关键工作就是波长转换（WC），由于实质上是对光的波长进行处理，更确切地说，光交换和光路由应该称为波长交换/波长路由，全光网络的几大优点如带宽优势、透明传送、降低接口成本等都是通过该技术体现的。从功能上划分，光交换/光路由、OXC、OADM 是顺序包容的，即 OADM 是 OXC 的特例，OXC 是光交换/光路由的特例。光路由通过交换矩阵来实现，其他的关键器件还有光耦合器、光开关、波长转换器等。对于 OTDM 网络，光存储器（如光纤延迟线）是其重要组成部分；OCDM 中的地址码是其关键。

（3）高速远距离传输

光通信的高速长途传输需要解决两个主要问题：一是光纤线路衰减和光分路损耗导致的光功率下降现象；二是光纤色散和非线性效应导致的脉冲波形展宽现象。前者主要通过采用直接光放大技术（如 EDFA）来解决；后者主要通过色散补偿来解决。

（4）光信息处理

光信息处理的内容很多，如前面提到的光交换、光复用、光调制和光放大等均属于光信息处理的范畴。目前，有些技术已经步入成熟阶段，但诸如全光信息再生、全光时钟提取、光集成、光存储、光计算等更高层次的光处理技术还处于探索之中。

（5）全光器件

实现全光通信各项技术都需相应的器件和光纤传输介质支持。例如，高功率、窄谱线、高调制速率的激光光源，低损耗、小色散、更宽传输窗口的光纤，高速率、高灵敏度、低噪声的探测器，高性能的各种光有源器件和无源器件，如光交换/光路由器和光放大器等。

全光通信的一个发展方向是器件的全光纤化。即使是高性能的半导体光源与低损耗、小色散的光纤连接，其连接性能也比使用光纤型的光源与光纤连接时的性能逊色。当系统中使用均由光纤制成的激光器、传输线和探测器时，则构成光纤一体化的全光通信系统，该系统具有良好的传输特性。光纤光栅是最具代表性的全光纤型器件，利用它优良的选频特性，可制成全光纤的带通或带阻滤波器、全光纤激光器和波分复用/解复用器等，还可以作为色散补偿和其他应用的重要器件。因此，人们普遍认为光纤光栅是继 EDFA 之后光纤通信发展的又一里程碑。

随着网络业务的全 IP 化趋势，特别是随着云计算应用的逐步推广，对 IP 承载网和传送网的带宽提出了更高的要求。未来光网络发展将形成以分组为核心的承载传送网，并实现高速长距离传输、大容量 OTN 光电交叉连接、多业务融合传送、智能化网络管理与控制等功能。总体来说，未来光网络的发展由以 OTN 为骨干的网络结构逐步发展成为以 ASON 为主体的网络结构，以光节点代替电节点，以全光的形式进行网络传输与交换，最终实现宽带、大容量的全光网络通信。

9.2　光交换技术

在现有的通信网络中，高速光纤通信系统只是用作点到点的传输手段。网络中主要的交换功能还是采用电子交换技术。传统电子交换机的端口速率只有几 Mb/s 到几百 Mb/s，不仅限制了光纤通信网络速率的提高，而且要求在众多的接口进行频繁的复用/解复用、光/电和电/光转换，增加了设备的复杂性和成本。要彻底解决高速光纤通信网中存在的矛盾，必须要实现全光通信。光交换是实现全光通信的关键技术。光交换是指对送来的光信号直接进行交换，无须经过光/电/光的变换方式。

从交换方式上划分，光交换方式有光的"电路"[即光路交换（OCS）]和光分组交换（OPS）。电路交换方式有空分、时分、波分、频分和码分等；光分组交换主要指ATM（异步传输模式）和 IP 包光交换，其实光突发交换（OBS）也可以说是光分组交换的一种特例。若信号同时采用两种或多种交换方式，则称为复合光交换。

9.2.1　空分光交换

空分光交换技术是指通过控制光选通元件的通断，实现空间任意两点（点到点、一点到多点、多点到一点）的直接光通道连接。实现的方法是通过空间光路的转换，最基本的元件是光开关及相应的光开关阵列矩阵，如图 9.3 所示。

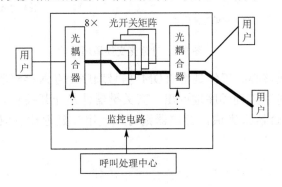

图 9.3　空分光交换原理

空分交换中的核心器件是光开关。目前主要的光开关类型有电光型、声光型、磁光型、热光型等。其中，电光型开关具有开关速度快、串扰小、结构紧凑等特点，有很好的应用前景。

典型的电光型开关是扩钛铌酸锂（Ti:LiNbO₃）波导型光开关，当控制端不加电压时。在两个通道上的光信号都会完全耦合到另一个通道上去，从而形成光信号的交叉连接；当控制端加上适当的电压后，耦合到另一个通道上的光信号会再次耦合到原来的通道，相当于光信号的平行连接。

空分交换也可在自由空间进行光交换，它一般采用阵列器件和自由空间光开关，在自由空间无干涉地控制光波路径。难点在于需要对阵列器件进行精确的校准和准直。

9.2.2 时分光交换

时分光交换是以 TDM 为基础，用时隙互换原理来实现交换功能。时隙互换是指把 N 路 TDM 信号中各个时隙的信号互换位置，如图 9.4 所示。首先使 TDM 信号经过分接器，在同一时间内，分接器每条输出线上依次传输某一个时隙的信号；然后使这些信号分别经过不同的光延迟器件，以获得不同的延迟时间；最后用复接器把这些信号重新组合起来。

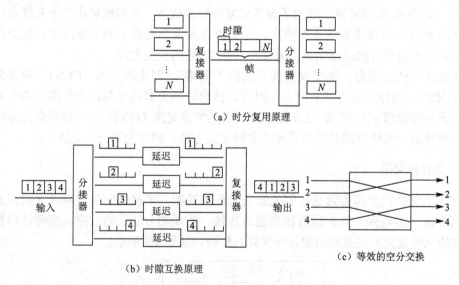

图 9.4 时分光交换原理

时分光交换中最核心的工作是将 TDM 信号顺序地存入存储器并将经过时隙互换操作后形成的另一时隙阵列顺序地取出。其关键器件是光开关和光存储器，通常光的读/写可以用定向耦合器来完成，存储器则可以使用光延迟线、双稳态激光二极管来实现。

9.2.3 波分光交换

波分光交换技术是以 WDM 原理为基础，采用波长选择或波长变换的方法实现交换功能的，图 9.5 所示为波长选择法交换和波长变换法交换的原理框图，其实现的关键器件是光交叉连接器和光波长转换器。

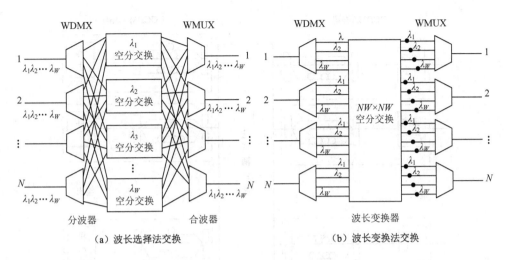

（a）波长选择法交换　　　　　　　　　（b）波长变换法交换

图 9.5　波分交换的原理

1. 波长选择法交换

光波分交换机的输入和输出都与 N 条光纤相连接，每条光纤承载 W 个波长的光信号。每条光纤输入的光信号首先经过分波器[即波长解复用器（WDMUX）]分为 W 个波长不同的信号，所有 N 路输入的波长为 $\lambda_i(i = 1, 2, \cdots, W)$ 的信号都送到 λ_i 空分交换器，在那里进行同一波长 N 路（空分）信号的交叉连接，到底如何交叉连接由控制器决定。然后，W 个空分交换器输出的不同波长的信号通过合波器[即波长复用器（WMUX）]复接到输出光纤上。这种交换机可应用于采用波长路由的全光网络中。由于每个空分交换机可能提供的连接数为 $N×N$，故整个交换机可提供的连接数为 N^2W。

2. 波长变换法光交换

波长变换法与波长选择法的主要区别是用同一个 $NW×NW$ 空分交换器处理的 NW 路信号的交叉连接，在空分交换器的输出处加上波长变换器，然后进行波分复接。可提供的连接数为 N^2W^2，内部阻塞概率较波长选择法小。

9.2.4　码分光交换

在光码分复用多址（OCDMA）网络中，每个用户都分配有一个唯一的地址码（码字也称码序列），这本身就是一种标志信息，可以用来进行地址识别、路由选择，即可利用用户的地址码实现全光自路由和光交换。码分光交换的原理就是将某个正交码上的光信号交换到另一个正交码上，实现不同码字之间的交换。

码分光交换与光时分交换相比不需要同步，图 9.6 中 OCDM 编码主要完成的功能是用不同的正交码来对光比特或光分组进行填充，星型耦合器将信息送到所有的输出端口。

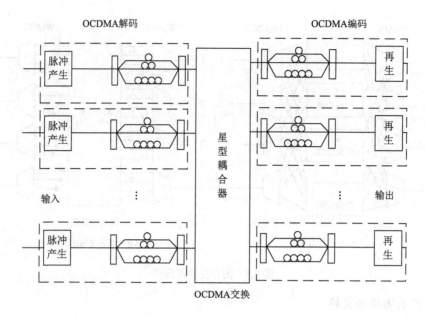

图 9.6　光码分交换原理

9.2.5　光分组交换

OPS 是指从信源到信宿的过程中数据包的净荷部分都保持在光域中，而依据交换/控制的技术不同，数据包的控制部分（开销）可以在中间交换节点处经过或不经过光/电/光变换。换句话说，数据包的传输在光域中进行，而路由在电域或光域中进行。光分组交换目前都使用混合的解决方案：传输与交换在光域实现，路由和转发功能以电的方式实现。

光网络交换节点对光信号处理可以是线路级的、分组级的或比特级的。WDM 光传输网属于线路级的光信号处理，类似于现存的电路交换网，是粗粒度的信道分割；OTDM 是比特级的光信号处理，由于对光器件的工作速度要求很高，离实用还有相当长的距离；OPS 网属于分组级的光信号处理，与 OTDM 相比，OPS 对光器件工作速度的要求大大降低，与 WDM 相比能更加灵活、有效地利用带宽，提高带宽的利用率。

图 9.7 所示为一个光分组交换的原理框图。

光分组交换与电分组交换原理基本是一样的，但也有其自身的特点，如处理速度更快、分组头的处理不一样、光缓存价格昂贵且不易实现等。光分组交换可完成以下功能。

1）选路。分组在分布网络中从开关的输入到开关输出或从源到目的地需要选路。分组头以与数据不同的分组传送、处理，以便正确设置开关的状态。

2）流量控制与竞争解决方案。开关网络中分组不能相互碰撞、争用资源，常用的解决方案有缓存、阻塞、分流、缺陷选路等，以防止分组在开关网络链路上阻塞以及和开关输出端口的争用。

3）同步。在开关的输入端口分组之间必须同步，以便分组之间正确地进行选路、交换。

　　4）分组头的产生和插入。新的分组头产生并在合适的输出端口插入到负荷中去，在多跳网中分组头的产生与插入应与分组在网络中的时间无关。

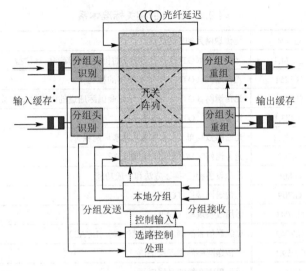

图9.7　光分组交换原理框图

　　在所有的交换结构中，光分组交换具有巨大的竞争力，因为它具有大容量、高数据率、格式透明和可配置等特点，这对未来支持不同类型的数据是非常重要的。光分组交换的目的是把大量的交换业务转移到光域实现，能实现交换容量与 WDM 的传输容量相匹配。同时实现光分组技术与 OXC、MPLS 等新兴技术的结合，实现网络的优化与资源的合理利用。

9.3　光 传 送 网

9.3.1　光传送网的概念及特点

1. 光传送网的概念

　　随着网络 IP 化进程的不断推进，传送网组网方式开始由点到点、环网向网状网发展，网络边缘趋向于传送网与业务网的融合，网络的垂直结构趋向于扁平化发展。在这种网络发展趋势下，传统的 WDM+SDH 传送方式已逐渐暴露其不足，为克服 SDH 光传送网的传输带宽颗粒小、WDM 光传送网络只能提供点对点的光传输、对光业务传输的维护监测能力不足等缺点，ITU-T 于 1998 年开始提出了基于大颗粒业务带宽进行组网、调度和传送的新型技术——光传送网（OTN）。

　　OTN 是以波分复用技术为基础，在光层组织网络的传送网，能够提供基于光通道的客户信号的传送、复用、管理、监控及保护。OTN 是由 ITU-T G.874、G.872、

G.709、G.798 等系列标准定义的一种全新的光传送技术体制，它包括光层和电层的完整体系结构，对于各层网络都有相应的管理监控机制和网络生存性机制。OTN 的相关标准体系如表 9.1 所示。

表 9.1　OTN 的相关标准体系

设备管理	G.874	光传送网元的管理方面
	G.874.1	光传送网（OTN）：网元视点的协议无关管理信息模型
抖动和性能	G.8251	光传送网（OTN）抖动和漂移的控制
	G.8201	光传送网（OTN）内的多运营商国际通道的差错性能参数和指标
网络保护	G.873.1	光传送网（OTN）：线性保护
	G.873.2	光通路数据单元（ODUk）共享环网保护
设备功能特征	G.798	光传送网络体系设备功能块特征
	G.806	传送设备特征-描述方法和一般功能
结构与映射	G.709	光传送网接口（OTN）
	G.7041	通用成帧规程（GFP）
	G.7042	虚级联信号的链路容量调整机制（LCAS）
物理层特征	G.959.1	光传送网络的物理层接口
	G.693	用于局内系统的光接口
	G.664	光传送系统的光安全规程和需求
架构	G.872	光传送网络的架构
	G.8080	自动交换光网络（ASON）的架构

ITU-T 提出的 OTN 并不是全光组网的网络，而是在与用户业务连接的边界处，仍采用光/电/光方式完成对业务的 3R［re-amplifying（再放大）、reshaping（再整形）、retiming（再定时）］再生处理，因为全光组网下的 3R 处理很困难，放大、整形、存储时钟提取、波长变换等在电域很容易实现，而在光域却十分困难，有些环节虽然经过复杂的技术能够实现，但效果并不理想且成本很高，不具有实用价值。因此，OTN 技术是在目前全光组网的一些关键技术（如光缓存、光定时再生、光数字性能监视、波长变换等）不成熟的背景下，基于现有光电技术提出了传送网组网技术。OTN 在子网内部通过可重构光分插复用器（ROADM）进行全光处理，而在子网边界通过电交叉矩阵进行光电混合处理。

由此可见，OTN 借鉴和综合了 SDH 和 WDM 的优势并考虑了大颗粒传送和端到端维护等新的需求，业务信号的处理和传送分别在电域和光域内完成。在电域内，OTN 的边界业务接口处采用光/电/光转换，首先将单波白光连接到 OTN 的各种用户业务转换到电域内，然后在电域内完成对业务信号的 3R 再生、映射/去映射到大颗粒业务单元（ODUk, k=1,2,3）内，完成低阶 ODUk 到高阶 ODUk 之间的复用分解、业务单元开销的终结处理等，最后再将业务单元适配到光通道上，送入光域传输。在光域内，仍利用 DWDM 的波分复用技术，解决了 OTN 传输信道的带宽问题。OTN 光域内的带宽颗粒为单个的光波长，在扩展的 C 波段内，可以复用多达 192 个光波长信号到一根光纤中传输，并在光域内实现业务光波长信号的复用、路由选择、监控，并保证其性能要求和生存性。

2. 光传送网的特点

OTN 是由 ITU-T 在"先标准，后实现"的思路下构建起来的，因此 OTN 有效地避免了不同厂家在具体实现方面的差异，在理论架构上更加合理、清晰。相对于 SDH 和传统的 WDM，OTN 具有以下优势。

（1）大颗粒业务传送

OTN 设备单个波长可支持 40Gb/s、100Gb/s 的速率，实现大容量传输，适应 IP 网络大颗粒化的发展趋势。

（2）支持多业务传送

OTN 设备的支路板、线路板分离，提高业务接入的灵活性，支持多业务接入能力，如 IP/MPLS、ATM、STM-N、Ethernet 和 SAN 业务等。

（3）强大的操作维护管理（OAM）功能

OTN 具有特有的帧结构，包含丰富的开销，对信号在传输过程中进行运行、管理和维护，如 SM、PM 和 TCMi 等开销对业务信号进行层层监控。

（4）灵活的组网方式

与传统的 WDM 技术相比，OTN 提供灵活的组网方式，可构成多环、网格型和星型等城域网常用的组网模式，适合城域网新业务的开拓及业务频繁调整的现实情况。

（5）节约网络建设、运营成本

目前业务网结构多为汇聚模式，在传送网上大量采用 ROADM 设备，应用其阻塞波长技术减少无业务节点的光/电/光转换，降低传输成本，实现业务的透明传输，为网络建设节约成本；ROADM 同时支持远程配置功能，在发展波长出租业务和网络调整时无须到现场手工进行跳纤工作，减少系统维护工作量，节约运营和维护成本。

9.3.2　光传送网的结构

1. 光传送网的网络分层结构

OTN 传送网络从垂直方向分为光通路（OCH）层、光复用段（OMS）层和光传输段（OTS）层 3 个层面。此外，为了解决客户信号的数字监视问题，与 SDH 技术的段层和通道层类似，OTN 的光通路层又分为 3 个子层网络，即光通路数据单元（ODUk，k=0, 1, 2, 2e, 3, 4）子层、光通路传送单元（OTUk，k=1, 2, 3, 4）子层和 OCH 子层。OTN 网络的分层结构如图 9.8 所示。

（1）OCH

OCH 网络通过光通路路径实现接入点之间的数字客户信号传送，为各种类型的用户信号（如 SDH、以太网、IP、ATM 等）提供端到端的组网功能，每个光通路 OCH 占用一个光波长。

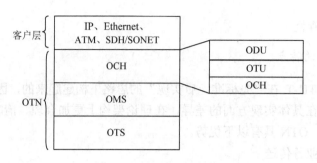

图 9.8 OTN 网络的分层结构

（2）OMS

OMS 层网络通过 OMS 路径实现光通路在接入点之间的传送，为经过波分复用的多波长信号提供组网功能。采用 n 级光复用单元（OMU-n）表示，其中 n 为光通路个数。光复用段中的光通路可以承载业务，也可以不承载业务，不承载业务的光通路可以配置或不配置光信号。

（3）OTS

OTS 层网络通过 OTS 路径实现光复用段在接入点之间的传送，提供在光纤上传输光信号的功能。OTS 定义了物理接口，包括频率、功率和信噪比等参数。其特征信息可由逻辑信号描述，即 OMS 层适配信息和特定的 OTS 路径终端管理/维护开销，也可由物理信号描述，即 n 级光复用段和光监控通路，具体表示为 n 级光传输模块（OTM-n）。

2. OTN 帧结构

OTN 具备和 SDH 类似的特性，支持子速率业务的映射、复用和交叉连接、虚级联，有着丰富的开销字节用于 OAM。OTUk（k = 1, 2, 3, 4）帧结构如图 9.9 所示，采用基于字节的 4 行 4080 列的固定长度的块状帧结构，此帧结构不随 k 的等级而变化，k 的等级越高，帧频率和速率也越高。

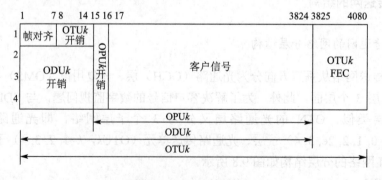

图 9.9 OTUk 帧结构

帧中第 15～3824 列为 OPUk 单元，实现客户信号映射进一个固定帧结构（数字包封）的功能，客户信号包括但不限于 STM-N、IP 分组、ATM 信元、以太网帧。其中第 15、16 列为 OPUk 的开销区域，第 17～3824 列为 OPUk 的净荷区域，客户信号位于 OPUk 净荷区域。

9.3.3　光传送网的映射与复用

OTN 中信号的映射和复用结构如图 9.10 所示，分为电层和光层两个阶段的映射和复用。

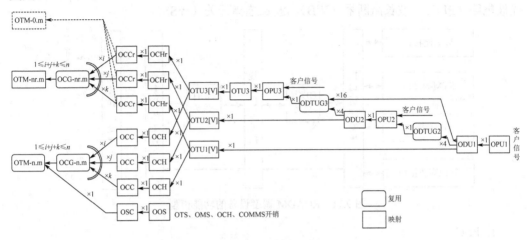

图 9.10　OTN 中信号的映射和复用结构

1. 电层的映射和复用

各种客户层信息经过光通路净荷单元 OPUk 的适配，映射到 ODUk 中，然后在 ODUk、OTUk 中分别加入光通路数据单元和光通路传送单元的开销，再映射到光通路层 OCH，调制到光信道载波 OCC 上。

具体来看，最高 4 个 ODU1 信号复用进一个 ODTUG2，ODTUG2 再映射到 OPU2 中，也可将 j（$j \leqslant 4$）个 ODU2 和 16-4j 个 ODU1 信号的混合复用到一个 ODTUG3 中，ODTUG3 再复用到 OPU3 中；GE 信号也可称为 ODU0，两个 ODU0 可以复用并映射到 OPU1 中。

2. 光层的映射和复用

n（$n \geqslant 1$）个 OCCr 使用 WDM 被复用进一个 OCG-nr.m 中，OCG-nr.m 中的 OCCr 支路时隙可以具有不同的容量；OCG-nr.m 通过 OTM-nr.m 接口传送；对于完整功能的 OTM-n.m 接口，光监控信道（OSC）通过 WDM 被复用进 OTM-n.m 中。

9.3.4　光分插复用技术

OTN 电交叉设备（ODUk 交叉）可以与光交叉设备（OCH 交叉设备）相结合，同时提供 ODUk 电层和 OCH 光层调度能力。波长级别的业务可以直接通过 OCH 交叉，其他需要调度的业务经过 ODUk 交叉。两者配合可以优势互补，又同时规避各自的劣势。这种大容量调度设备就是 OTN 可重构光分插复用器（ROADM）。图 9.11 所示为 OTN 光电混合交叉调度设备的功能模型。

ROADM 是一种类似于 SDH ADM 光层的网元，它可以在一个节点上完成光通道的上、下路（ADD/DROP），以及穿通光通道之间的波长级别的交叉调度。它可以通过软件远程控制网元中的 ROADM 子系统实现上、下路波长的配置和调整，动态上、下业务波长，管理业务波长的功率。目前，ROADM 子系统常见的有 3 种技术，即平面光波电路（PLC）、波长阻断器（WB）、波长选择开关（WSS）。

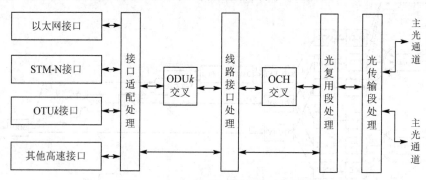

图 9.11　ROADM 调度设备的功能模型

1. PLC

基于PLC的ROADM是一种基于硅工艺的集成电路，可以集成多种器件，如光栅、分路器及光开关等。它通过集成的AWG实现波长复用和解复用，集成的光开关实现波长直通或阻断并加入（block-and-add），可变光衰耗器（VOA）实现每通道的光功率动态均衡。PLC ROADM上、下路的通道是彩色光，这意味着只有预定义的彩色波长可以在每个端口上、下，并可配合可调滤波器和可调激光器使用。PLC的集成特性，使其成为低成本的ROADM解决方案之一。图 9.12 所示为PLC上、下路结构示意图。

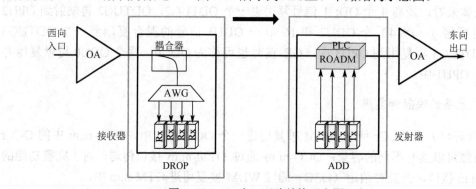

图 9.12　PLC 上、下路结构示意图

基于PLC的ROADM的优点：复用器/解复用器技术成熟可靠，节点内部插损较小，上、下路波长较多时成本较低，便于升级到OXC。缺点：模块化结构差，初期配置成本高，大容量交叉矩阵可靠性有待提高。

2. WB

WB用阻断下路波长通过来实现功能，它可以支持较多的光通道数和较小的通道间隔，具有较低的色散，并可实现多个器件的级联，易于实现光谱均衡。但波长阻断器需要额外的上、下路模块来构建系统，上、下路配合可调滤波器和可调激光器。从本质上讲，WB是一个二维器件，通常在构建系统中由多个分立器件构成，体积较大，但可以支持 100GHz 和 50GHz 的波道间隔，并且技术成熟、成本较低，因此适合用于LH和ULH系统。图 9.13 所示为WB上、下路结构示意图。

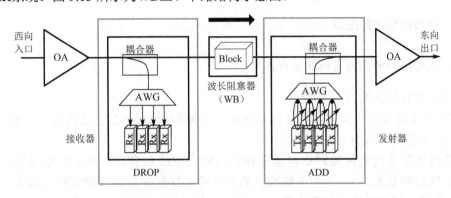

图 9.13　WB 上、下路结构示意图

基于 WB 的 ROADM 的优点：结构简单，模块化程度好，预留升级端口时可支持灵活扩展升级功能，上、下路波长较少时成本低，支持广播业务，具备通道功率均衡能力。缺点：上、下路波长较多时成本较高（独立的可调谐滤波器成本高），不易过渡至OXC。

3. WSS

WSS 是近年来发展迅速的 ROADM 子系统技术。WSS 基于 MEMS 光学平台，具有频带宽、色散低，并且同时支持 10/40Gb/s 光信号的特点和内在的基于端口的波长定义特性。采用自由空间光交换技术，上、下路波数少，但可以支持更高的维度，集成的部件较多，控制复杂。基于 WSS 的 ROADM 逐渐成为 4 度以上 ROADM 的首选技术。图 9.14 所示为 WSS 上、下路结构示意图。

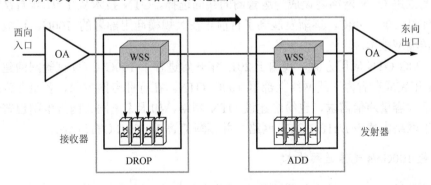

图 9.14　WSS 上、下路结构示意图

基于 WSS 的 ROADM 的优点：结构简单，端口指配灵活，波长扩展及方向扩展性较好，易于过渡到 OXC。缺点：上路类型节点成本较高，下路类型不支持业务广播功能。

3 种 ROADM 子系统技术各具特点，采用何种技术，主要视应用而定。基于 WB 和 PLC 的 ROADM，可以充分利用现有的成熟技术，对网络的影响最小，易于实现从 FOADM 到二维 ROADM 的升级，具有极高的成本效益。基于 WSS 的 ROADM，可以在所有方向提供波长粒度的信道，远程可重配置所有直通端口和上、下端口，适宜于实现多方向的环间互联和构建 Mesh 网络。

9.3.5 光传送网络的应用

1. 光传送网的应用层面及国内应用

（1）OTN 技术的应用层面

OTN 主要承载 2.5Gb/s 颗粒以上业务，可增强传送网络的传送能力与效率，在大带宽业务传输方面具有独特的优势。

国内运营商的光传输网络包括干线网（省内干线和省级干线）和城域网（核心层、汇聚层和接入层），其中干线网及城域网核心层的客户信号带宽粒度较大，基于 ODUk 和波长调度的需求和优势明显，与 OTN 技术特点相契合。因此，OTN 成为当前干线网中最主流、应用最广泛的技术。

对于城域网的汇聚层和接入层来说，由于客户业务的带宽颗粒度较小，基于 ODUk 调度和波长调度的业务可能性较小，目前 OTN 没有标准化 ODU1（2.5Gb/s）以下的带宽粒度。因此，当前的 OTN 技术在城域汇聚与接入层引入与应用的优势并不明显。随着汇聚层带宽需求增加，以及多业务光传送网（MS-OTN）等新技术出现，OTN 在城域网的汇聚层甚至接入层也将逐渐得到应用。

（2）国内 OTN 技术应用

随着数字生活的到来，各层级网络流量呈爆炸式增长，用户带宽要求越来越高。国内各运营商纷纷将端到端大带宽光网络作为重要的发展战略，进行面向未来 5 年的承载网、接入网规划建设。为提供最佳用户体验，降低网络运营成本、提高投资效益、全面推进 OTN 网络建设成为运营商的共同选择。OTN 技术从 1997 年首次商用的 2.5G，经过 10G、40G，逐渐发展到了目前正在大规模商用部署的 100G，已成为业内主流的传输网技术。

在 100G OTN 应用方面，我国于 2012 年开始进行了 100G OTN 试验网的建设，并在 2014 年完成在省内干线网络上部署 100G OTN。在行业专网方面，各企业为满足各企业内部大容量通信需求，也纷纷建设 OTN 网络，如国家电网、南方电网也普遍在骨干、省干网络中建设 Nx10G OTN 网络，并逐渐部署 Nx100G OTN 网络。

2. 超 100Gb/s 光传送网技术

随着单波 100Gb/s 技术规模商用部署节奏的加快，为满足更大的传输容量需求，超 100Gb/s 逐渐成为超高速光传输网络发展的热点。2021 年，完成了国内首个单波 400Gb/s 超长距 1000km 的现网试点，这是光网络技术上的又一次创新，标志着 400Gb/s 超长距传输方案已经进入实用化。然而超 100Gb/s 技术未来的发展与其技术创新、产业发展所涉及的各个关键环节都密切相关，并带来标准化、与 OTN 技术结合、超 100Gb/s 技术传输性能评估等方面的挑战。针对这些挑战，超 100Gb/s 还需要进一步完善和成熟，尚需解决以下几个关键问题。

（1）超 100Gb/s 线路侧标准选择

相对而言，超 100Gb/s 客户侧基本都涉及互联互通，而且相应光模块基本上靠第三方提供为主。因此，400GE 客户侧的标准化过程就是技术、产业水平和主流厂商相关利益竞争协同发展的过程。超 100Gb/s 线路侧应用与客户侧显著不同，由于大多数应用场合是单厂商独立组网，如果不能采用统一的技术方案，势必导致产业化整体水平较低，从而无法大规模推广应用。因此，在超 100Gb/s 线路侧技术，尤其是近期颇为关注的 400Gb/s 技术发展中，业内能否尽快形成相对趋于统一的技术方案以形成产业整体合力，有力推动 400Gb/s 产业化及后续技术继续革新，是技术发展的关键因素。

（2）OTN 演进与超 100Gb/s 高度融合

考虑到 OTN 技术与高速传输技术逐渐呈现紧耦合的发展趋势，超 100Gb/s 技术方案选择和分析也需一并考虑新型 OTN 演进框架的协同，主要涉及超 100Gb/s 光域子载波与 OTN 电域时隙的灵活映射或对应关系。因此，在超 100Gb/s 子载波的速率和格式选择上，需要与 OTN 灵活调度粒度相互对应，而且需要兼顾考虑未来光域子载波的灵活调度及电域时隙所承载内容之间的复用关系，同时需要与业界极度关注的 SDN 物理层技术实现紧密结合。目前 ITU-T 等国际标准组织正在开展相关技术研究，预计未来 2~3 年内才会确定比较清晰的技术路线。

（3）超 100Gb/s 网络传输性能评估参数及方法

超 100Gb/s 作为未来巨量信息网络基础带宽承载和传输的平台技术，其长距离传输关键性能评估参数及方法非常重要。现在商用的 100Gb/s WDM/OTN 系统主要采用光域的 OSNR 和电域的前向纠错码（FEC）率（或等效 Q 因子）来衡量传输性能，目前存在的主要问题是 OSNR 参数虽然可以规范，但在线测试并没有可行的方法。超 100Gb/s 和 100Gb/s 相比，OSNR 参数的测试除了面临同样的难题外，如涉及单个子载波的 OSNR、功率等，以及与整个波道 OSNR 及功率的关系等，因此需要深入研究 OSNR 等关键参数的新型测试方法，或者探索其他合理的评估参数及方法，如正在开展研究的评估矢量信号发送端性能的误差矢量幅度（EVM）等。另外，考虑到未来软件定义、频谱交换功能等技术的实现及应用，基于多子载波超 100Gb/s 系统线路参数（如偏振模色散、色度色散、功率、OSNR 等）性能自动监测功能的实现也十分关键。

9.4 自动交换光网络

9.4.1 自动交换光网络的基本概念

为适应数据业务的发展和新业务的扩展，必须简化现有的网络结构层次并且使网络智能化。智能光网络（ION）就是不仅能够对网络、资源、业务流量进行更智能化的配置，根据数据流量类型实现数据业务的分类，并且具有承受网络故障的强大生存性。以 OTN 为基础的自动交换传送网（ASTN）即 ASON 应运而生。

OTN 的概念于 1998 年由 ITU-T 提出以代替过去的全光网概念，2000 年由于 ASTN 的出现，OTN 从单纯模仿 SDH 标准化向智能 ASTN 标准化方向进展。2000 年 3 月在 ITU-T SG13 工作会议上正式提出 ASON 适应 OTN 的自动化和智能化的发展，其有关标准如下。

1）G.807(G.astn)定义了自动交换传送网的要求。

2）G.8080(G.ason)定义了自动交换光网络结构。

与现有的光传送网技术相比，ASON 有以下特点：

1）在光层实现动态业务分配，可根据业务需要提供带宽，是面向业务的网络。

2）具有端对端网络监控保护、恢复能力。

3）具有分布式处理功能。

4）与所传送客户层信号的比特率和协议相独立，可支持多种客户层信号。

5）实现了控制平台与传送平台的独立。

6）实现了数据网元和光层网元的协调控制，将光网络资料和数据业务的分布自动地联系在一起。

7）与所采用的技术相独立。

8）网元具有智能性（智能配线架、智能光放大器等）。

9）可根据客户层信号的业务等级（CoS）来决定所需要的保护等级。

网络技术的发展使核心网从廉价的带宽传送网转向直接提供盈利服务和应用的业务网，在业务方面能够支持多种类型的业务，如波长批发、波长出租、带宽贸易、按使用量付费、光虚拟专用网（VPN）、动态路由分配、光拨号业务等，并有利于更迅速地引入新的业务。ASON 能较好地符合光网的发展需求和网络业务、网络结构多样性的特点，被认为是下一代光传送网的发展方向。

9.4.2　自动交换光网络的体系结构

ASON 与一般光传送网的最大区别在于增加了控制平面（CP），在引入控制平面以后，光网络从逻辑上可分为 3 个平面，即控制平面、传送平面（TP）、管理平面（MP）。ASON 体系结构如图 9.15 所示。

1．网络接口

ASON 网络接口规范了 OTN 不同子网、异构网、制造商、管理域等的互联和互操作，如图 9.15 所示，各接口定义如下。

1）外部网络-网络接口（E-NNI）：控制平面内，属于不同域的控制实体之间的双向信令接口。

2）内部网络-网络接口（I-NNI）：在控制平面的一个运营域内，不同控制实体之间的双向信令接口。

3）用户网络接口（UNI）：业务请求者和业务提供者的控制平面实体间的双向信令接口。

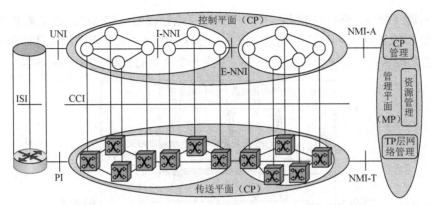

PI—物理接口；I-NNI—内部网络-网络接口；CCI—连接控制接口；NMI-T—网络管理接口 T；UNI—用户网络接口；

E-NNI—外部网络-网络接口；ISI—内部信令接口；NMI-A—网络管理接口 A。

图 9.15　ASON 体系结构

4）连接控制接口（CCI）：定义了 ASON 控制平面信令网元（如光通道连接控制 OCC）和传送平面传输网元（如交叉连接）之间的接口。

5）物理接口（PI）：传送平面的传送网元（包括交换实体）之间的物理接口。

6）网络管理接口（NMI）：其中 NMI-A 是对 ASON 控制平面的网络管理接口，NMI-T 是对传送平面的网络管理接口。

ASON 的 3 个平面之间通过 3 个接口（CCI、NNI 和 NMI）实现信息的互联，以交换和传递资源状态信息、控制命令和网络管理信息等。UNI 是客户网络和光层设备之间的信令接口，客户设备通过这个接口动态地请求获取、撤销、修改具有一定特性的光带宽连接资源等。

ASON 最大的特点就是在功能上引入了控制层，并力图将三者有机结合，如传送平面负责信息流的传送、控制平面关注于实时动态的连接控制、管理平面面向网络操作者实现全面的管理，并对控制平面的功能进行补充。其中，控制平面是核心，通过控制平面使整个传送网络"智能"起来。

2. 控制平面

控制平面是 ASON 最具特色的核心部分，它由路由选择、信令转发及资源管理等功能模块和传送控制信令信息的信令网络组成，完成呼叫控制和连接控制等功能。主要是连接的建立、释放、监测和维护，并在发生故障时恢复连接。控制平面由信令网支撑，主要包括以下几个部分：①允许节点交换控制信息的信令信道；②允许节点快速建立和拆除端到端连接的信令协议；③能以分布方式更改和维护的拓扑数据库；④快速灵活的恢复机制。控制层面通过使用接口、协议及信令系统，可以动态地交换光网络的拓扑信息、路由信息及其他控制信令，实现光通道的动态建立和拆除，以及网络资源的动态分配，还能在连接出现故障时对其进行恢复。

ASON 控制平面可以分成几个构件，即资源发现、状态信息分发、路径选择和路径管理等构件。在 ITU-T 的建议中，把控制平面节点的核心结构组件分成六大类，即连接控制器（CC）、路由控制器（RC）、链路资源管理器（LRM）、流量策略（TP）、呼叫控制器（Call C）和协议控制器（PC）。ASON 控制平面节点结构组件如图 9.16 所示。这些功能构件一起工作，相互补充，形成一个全面的控制平面体系结构。

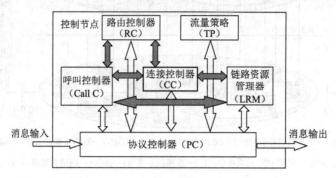

图 9.16　ASON 控制平面节点结构组件

3. 管理平面

管理平面的重要特征就是管理功能的分布化和智能化。传统的光传送网管理体系被基于传送平面、控制平面和信令网络的新型多层面管理结构所替代，构成了一个集中管理与分布智能相结合、面向运营者（管理平面）的维护管理需求与面向用户（控制平面）的动态服务需求相结合的综合化的光网络管理方案。ASON 的管理平面与控制平面技术互为补充，可以实现对网络资源的动态配置、性能监测、故障管理及路由规划等功能。管理平面完成传送平台、控制平面和整个系统的维护功能，负责所有平面间的协调与配合，能够进行配置和管理端到端连接，是控制平面的一个补充，包括网元管理系统和网络管理系统，它将继续在集中控制的点击式光通道配置中发挥重要作用。管理平面具有性能管理、故障管理、配置管理、计费管理和安全管理功能，此外，还包含内置式网络规划工具。

与传统网络管理的组成结构相同，ASON 的网络管理由本地维护终端（LCT）、网元管理系统（EMS）、子网管理系统（SNMS）和网络管理系统（NMS）构成。SNMS 属于网络管理层，对来自同一个厂商设备所构成的子网进行管理。NMS 针对全程全网进行管理，从而在不同厂商子网之间实现全网的统一管理。EMS 与 SNMS 之间通过内部接口相连，SNMS 与 NMS 之间的接口可采用公共目标请求代理结构（CORBA）技术实现。

4. 传送平面

传送平面由一系列的传送实体组成，它是业务传送的通道，可提供端到端用户信息的单向或双向传输。ASON 传送网络基于网状结构，也支持环网保护。光节点使用具有智能的 OXC 和 OADM 等光交换设备。另外，传送平面具备分层结构，支持多粒度光交换技术。多粒度光交换技术是 ASON 实现流量工程的重要物理支撑技术，同时也适应带宽的灵活分配和多种业务接入的需要。

9.4.3 自动交换的控制信令协议

ASON 的控制协议是控制平面的重要组成部分，也是实现控制平面各项功能的重要手段，实现其最快的方法是采用现有的数据网络协议。ITU-T 及各个国际化标准组织准备采用通用多协议标签交换（GMPLS）协议作为 ASON 的控制协议。GMPLS 协议是由 MPLS 协议扩展而成，以适应于 ASON。

GMPLS 主要包括：链路管理协议（LMP）；扩展的开放式最短路径优先（OSPF）协议或资源预留协议（RSVP），中间系统到中间系统（IS-IS）协议、RIP 静态路由协议；扩展的基于约束路由的标签分发协议（CR-LDP）或资源预留协议向 TE 的扩展（RSVP-TE）；基于 GMPLS 控制平面路由算法库。

智能光网络的控制平面主要处理端到端的连接业务，根据功能划分为以下几个模块：网元层资源发现、状态信息分发、通道选择和通道控制。在基于 GMPLS 的智能光网络控制平面中，前 3 个基本模块主要由经光域扩展后的路由协议来完成，最后一个基本模块主要由信令协议来完成，而链路管理协议在各个模块中都有部分的应用和体现。

1. 通用多协议标签交换

多协议标签交换（MPLS）通过在 IP 包头添加 32bit 的"shim"标签，可使原来面向无连接的 IP 传输具有面向连接的特性，可极大加快 IP 包的转发速度。GMPLS 则对标签进行了更大的扩展，将 TDM 时隙、光波长、光纤等也用标签进行统一标记，使 GMPLS 不但可以支持 IP 数据包和 ATM 信元，而且可以支持面向语音的 TDM 网络和提供大容量传输带宽的 WDM 光网络，从而实现了 IP 数据交换、TDM 电路交换和 WDM 光交换的归一化标记。

GMPLS 定义了 5 种接口类型来实现以上的归一化标记，如图 9.17 所示，分别是分组交换接口（PSC）、第二层交换接口（L2SC）、时隙交换接口（TDMC）、波长交换接口（LSC）和光纤交换接口（FSC）。

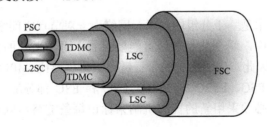

图 9.17 GMPLS 的 5 种接口类型

GMPLS 网络包含了各种交换方式，如分组交换、电路交换和光交换，相应地定义了分组交换标签（对应 PSC 和 L2SC）、电路交换标签（对应 TDMC）和光交换标签（对应 LSC 和 FSC）。其中，分组交换标签与传统 MPLS 标签相同，而电路交换标签和光交换标签为 GMPLS 的新定义标签以便将 MPLS 扩展到光域和时间域，包括请求标签、通用标签、建议标签及设定标签。

　　MPLS 的标记交换原理如图 9.18 所示。一条非分组的标签交换路径（LSP）与一条分组交换连接（PSC-LSP）的建立过程完全相同，即都是通过源端发送"标签请求消息"，然后目的端返回"标签映射消息"的标签分发过程来建立。不同之处在于映射消息中所分配的标签与时隙或光波长对应。在非分组交换网络中，标签仅用于控制平面，而不像分组交换网络那样用于用户平面并将标签直接附加在数据分组上。

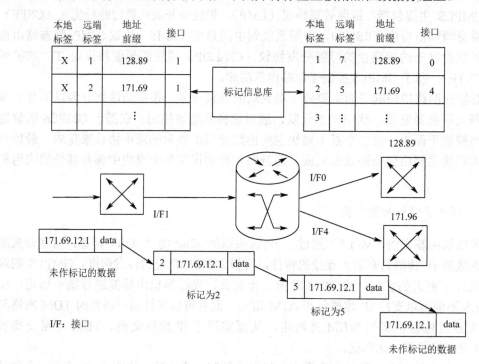

图 9.18　MPLS 的标记交换原理

2. 链路管理

　　传统的 MPLS 技术是基于分组的技术。网络中一对节点之间很少有 10 条以上的平行链路，而在光网络中，两个节点之间可能要部署上百条平行的光纤，且每根光纤还要承载上百个波长。因此，光网络中的平行链路数量就要比 MPLS 网络中的大好几个数量级，而要为每个 PSC、L2SC、TDMC、LSC 和 FSC 都分配一个独立的 IP 地址是根本不可能的，所以必须采用新的控制机制来标识每条链路，以减少大量的、需要分发的链路状态信息。

　　GMPLS 引入了链路绑定的概念来解决以上问题。链路绑定是指将那些属性相同或相似的平行链路绑定为一个特定的链路束，而在链路状态数据库中则用这个绑定的链路束来代表所有这些平行的链路。这些属性有类型、资源类别、流量工程参数、复用级别（分组、TDM 业务、光波长、端口）等。采用这种方法后，整个链路状态信息数据库的大小就会减小很多，相应的链路状态控制协议所需做的工作也会得到缩减。

在 MPLS 网络中，所有的链路都必须分配唯一的 IP 地址以进行识别。对 GMPLS 来说，为每条光纤、波长、时隙和分组都分配一个 IP 地址是不太可能实现的。为此，GMPLS 采用无编号链路的方法来解决这个问题。无编号是指不用 IP 地址标识链路而采用其他替代方法，即在每个网络节点对链路进行本地编号，以链路经过设备的 ID 号或接口号作为链路的识别标志。从而缩小路由信息库的内容，减少链路配置的数量。无编号链路要求网络具有两种能力：①承载有关未编号链路的 IGP TE 扩展（OSPF 或 IS-IS）信息的能力；②在 MPLS TE 信令中指定未编号链路的能力。

光域中 DWDM 的使用意味着在两个相邻的节点间具有数目非常巨大的平行链路，为了对这些邻接的链路拓扑状态信息进行维护和管理，并获得可扩展性，引入了 LMP。LMP 运行于邻接节点之间的数据平面上，用于进行链路的提供和故障的隔离，并管理节点间的双向控制信道。它包括 4 个核心的功能，即控制信道管理、链路所有权关联、链路连接性验证及故障定位/隔离。

1）控制信道用于在两个节点之间交流控制平面的信息，如信令、路由和管理信息，其重要性不言而喻，而 LMP 的控制信道管理功能就是为了保证控制信道能够正常工作而实施的。

2）链路所有权关联功能用于将多条数据链路集成到一条流量工程链路上并同步该链路的属性，在链路属性发生改变时能够实时做出反应和进行修正。

3）链路连接性验证用于验证数据链路的物理连接性以及交流可能用于 RSVP-TE 和 CR-LDP 信令中的链路标识，可通过在特定捆绑链路的每条数据链路上发送测验消息来逐一验证所有数据链路的连接性。

4）故障定位/隔离对于网络运营非常重要，它是实现快速自愈的前提。LMP 故障定位过程基于信道状态信息的交流，为此定义了多个信道状态相关消息。一旦故障被定位，可用相应的信令协议激发链路或通道保护/恢复过程。

9.4.4　自动交换光网络的演进

在智能光网络的发展和演进过程中，目前提出的有两种基本网络结构，即重叠模型结构和对等模型结构。

重叠模型又称客户-服务者模型，是 ITU、光互联论坛（OIF）和光域业务互联（ODSI）等国际标准组织所支持的网络演进结构。重叠模型结构的实施方法是将光层特定的控制智能完全放在光层独立实施，无须客户层干预。光层将成为一个统一、透明、开放的通用传送平台，可以为包括 IP 层在内的多种客户层提供动态互联。这种模型有两个独立的控制平面，一个在核心光网络即光网络层，另一个在客户层，两者之间不交换信息，独立选路，最大限度地实现了光网络层和客户层的控制分离。

这种模型的最大好处，第一，是光层提供统一透明平台，支持多客户层信号，不限定 IP 路由器；第二，可以对客户层屏蔽光层的拓扑细节，维护光网络拥有者的秘密和知识产权；第三，允许光层和客户层独立演进，整个网络基础设施的发展不为客户层技术所限；第四，子网间采用网络节点接口（NNI），便于独立引入新技术而不必演进整个网，还可以利用现有设施，有利于实现互操作。这种模型的缺点首先是功能重叠，两个层面都需要网管和控制功能；其次是扩展性受限，对数据转发到边缘设备存在平方复杂度 O（N^2）问题；再次，管理两个独立的物理网成本较高，带宽利用率较低，存在额外的帧开销；最后，由于两个层面存在两个分离的地址空间，需要复杂的地址解析。

对等模型也称为集成模型和混合模型，是 IETF 所支持的网络演进结构，为此 IETF（Internet 工程任务组）提出了 GMPLS 概念。对等模型结构的实施方法是将光网络和 IP 网看成一个集成的网络，运行同样的控制层面进程，实现一体化的管理和流量工程。其基本思路是将 IP 层用于 MPLS 通道的选路和信令经适当修改后直接应用于包括光传送层在内的各个层面的连接控制。

这种模型的基本特点是将光层控制智能转移到 IP 层，由 IP 层来实施端到端的控制。光传送网和 IP 网可以看作集成的网络，光交换机和路由器间交换所有信息并运行同样选路和信令协议，实现一体化管理和流量工程，消除了不同网络区域间的壁垒。该模型没有分离的 UNI 用户网络（接口）和 NNI，每一边缘设备只与其附属的光交换机相连，减少了控制信息业务量，便于扩展到大规模网络的应用。对等模型的缺点是：两层间有大量状态和控制信息流，难以标准化；只能支持单一客户 IP 路由器，无法保持光网络拥有者的网络拓扑秘密和知识产权；失去业务透明性，只支持单一的 IP 业务，而且将光网络的内部信息与 IP 设备共享也不符合大多数光网络运营商的安全性考虑。

目前从标准化进程、设备互操作性和运营商自身考虑等角度出发，重叠模型比较容易在近期内实现。业界普遍认为，ASON 的演进步骤如下。

1）在光传输网完全采用 WDM 传输技术的基础上，首先在长途节点使用 OEO 交换技术的 OXC 设备，并采用 ASON 的信令、路由协议和 NNI 接口，在域内实现 ASON 的功能。

2）在城域网范围内，采用具有 UNI 接口的 MSTP 和 OXC 设备，以便使 MSTP 和 OXC 设备可以通过 UNI 接口，实现端对端智能管理。

3）在全网内，全面采用 ASON 的信令、路由协议、NNI 接口和功能。

4）不同运营商的 ASON，使用 NNI 或 UNI 接口互通。

9.5 光 接 入 网

从现代通信网观点来看，公共电信网包括核心网（CN）和接入网（AN）两部分。核心网承担传送业务；接入网承担用户信息的接入。

接入网是指交换机到用户终端之间的所有机线设备。如图 9.19 所示，其中主干系统为传统的电缆和光缆，一般长数公里；配线系统也可能是电缆和光缆，其长度一般为几百米；而引入线长度通常为几米到几十米。接入网技术根据使用的媒介可分为光接入、铜线接入、光纤同轴混合接入（HFC）和无线接入等多种类型，本节主要介绍光接入技术。

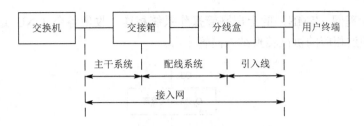

图 9.19　接入网的物理位置

9.5.1　OAN 的结构

OAN 是采用光纤传输技术的接入网，是指从本地交换机或远端模块到用户之间的馈线、配线段乃至引入线段部分或全部以光纤实现的接入手段。通常，OAN 指采用基带数字传输技术并以传输双向交互式业务为目的的接入传输系统，将来应能以数字或模拟技术升级传输宽带广播式和交互式业务。

图 9.20 所示为 OAN 的结构。从图中可见，OAN 主要由远端设备——光网络单元 ONU 和局端设备——光线路终端（OLT）组成。

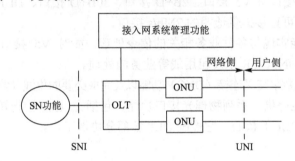

OLT—光线路终端；SNI—业务节点接口；ONU—光网络单元；UNI—用户网络接口。

图 9.20　OAN 的结构

OLT 和 ONU 在整个接入网中主要完成从 SNI 到 UNI 之间有关信令协议的转换。接入设备本身还具备组网能力，同时接入设备还具备本地维护和远程集中监控功能，通过透明的光传输形成一个维护管理网，并通过相应的网管协议纳入网管中心统一管理。

1. 光线路终端

OLT 的作用是为接入网提供在网络侧与本地交换机之间的接口，并且通过光传输与用户侧的光网络单元通信。它将交换机的交换功能与用户接入完全隔开。OLT 提供对自身和用户侧的维护和监控，它可以直接与本地交换机一起放置在交换机端，也可设置在用户终端。图 9.21 所示为 OLT 的功能框图。从图 9.21 可见，OLT 由 OAM 系统管理、业务接口、信令处理、光纤接口、交换矩阵和控制等功能模块组成。

1）OAM 系统管理实现对接入系统的远程集中监控和本地维护管理。它通过 Q3

接口与电信管理网（TMN）的上层网管操作系统相连，收集各个 ONU 送来的操作维护信息，并通过相应的协议转换纳入网管中心。

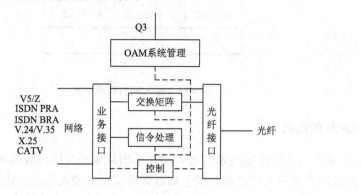

图 9.21　OLT 的功能框图

2）OLT 具有各种业务接口来支持多种不同业务。它与公用电话网、综合业务数字网、公用数字数据网、公用分组数据网、有线电视网等网络相连，完成多种业务的引入。可能提供的业务接口有 V5 接口、2B+D 接口、30B+D 接口、DDN 接口、X.25 接口等。此外，OLT 还可直接提供透明的 2Mb/s 接口。

3）信令处理功能实现与各种业务相关的信令处理，如对 V5 接口信令的处理、综合业务数字网络（ISDN）、FR 以及租用线等业务的处理。

4）交换矩阵实现数字交叉连接（DXC）功能以及完成必要的集线（业务集中）功能。

5）光纤接口功能提供一系列物理光接口功能，包括光/电和电/光转换。

6）控制部分是 OLT 的核心，它控制 OLT 各部分协调工作。

2. 光网络单元

光网络单元（ONU）的作用是为接入网提供用户侧的接口。它可以接入多种用户终端，同时具有光/电转换功能及相应的维护和监控功能。ONU 的主要功能是终结来自 OLT 的光纤，处理光信号并为多个小企事业用户和居民住宅用户提供业务接口。

ONU 的网络侧是光接口，而其用户侧是电接口。因此，ONU 具有光/电和电/光转换功能，它还具有对语音的数/模和模/数转换功能。ONU 通常放在距离用户较近的地方，其位置有很大灵活性。按照 ONU 在接入网中所处的不同位置，可以确定接入网的不同应用类型，如光纤到路边、光纤到大楼、光纤到小区或光纤到用户家庭等。

图 9.22 所示为 ONU 的功能框图。从图 9.22 可见，ONU 包括光纤接口、传输复用、用户接口，并提供监控、测试和控制等功能。

1）传输复用功能是面向传输的功能块，它对来自/发至传输线的相关信号进行提取、分配和输入。

2）用户接口功能与各种不同的用户相连，它面向不同用户接收/发送不同的用户信息，如提供 POTS、ISDN 业务、各种数据接口（包括 DDN、V.24、V.35 和 X.25 接口等）。除了上述基本窄带业务外，ONU 还能支持宽带业务，如单向广播式业务（如

CATV 业务）、双向交互式业务 [如 VOD（视频点播）或数据通信业务] 等。

3）监控功能用来对接入网设备的外部运行环境进行监控，包括对电源的输入/输出电压和输出电流的监控、对设备环境（如温度、湿度、烟雾、门禁等）的监控、对 CATV 系统的发射/接收光功率与电源的监控等。监控所得信息经传输线传送到 OLT 进行统一管理。

4）测试功能主要完成对各个用户的内线和外线的测试。

5）光纤接口和 OLT 一样，提供一系列物理光接口功能，包括光/电和电/光转换功能。

6）控制部分是 ONU 的核心，它控制 ONU 各部分协调工作。

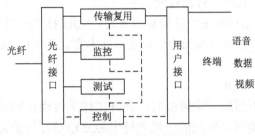

图 9.22　ONU 的功能框图

9.5.2　OAN 的特点和传输技术

1. OAN 的特点

OAN 是业务提供点与最终用户之间的连接网络，它具备以下特点。

1）主要完成复用、交叉连接和传输功能，不具备交换功能。

2）提供开放的 V5 标准接口，可实现与任何种类的交换设备进行连接，因此，OAN 的发展可以不受交换设备的限制，使 OAN 市场完全开放，形成竞争，从而降低成本。

3）光纤化程度高，OAN 可以将其远端设备 ONU 放置在更接近用户处，使剩下的铜缆段距离缩短，有利于减少投资，也有利于宽带业务的引入。

4）能提供各种综合业务，OAN 除接入交换业务外，还可接入数据业务、视像业务及租用线业务等。

5）组网能力强，OAN 可以根据实际情况提供环型、星型、链型、树型等灵活多样的组网方式，且环型网具有自愈功能，也可带分支，有利于网络结构的优化。

6）OAN 提供了功能较为全面的网管系统，实现对 OAN 内所有设备的集中维护以及环境监控等功能，并可通过相应的协议接入本地网网管中心，给网管带来方便。

2. OAN 的传输技术

OAN 的主要技术是光传输技术，它主要完成 OLT 和 ONU 的连接功能，其连接方式可以为点到点，也可以为点到多点方式。至于反向的用户接入方式也可以有多种。目前光纤传输的技术发展相当快，多数已处于实用化。用得最多的有 TDMA、WDM、

CDM、SDM、SCM、时间压缩复用（TCM）和相干多信道（CMC）等技术，目前的 ITU-T 标准是以 TDM 方式为基础的，但不排除其他接入方式。下面就几种主要的双向传输技术作一简要介绍。

（1）时分复用/时分多址

TDM 技术的本质是将通信时间等价分成一系列间隙，每一间隙只传播特定信号，各信号按时间顺序轮流传播。在 OAN 中，下行时 OLT 将 TDM 的多路比特流发射到一根馈线光纤，并分配到各个 ONU，各个 ONU 根据下行比特流的同步时钟信号，接收传给本 ONU 的特定时间间隙的信息。在上行时，各 ONU 将规定的时间以特定的功率发送与下行比特宽度一致的上行比特流。

前面提到的 SDH 系列即采用这种复用方式，SDH 技术可以为 OAN 提供理想的网络性能和业务可靠性，还可以增加传输带宽，其丰富的开销使 OAN 的网络管理和维护易于实现。

（2）波分复用/频分复用

当光源发送功率不超过一定阈值时，光纤工作于线性传输状态。此时，不同波长的信号只要有一定间隔就可以在同一根光纤上独立地进行传输而不会发生相互干扰，这就是波分复用的基本原理。对于双向传输而言，只需将两个方向的信号分别调在不同波长上即可实现单纤双向传输的目的。

波分复用/频分复用技术能有效挖掘光纤的带宽潜力，各通道是透明的，在一个系统可以用不同方式传输不同的业务，易于网络升级扩容。如果 WDM 技术采用光纤放大器（OFA）就可为更多用户提供宽带业务。

（3）码分复用/码分多址

TDM 是以不同的时间间隙区分不同的信号，WDM 是以不同的波长区分不同的信号，而 CDM 是以不同的编码区分不同的信号。各用户可共用一个射频频段（较宽），但各自都有互不相同的编码信号。CDM/CDMA 既不需要如 TDM 那样划分时间间隙，又不需要如 WDM 那样规定波长，可允许用户随机接入，不需要与其他用户同步，系统的全部带宽随时可用。该技术还可有效防止非法用户进入，具有较强的保密性，因为非法用户不可能知道特设的编码。

（4）相干多信道

相干多信道技术如无线电载波那样处理光载波。该技术对 ONU 激光器的稳定性和线宽有非常严格的要求。而且各个 ONU 的光接收机必须具备各自的本振荡激光器，CMC 技术对提高接收机灵敏度和带宽利用率特别有效。然而，此技术仍处在研究中，因为涉及相干光通信的一系列难题，譬如需要集成光学无源器件和光电集成回路等，技术难度较大。

9.5.3 基于 SDH 的 OAN

目前基于 SDH 的 OAN 的应用方案多采用内置 SDH 的组网方式，如图 9.23 所示，OLT 和 ONU 内部都包含一个 SDH 分插复用器（ADM），完成网络的光接口和复用功能；OLT 处的 ADM 和相应的处理单元还用于处理 V5.2 协议并提供网络侧的业务接入；ONU 的处理单元用于处理内部协议，同时 UNI 用于提供各种不同的用户侧业务接口。

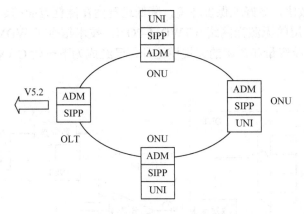

图 9.23　SDH 设备在 OAN 中的应用

对于需要带宽大的用户，直接将 ADM 设置在 ONU 处用 STM-l 通道与 OLT 相连。这种连接既可以通过点对点方式，也可以通过环结构，如图 9.23 所示。对于带宽要求远小于 34Mb/s 的情况，则采用更低速率的复用器或共享 ADM 的方式。

对低于 2Mb/s 的业务需求，可将这些低速业务接口集成进 ADM 或利用 SDH 来传送 2Mb/s 及以上速率的业务，后面连接 PON 来传送低于 2Mb/s 的业务。

在 OAN 中内置 SDH 设备主要有以下优势。

1）兼容性强。SDH 的各种速率接口都有标准规范，在硬件上保证了不同厂家的设备互联互通，为统一管理打下基础。

2）完善的自愈保护能力，增加网络可靠性。

3）借助 SDH 的大容量、高可靠性，可组成传输与接入的混合网。AN 除承载接入业务外，还可承载 GSM 基站、交换机中断等其他业务，降低了整个电信网络的投资。

4）面向网络发展的升级能力。目前的接入网建设，一般 5Mb/s 速率就能满足需要，但是随着电话普及率的提高及宽带化需求，内置 SDH 标准化结构可灵活扩展升级。

5）网络 OAM 功能大大加强。SDH 帧结构中定义了丰富的管理维护开销字节，大大方便了维护、管理，由此建立的管理维护系统很容易实现自动故障定位，可以提前发现和解决问题，降低维护成本。

6）有利于向宽带接入发展。SDH 利用虚容器（VC）的特点可映射各级速率的 PDH 而且能直接接入 ATM 信号，为向宽带接入发展提供了一个理想的平台。

9.5.4　基于 TWDM 的无源光网络

随着用户对带宽需求的增加，现已广泛部署的 TDM-PON 由于带宽的局限性，限制了用户带宽的升级，进而阻碍了光接入技术的进一步发展。因此，发展下一代具有更高带宽的光接入技术成为当务之急。从技术升级的要求和网络运营商的角度出发，下一代光接入系统的发展需要满足以下要求。

1）更高容量，更大带宽，更广的覆盖范围（传输距离）和更高接入用户的速率。

2）尽可能多地重用现已部署的光网络相关资源，即向后兼容性。

3）更好的能效比，更好地保护环境，降低运营商在能耗方面的运营成本。

时分、波分复用的无源光网络（TWDM-PON）技术结合了 WDM 和 TDM 各自的优点，可以实现系统容量和速率的大规模提升，已经成为下一代 OAN 的主流技术，如图 9.24 所示。

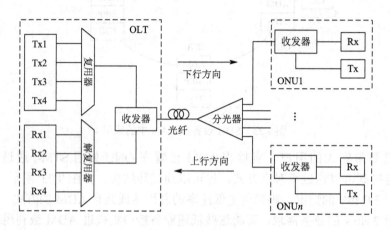

图 9.24　基于时分和波分复用的无源光网络技术（TWDM-PON）

1. TWDM-PON 技术原理

时分、波分复用是指在 TDM 技术的基础上，再通过对波长进行复用，提高带宽资源利用率，缓解当前网络通信压力，满足网络使用者和运营商的诸多要求，提供高速数据接入的一种新兴技术。如图 9.24 所示，TWDM-PON 将至少 4 个不同波长的 TDM-PON 以 WDM 方式混合，实现 40Gb/s 下行速率和 10Gb/s 上行速率。

OLT 可以复用解复用不同的波长，ONU 内置窄带宽滤波器，同一时刻只能接收或发射一个波长。ONU 一般使用可调收发技术，光收发机可调谐至 4 对上、下行波长中的任意一对。在一个波长通道内，TWDM-PON 可重复利用现有网络的下行 TDM，上、行时分多址接入以及广播和带宽分配等技术。

下行方向，在 OLT 端将至少 4 个不同波长的下行光信号通过波分复用器合波形成 40Gb/s 光信号，经由收发器将信号发送出去。光分配网（ODN）采用传统 TDM-POM 使用的功率分配方案，分光后每路依然包含 4 个波长的信号，在 ONU 端内置窄带滤波器，将所需波长的光信号滤出进行接收。

上行方向，每个 ONU 可以采用 4 个上行波长中的任意一个用于传输，具体采用哪个波长取决于网络规划，采用相同波长的 ONU 以 TDMA 方式上行接入，不同波长的 ONU 之间无相互干扰。光信号在 ODN 中进行多路合光，在 OLT 端通过波长解复用器将不同波长的光信号分离，分别进行接收处理。

2. TWDM-PON 的优势

TWDM-PON 建设实现后，接入网将拥有更高的容量和资源分配的灵活性，将能支持更高带宽需求的业务，还将为新的业务运营模式提供良好的网络平台。TWDM-PON技术主要有以下几个优势。

1）TWDM-PON 可以与现已部署的光网络系统相兼容，仅需对现有网络进行升级、改造即可应用，更加节省成本。

2）运营商可以将多种业务加载在同一光纤的不同波长上，实现多业务融合，如使用单根光纤可同时承载家庭数据、企业数据和移动基站等不同业务，这样可大幅降低网络建设成本，同时增加业务收入。

3）可扩展性强，可以随时通过增加波长来扩展系统的接入容量，也可以对不同业务按需灵活配置带宽。

习题与思考题

1. 阐述光网络演进的实质。
2. 阐述实现全光网络通信的关键难点。
3. 分析 3 种光交换（波分、时分、码分）技术的原理和特点。
4. 从传送网的分层结构分别描述全光网和智能网的特点及它们的区别。
5. 光交换网络如何体现其"智能"？
6. 无源光网络有哪些关键技术？

主要参考文献

陈根祥，2000．光波技术基础[M]．北京：中国铁道出版社．

邓忠礼，赵晖，1999．光同步数字传输系统测试[M]．北京：人民邮电出版社．

龚倩，2003．智能光交换网络[M]．北京：北京邮电大学出版社．

顾畹仪，李国瑞，2006．光纤通信系统（修订版）[M]．北京：北京邮电大学出版社．

顾畹仪，张杰．2001．全光通信网（修订版）[M]．北京：北京邮电大学出版社．

黄章勇，2003．光纤通信用新型光无源器件[M]．北京：北京邮电大学出版社．

林学煌，等，2002．光无源器件[M]．北京：人民邮电出版社．

刘国辉，张皓，2020．OTN 原理与技术[M]．北京：北京邮电大学出版社．

刘增基，周洋溢，胡辽林，等，2009．光纤通信[M]．2版．西安：西安电子科技大学出版社．

孙学军，张述军，等，2000．DWDM 传输系统原理与测试[M]．北京：人民邮电出版社．

孙学康，张金菊，2016．光纤通信技术[M]．4版．北京：北京邮电大学出版社．

杨淑雯，2004．全光光纤通信网[M]．北京：科学出版社．

杨祥林，2009．光纤通信系统[M]．2版．北京：国防工业出版社．

原荣，2020．光纤通信[M]．4版．北京：电子工业出版社．

张宝富，刘忠英，万谦，2002．现代光纤通信与网络教程[M]．北京：人民邮电出版社．

张宝富，等，2001．全光网络[M]．北京：人民邮电出版社．

张明德，孙小菡，2009．光纤通信原理与系统[M]．4版．南京：东南大学出版社．

赵慧玲，叶华，等，2002．以软交换为核心的下一代网络技术[M]．北京：北京邮电大学出版社．

AGRAWAL G P, 2002. Fiber-optic communications systems[M]. 3rd ed. New York: John Wiley & Sons, Inc.

BECKER P C, OLSSON N A, SIMPSON J R, 1999. Erbium-doped fiber amplifiers: fundamentals and technology[M]. San Diego:
    Academic Press.

DERICKSON D, 1998. Fiber optic test and measurement[M]. New Jersey: Prentice Hall.

DESURVIER E, 1994. Erbium-doped fiber amplifiers: principles and applications[M]. New York: A Wiley-Interscience.

FRANZ J H, JAIN V K, 2000. Optical communications components and systems[M]. New Delhi: Narosa Publishing House.

FRANZ J H，JAIN V K, 2002. 光通信器件与系统[M]. 徐宏杰，等译. 北京：电子工业出版社.

MYNBAEV D K, SCHEINER L L, 2002. 光纤通信技术（英文影印版）[M]. 北京：科学出版社.

PALAIS J C，2015. 光纤通信[M]. 王江平，等译. 3版. 北京：电子工业出版社.

POWERS J, 1997. An introduction to fiber optic systems[M]. 2nd ed. McGRAW-HILL International Editions.

RAMASWAMI R, SIVARAJAN K N, 2001. Optical networks: a practical perspective[M]. 2nd ed. San Francisco: Morgan
    Kaufmann Publishers, Inc.

附录 光纤通信常用英文缩写及中英文对照

ADM	add-drop multiplexer	分插复用器
AGC	automatic gain control	自动增益控制
AN	access network	接入网
AON	all optical network	全光网络
APC	automatic power control	自动功率控制
APD	avalanche photodiode	雪崩光电二极管
ASE	amplified spontaneous emission	放大自发辐射
ASON	automatic switched optical network	自动交换光网络
ASTN	automatic switched transport network	自动交换传送网
ATC	automatic temperature control	自动温度控制
ATM	asynchronous transfer mode	异步传输模式
AWG	arrayed waveguide grating	阵列波导光栅
BA	booster	功率（助推）放大器
BBS	broadband source	宽带光源
BER	bit error rate	误码率
BIP-ISDN	broadband intelligent and personalized integrated services digital network	宽带、智能和个性化综合业务数字网络
Call C	call controller	呼叫控制器
CATV	cable television	有线电视
CC	connection controller	连接控制器
CD	coherent detection	相干检测
CDMA	code-division multiple access	码分多址
CMA	constant modulus algorithm	恒模算法
CMC	coherent multichannel	相干多信道
CMI	code mark inversion	传号反转码
CN	core network	核心网
CORBA	common object request broker architecture	公共目标请求代理结构
CoS	class of service	业务分类（等级）
CP	control plane	控制平面
CR-LDP	constraint-based routing label distribution protocol	基于约束路由的标签分发协议
CWDM	corse wavelength division multiplexing	粗波分复用技术
DBR	distributed Bragg reflection	分布布拉格反射

DCF	dispersion compensating fiber	色散补偿光纤
DCG	dispersion compensating grating	色散补偿光栅
DD	direct detection	直接检测
d-EDFA	distributed EDFA	分布式掺铒光纤放大器
DFB	distributed feedback	分布反馈式
DGD	differential group delay	差分群时延
DGT	dynamic gain tilt	动态增益斜率
DGV	dynamic gain change	动态增益变化
DH	double heterojunction	双异质结
DP	double pass	双程
DPSSL	diode pumped solid state laser	半导体泵浦固体激光器
DQPSK	differential quadrature reference phase shift keying	差分正交相移键控
DSF	dispersion shifted fiber	色散位移光纤
DTF	dielectric thin film	介质薄膜
DUT	device under test	待测元件
DWDM	dense wavelength division multiplexing	密集波分复用
DXC	digital cross connection	数字交叉连接
EDF	erbium doped fiber	掺铒光纤
EDFA	erbium doped fiber amplifier	掺铒光纤放大器
EDG	etched diffraction grating	蚀刻衍射光栅
EMS	element management system	网元管理系统
ESA	excited state absorption	激发态吸收
EX	extinction ratio	消光比
FBG	fiber Bragg grating	光纤布拉格光栅
FDM	frequency division multiplexing	频分复用
FEC	forward error correction	前向纠错码
FET	field-effect transistor	场效应管
FMF	few-mode fiber	少模光纤
FM-MCF	few-mode multi core fiber	少模多芯光纤
F-P	Fabry-Perot	法布里-珀罗
FSC	fiber switch capable	光纤交换接口
FSR	free spectral range	自由光谱程
FTTH	fiber to the home	光纤到户
FTTx	fiber to the x	光纤到x
FWHM	full width at half maximum	半最大值全宽
FWM	four wave mixing	四波混合
GF	gain flatness	增益平坦度

GI	graded index	渐变型
GMPLS	generalized multiprotocol label switching	通用多协议标签交换
HDB$_3$	high density bipolar of order 3 code	3 阶高密度双极性码
HDTV	high definition television	高清晰度数字电视
HF	holey fiber	多孔光纤
ICA	independent component analysis	独立分量分析
IEEE	Institute of Electrical and Electronics Engineers	电气电子工程师学会
IETF	Internet engineering task force	Internet 工程任务组
IM	intensity modulation	强度调制
IM-DD	intensity modulation-direct detection	强度调制-直接检测
ION	intelligent optical network	智能光网络
IP	internet protocol	网际协议
IPTV	interactive Internet television	交互式网络电视
ISI	inter-symbol interference	码间干扰
IS-IS	intermediate system to intermediate system	中间系统到中间系统
ITU	International Telecommunication Union	国际电信联盟
ITU-T	International Telecommunication Union-Telecommunication Standardization Sector	国际电信联盟-电信标准部
L2SC	layer 2 switch capable	第二层交换接口
LA	in-line amplifier	线路放大器
LAN	local area network	局域网
LCT	local craft terminal	本地维护终端
LD	laser diode	激光二极管
LEAF	large effective area fiber	大有效面积光纤
LED	light emitting diode	发光电二极管
LMP	link management protocol	链路管理协议
LP	linearly polarized	线偏振
LPG	long period grating	长周期光纤光栅
LRM	link resource manager	链路资源管理器
LSC	lambda switch capable	波长交换接口
LSP	label switched path	标签交换路径
MAN	metropolitan area network	城域网
MCF	multi core fiber	多芯光纤
MEMS	micro electro mechanical systems	微机电系统
MFD	mode field diameter	模场直径
MI	microsatellite instability	不稳定性
MLM	multi-longitudinal mode	多纵模
MMF	multimode fiber	多模光纤

MP	management plane	管理平面
MPI	main path interface	主通道接口
MPLS	multiprotocol label switching	多协议标签交换
MPN	mode partition noise	模分配噪声
mQAM	m-quadrature amplitude modulation	m 进制正交振幅调制
MSOTN	multi-service optical transport network	多业务光传送网
MSTP	multi-service transport platform	多业务传送平台
M-Z	Mach-Zehnder	马赫-曾德尔
NA	numerical aperture	数值孔径
NF	noise figure	噪声指数
NGN	next generation network	下一代网络
NIU	network interface unit	网络接口单元
NMS	network management system	网络管理系统
NNI	network node interface	网络节点接口
NOLM	nonlinear optical loop mirror	非线性光纤环路镜
NRZ	nonreturn-to-zero	非归零码
NZDSF	non-zero dispersion shifted fiber	非零色散位移光纤
OA	optical amplifier	光放大器
OADM	optical add drop multiplexer	光分插复用器
OAM	operation administration and maintenance	操作维护管理
OAN	optical access network	光接入网
OBS	optical burst switching	光突发交换
OCDM	optical code-division multiplexing	光码分复用
OCDMA	optical code-division multiple access	光码分复用多址
OCH	optical channel	光通路
OCS	optical circuit switching	光路交换
ODN	optical distribution network	光分配网
ODSI	optical domain service interconnect	光域业务互联
ODUk	optical channel data unit	光通路数据单元
OEIC	optoelectronic integrated circuit	光电集成
OEO	optical electrical optical	光电光
OFA	optical fiber amplifier	光纤放大器
OFDM	optical frequency division multiplexing	光频分复用
OFL	optical fiber laser	光纤激光器
OIF	optical internetworking forum	光互联网论坛
OLT	optical line termination	光线路终端
OMS	optical multiplex section	光复用段
OMU	optical multiplex unit	光复用单元

OOC	optical orthogonal code	光正交码
OOO	optical optical optical	全光
OPS	optical packet switching	光分组交换
OSA	optical spectrum analyzer	光谱分析仪
OSC	optical supervisory channel	光监控信道
OSDM	optical space division multiplexing	光空分复用
OSNR	optical signal-to-noise ration	光信噪比
OSPF	open shortest path first	开放式最短路径优先
OT	optical terminal	光终端
OTDM	optical time division multiplexing	光时分复用
OTM	optical termination multiplexer	光终端复用器
OTN	optical transmissive network	光传送网
OTS	optical transmission section	光传输段
OTU	optical transmittal unit	光转发器
OXC	optical cross-connect	光交叉连接
PA	pre-amplifier	前置（预）放大器
PC	polarization controller	偏振控制器
PC	protocol controller	协议控制器
PCE	power conversion efficiency	泵浦转换效率
PCF	photonic crystal fiber	光子晶体光纤
PCFA	photonic crystal fiber amplifier	光子晶体光纤放大器
PCM	pulse-code modulation	脉冲编码调制
PD	photo-diode	光电二极管
PDH	plesiochronous digital hierarchy	准同步数字系列
PDL	polarization dependent loss	偏振相关损耗
PDM	polarization division multiplexing	光偏振复用
PIC	photonic integrated circuit	光子集成
PLC	planar lightwave circuits	平面光波电路
PM	power meter	功率计
PMD	polarization mode dispersion	偏振模色散
POF	polymer optical fiber	塑料光纤
PON	passive optical network	无源光网络
PSC	packet switch capable	分组交换接口
QAM	quadrature amplitude modulation	正交振幅调制
QoS	quality of service	服务质量
QPSK	quadrature phase shift keying	正交相移键控
QW	quantum well	量子阱
RAW	routing and assignment of wavelength	波长路由分配

RC	routing controller	路由控制器
RFA	Raman fiber amplifier	拉曼光纤放大器
RFL	Raman fiber laser	拉曼光纤激光器
RMS	root mean square	均方根
ROADM	reconfigurable optical add-drop multiplexer	可重构光分插复用器
RSVP	resource reservation protocol	资源预留协议
RSVP-TE	resource reservation protocol-TE	资源预留协议向 TE 的扩展
Rx	receiver	接收机
RZ	return-to-zero	归零码
SBS	stimulated Brillouin scattering	受激布里渊散射
SDH	synchronous digital hierarchy	同步数字系列
SDM	space division multiplexing	空分复用
SH	single heter structure	单异质结
SI	step index	阶跃型
SLA	semiconductor laser amplifiers	半导体激光放大器
SLM	single longitudinal mode	单纵模
SMF	single mode fiber	单模光纤
SMSR	side mode suppression ratio	边模抑制比
SNMS	sub-network management system	子网管理系统
SNR	signal-to-noise ratio	信噪比
SOA	semiconductor optical amplifier	半导体光放大器
SOI	silicon-on-insulator	绝缘衬底上的硅
SPM	self-phase modulation	自相位调制
SRS	stimulated Raman scattering	受激拉曼散射
SSG	super structure grating	超结构光栅
SSE	source spontaneous emission	光源自发辐射
SWP	spatial walk off polarizer	空间分离偏振器
TBP	product of time and bandwidth	时间带宽积
TCM	time compression multiplexing	时间压缩复用
TDFA	thulium doped fiber amplifier	掺铥光纤放大器
TDM	time division multiplexing	时分复用
TDMC	time division multiplexing capable	时隙交换接口
TE	transverse-electric	横电
TEC	thermo electric cooler	温度控制电路
TLS	tunable laser source	可调激光器
TM	transverse-magnetic	横磁
TMN	telecommunication management network	电信管理网
TOAD	terahertz optical asymmetric demultiplexer	太赫兹光学非对称解复用器

TP	transport plane	传送平面
TP	traffic policy	流量策略
TW	traveling wave	行波
Tx	transmitter	发送机
UNI	user-network interface	用户网络接口
VC	virtual container	虚容器
VCSEL	vertical cavity surface emitting laser	垂直腔面发射激光器
VOA	variable optical attenuator	可变光衰耗器
VOD	video on demand	视频点播
VPN	virtual private network	虚拟专用网
WB	wavelength blocker	波长阻断器
WC	wavelength converter	波长转换
WDM	wavelength division multiplexing	波分复用
WDMUX	wavelength demultiplexer	波长解复用器
WMUX	wavelength multiplexer	波长复用器
WSS	wavelength selector switch	波长选择开关
XGM	cross gain modulation	交叉增益调制
XPM	cross-phase modulation	交叉相位调制
YIG	Yttrium Iron Garnet	钇铁石榴石